北京大学优秀教材
北京大学国家地质学基础科学研究和教学人才培养基地系列教材

晶体学基础

秦 善 编著

内 容 简 介

本书是系统论述晶体学基础理论的教材,全书共分11章。第1章介绍晶体及其相关概念;第2章介绍晶体的投影和乌尔夫网;第3~7章系统论述晶体的宏观对称、晶体学符号、理想外形、规则连生以及晶体内部的微观对称和空间群;第8章讨论晶体结构的表达及相变的基本原理;第9章和第10章介绍晶体化学和晶体物理学的基础知识;第11章介绍晶体的形成和缺陷。每章均有思考题,并在附录中给出了简略的答案。此外,本书还附有实习指导。

本书可作为高等院校地质、物理、化学、材料、冶金等学科的教材和教学参考书,也可供相关学科的研究人员参考。

图书在版编目(CIP)数据

晶体学基础/秦善编著. —北京:北京大学出版社,2004.9
(北京大学国家地质学基础科学研究和教学人才培养基地系列教材)
ISBN 978-7-301-07518-0

Ⅰ.晶… Ⅱ.秦… Ⅲ.晶体学-教材 Ⅳ.O7

中国版本图书馆 CIP 数据核字(2004)第 056493 号

书 名:	晶体学基础
著作责任者:	秦 善 编著
责 任 编 辑:	郑月娥
标 准 书 号:	ISBN 978-7-301-07518-0/O · 0598
出 版 发 行:	北京大学出版社
地 址:	北京市海淀区成府路 205 号 100871
网 址:	http://www.pup.cn 新浪官方微博:@北京大学出版社
电子信箱:	zye@pup.pku.edu.cn
电 话:	邮购部 62752015 发行部 62750672 编辑部 62767347 出版部 62754962
印 刷 者:	北京飞达印刷有限责任公司
经 销 者:	新华书店
	787 毫米×1092 毫米 16 开本 12 印张 300 千字
	2004 年 9 月第 1 版 2024 年 7 月第11次印刷
定 价:	36.00 元

未经许可,不得以任何方式复制或抄袭本书之部分或全部内容。
版权所有,侵权必究
举报电话:(010)62752024 电子信箱:fd@pup.pku.edu.cn

前　言

晶体学是一门研究晶体的自然科学，它涉及晶体的发生和生长，以及晶体的外部形态、内部结构、物理性质和化学性质等诸方面。

晶体学的早期是依附在矿物学上面的，其历史可以追溯到有文字记载以前。那时主要由于矿物晶体瑰丽的色彩和特别的多面体外形引起了人们的注意，成为人们观察和研究的对象。人们对晶体一般规律的探索也是从研究晶体外形开始的，17世纪中叶，面角守恒定律的发现可以说是晶体学作为一门正式科学的标志，该定律是丹麦学者斯丹诺（Nicolaus Steno，1638—1686）1669年提出的，他找出了晶体复杂外形中的规律性，从而奠定了几何晶体学的基础。其后，随着1801年整数定律（阿羽依，René Just Haüy，1743—1822）、1805—1809年晶带定律（魏斯，Christian Samuel Weiss，1780—1856）的发现以及晶体外形对称理论的进展和晶体测角术的广泛应用，至19世纪下半叶，几何晶体学发展到了相当高的程度。几乎同时，关于晶体内部构造的理论也取得了很大的进展，如14种空间格子（布拉维，Auguste Bravais，1811—1863）和230种空间群（费德洛夫，Ефграф Стeпанович Фёдоров，1853—1919；圣佛利斯，Arthur Moritz Schönflies，1853—1928）的推导，使得晶体构造的几何理论也近乎成熟。1912年，德国人劳厄（Max von Laue，1879—1960）首次成功进行了晶体的X射线衍射实验。劳厄实验的成功起了划时代的作用，它不仅揭示了晶体内部的周期性结构，证实了晶体构造的几何理论，而且也开拓了晶体结构学研究的新领域。在此之后，英国的布拉格（William Lawrence Bragg，1890—1971）和俄国的乌尔夫（Юрий Викторович Вулъф，1863—1925）也相继推导出了晶体X射线衍射的基本方程——乌尔夫-布拉格公式，并测量了大量的晶体结构。如果说230种空间群确定了晶体结构的数学基础，那么X射线衍射实验则是晶体结构方法学的基础。至此，晶体学研究完成了从表面到内部、从理论到实验的跨越，成为了一门严谨的科学。

在对晶体形态和结构认识深入的基础上，人们开始探索晶体的化学组成与形态和结构之间的关系，这便是晶体化学的萌芽。挪威的戈尔特施密特（Victor Moritz Goldschmidt，1888—1947）和鲍林（Linus Carl Pauling，1901—1994）是近代晶体化学的奠基人，他们提出的一系列原理对晶体化学发展起到了极大的推动作用。事实上，X射线晶体结构分析也将物理学推向了晶体研究的前沿，其后的晶体物理学、固体物理学（后扩大为凝聚态物理学）都是在晶体结构分析基础上发展壮大的。

从晶体学的发展历史不难看出，晶体学经历了由表及里、由浅至深、由宏观到微观的过程，至今已经发展成为一门以晶体为实际基础，且具有高度理论性和严密逻辑性的现代科学。

晶体学以及矿物学是地质学和地球化学专业的入门必修课程，也是其他地学课程，诸如岩石学、矿床学、地球化学、构造地质学、地层古生物学、宝石学、地貌学等的先行课程。课程的一些基本知识,如晶体化学、晶体结构及其表达和分析等,也是无机化学、固体物理学和材料学等相关学科所必需的基础知识。在知识和信息日益膨胀的今天,各个学科更广泛深入的交叉和融合已经势在必行。事实上,晶体学和矿物学已经和材料、化学、物理等相关基础和应用学科建立了密不可分的联系。例如在人工无机材料领域,新材料的合成及其结构分析,都建立在晶体学知识的基础之上。因此,本教材比较着重知识的基础性、系统性和通用性,编者的初衷是让本书不仅可作为高等院校地学类本科教材,也可作相关专业(物理、化学、材料、冶金等)晶体学内容方面的教学参考书。

基于上述考虑,在本教材编写过程中,在以下几方面进行重点改进:

(1) 对一些基本概念进行描述时,尽量多使用通俗的数学语言,这样可以使概念的描述更加准确。如在对晶体的基本性质——均一性进行介绍的时候,就用 $F(x) \equiv F(x+x')$ 来代替以往的文字描述;又如针对对称操作的表达,便引入"对称操作矩阵"的内容。

(2) 针对比较抽象的内容(如对称、单形、晶体结构描述等)所附的插图,制作了准确和立体感较强的图片,以便学生更好地理解和掌握。例如,在 32 种点群的图片中,可以清楚观察到点群中对称元素的空间分布及其相互之间的关系;书中涉及的矿物的晶体结构,都是根据实际结构数据利用计算机绘制的立体图形;单形和实际晶体的形态,也是利用计算机绘制的。

(3) 引入了新的知识点和科研成果。如非常实用的晶体结构的描述及其表达,这在以往的教科书中是比较薄弱的。本书中不仅强调了这一内容,而且还介绍了国际化标准的 CIF 文件格式,这对从事结构研究非常有价值;又如晶体的相变、结构在温度压力下的变化等部分内容,也引入了最新的国外研究成果。

(4) 与传统教材相比,重新编排了有关章节并强调了某些知识点。这主要是考虑知识的连续性和循序渐进的需要。如在介绍空间格子的时候,以具体实例,先从一维情况谈起,然后再过渡到二维、三维和空间格子;又如介绍空间群之前,增加了二维空间群的内容,同时也扩充了空间群的内容,以便读者能更好地理解这个重要且实用的概念。

此外,在每一章最后,还列有对正文补充的思考题,有的难度还比较大,在附录 4 中可以查看简略的答案。另外,附录 1 为涉及教学内容的实习指导,附录 2 和附录 3 给出了重要的图、表和公式以及主题词索引,以便读者快速查找相关内容。

本书为"北京大学国家地质学基础科学研究和教学人才培养基地"系列教材之一,也是北京大学主干基础课"结晶学与矿物学"的使用教材。它的编写和出版得到了北京大学地球与空间科学学院以及地质学系教学主管部门领导的关心和督促,同时北京大学出版社也给予了大力支持。曹正民教授和鲁安怀教授审阅了书稿的内容并提出了宝贵的修改意见。刘迎新同志协助制作了部分插图。在编写过程中还参阅和引用了国内外有关教材和书籍(见主要参考书目)的部分内容。在此一并表示感谢!

由于编者时间和水平所限,书中难免存在缺点和错误,恳请专家和读者予以批评指正。

秦 善

2004 年 6 月 20 日于北京大学

目 录

1 晶体 ·· (1)
  1.1 晶体的概念 ·· (1)
  1.2 晶体点阵 ·· (2)
    1.2.1 图案与点阵 ·· (3)
    1.2.2 空间点阵的基本规律 ·· (5)
    1.2.3 空间点阵中结点、行列和面网的指标 ····················· (5)
  1.3 倒易点阵 ·· (6)
  1.4 晶体的基本性质 ·· (8)
  1.5 准晶体 ··· (9)
  思考题 ·· (11)

2 晶体的投影 ·· (12)
  2.1 面角守恒定律 ··· (12)
  2.2 晶体的球面投影及其坐标 ··· (13)
  2.3 极射赤平投影和乌尔夫网 ··· (14)
  2.4 乌尔夫网的应用举例 ·· (15)
  思考题 ·· (17)

3 晶体的宏观对称 ·· (19)
  3.1 对称的概念 ··· (19)
  3.2 晶体的对称 ··· (20)
  3.3 晶体的宏观对称元素和对称操作 ···································· (20)
    3.3.1 对称心 ·· (21)
    3.3.2 对称面 ·· (22)
    3.3.3 对称轴 ·· (22)
    3.3.4 倒转轴 ·· (24)
    3.3.5 映转轴 ·· (25)
  3.4 对称元素的组合 ··· (27)
  3.5 晶体的 32 种点群及其符号 ·· (29)
  3.6 晶体的对称分类 ··· (33)
  3.7 准晶体的对称分类 ·· (36)

  思考题 ……………………………………………………………………… (37)

4 晶体定向和晶体学符号 ……………………………………………………… (40)
4.1 晶体学坐标系和宏观晶体定向 ……………………………………… (40)
4.2 各晶系晶体的定向方法 …………………………………………… (41)
  4.2.1 晶体的三轴定向 …………………………………………… (41)
  4.2.2 晶体的四轴定向 …………………………………………… (43)
4.3 晶体内部结构的空间划分和坐标系 ……………………………… (44)
  4.3.1 空间格子的划分 …………………………………………… (44)
  4.3.2 14种布拉维空间格子 ……………………………………… (45)
4.4 晶胞 …………………………………………………………………… (48)
4.5 晶体学符号 …………………………………………………………… (48)
  4.5.1 晶面符号 …………………………………………………… (49)
  4.5.2 晶棱符号 …………………………………………………… (50)
  4.5.3 晶带和晶带符号 …………………………………………… (51)
  思考题 ……………………………………………………………………… (53)

5 晶体的理想形态 …………………………………………………………… (56)
5.1 单形和单形符号 ……………………………………………………… (56)
5.2 单形的推导 …………………………………………………………… (57)
5.3 47种几何单形 ………………………………………………………… (60)
5.4 单形的命名 …………………………………………………………… (65)
5.5 聚形 …………………………………………………………………… (69)
  思考题 ……………………………………………………………………… (70)

6 晶体的规则连生 …………………………………………………………… (72)
6.1 平行连生 ……………………………………………………………… (72)
6.2 双晶 …………………………………………………………………… (72)
  6.2.1 双晶的概念 ………………………………………………… (72)
  6.2.2 双晶要素 …………………………………………………… (73)
  6.2.3 双晶类型 …………………………………………………… (75)
6.3 衍生 …………………………………………………………………… (78)
  思考题 ……………………………………………………………………… (79)

7 晶体内部结构的微观对称和空间群 …………………………………… (81)
7.1 晶体内部的微观对称元素 …………………………………………… (81)
  7.1.1 平移轴 ……………………………………………………… (81)
  7.1.2 螺旋轴 ……………………………………………………… (81)
  7.1.3 滑移面 ……………………………………………………… (82)
7.2 二维空间群 …………………………………………………………… (85)

　　　7.2.1　10种二维点群 ………………………………………………………… (86)
　　　7.2.2　5种二维布拉维点阵 …………………………………………………… (86)
　　　7.2.3　17种二维空间群 ……………………………………………………… (87)
　7.3　空间群 ……………………………………………………………………………… (88)
　　　7.3.1　空间群的概念 ………………………………………………………… (88)
　　　7.3.2　空间群的符号 ………………………………………………………… (90)
　　　7.3.3　空间群的等效点系 …………………………………………………… (91)
　思考题 ……………………………………………………………………………………… (93)

8　晶体结构及其变化 ………………………………………………………………………… (94)
　8.1　晶体结构参数及其表达 …………………………………………………………… (94)
　8.2　固溶体、类质同像和型变(晶变) …………………………………………………… (97)
　　　8.2.1　固溶体的概念 ………………………………………………………… (97)
　　　8.2.2　类质同像 ……………………………………………………………… (97)
　　　8.2.3　晶体的型变 …………………………………………………………… (100)
　8.3　晶体的相变 ………………………………………………………………………… (100)
　　　8.3.1　晶体相变的类型 ……………………………………………………… (100)
　　　8.3.2　温度导致的相变 ……………………………………………………… (101)
　　　8.3.3　压力导致的相变 ……………………………………………………… (103)
　　　8.3.4　有序-无序及其相变 …………………………………………………… (103)
　8.4　多型和多体 ………………………………………………………………………… (106)
　　　8.4.1　多型的概念及其特点 ………………………………………………… (106)
　　　8.4.2　多体的概念 …………………………………………………………… (107)
　思考题 ……………………………………………………………………………………… (107)

9　晶体化学基础 …………………………………………………………………………… (109)
　9.1　原子结构和元素周期表 …………………………………………………………… (109)
　　　9.1.1　原子核外电子运动状态 ……………………………………………… (109)
　　　9.1.2　量子数和轨道 ………………………………………………………… (111)
　　　9.1.3　原子的能级和原子的电子构型 ……………………………………… (111)
　　　9.1.4　原子的电子构型和周期表 …………………………………………… (112)
　9.2　原子半径和离子半径 ……………………………………………………………… (114)
　9.3　密堆积原理 ………………………………………………………………………… (120)
　　　9.3.1　等大球的六方和立方密堆积 ………………………………………… (120)
　　　9.3.2　等大球密堆积的空隙 ………………………………………………… (122)
　　　9.3.3　等大球密堆积的空间利用率 ………………………………………… (123)
　　　9.3.4　密堆积的空间群 ……………………………………………………… (125)
　　　9.3.5　不等大球体堆积 ……………………………………………………… (125)

9.4 配位数和配位多面体 ……………………………………………………………… (126)
9.5 化学键和晶格类型 ………………………………………………………………… (128)
    9.5.1 离子键和离子晶体 …………………………………………………… (128)
    9.5.2 共价键和共价晶体 …………………………………………………… (129)
    9.5.3 金属键和金属晶体 …………………………………………………… (130)
    9.5.4 分子键和分子晶体 …………………………………………………… (130)
    9.5.5 氢键和氢键型晶体 …………………………………………………… (130)
思考题 ……………………………………………………………………………………… (132)

10 晶体物理学基础 ………………………………………………………………………… (134)
10.1 晶体物理性质的张量表示 ……………………………………………………… (134)
10.2 晶体宏观物理性质和晶体的对称性 …………………………………………… (136)
10.3 晶体的电学性质 ………………………………………………………………… (137)
    10.3.1 晶体的介电性质 ……………………………………………………… (137)
    10.3.2 晶体的压电性质 ……………………………………………………… (138)
    10.3.3 晶体的热释电性质 …………………………………………………… (139)
    10.3.4 晶体的铁电性质 ……………………………………………………… (139)
10.4 晶体的力学性质 ………………………………………………………………… (140)
    10.4.1 应力与应力张量 ……………………………………………………… (140)
    10.4.2 应变和应变张量 ……………………………………………………… (141)
    10.4.3 晶体的弹性和范性性质 ……………………………………………… (142)
10.5 晶体的磁学性质 ………………………………………………………………… (143)
10.6 晶体的热膨胀性 ………………………………………………………………… (144)
思考题 ……………………………………………………………………………………… (145)

11 晶体的形成和晶体的缺陷 …………………………………………………………… (146)
11.1 晶核的形成 ……………………………………………………………………… (146)
11.2 晶体形成的方式 ………………………………………………………………… (147)
11.3 晶体生长的理论模型 …………………………………………………………… (147)
    11.3.1 科塞尔-斯特兰斯基模型 …………………………………………… (147)
    11.3.2 螺旋位错模型 ………………………………………………………… (148)
    11.3.3 布拉维法则 …………………………………………………………… (149)
    11.3.4 居里-乌尔夫原理 …………………………………………………… (150)
    11.3.5 周期键链(PBC)理论 ………………………………………………… (151)
11.4 影响晶体生长的外部因素 ……………………………………………………… (151)
11.5 晶体的缺陷 ……………………………………………………………………… (152)
    11.5.1 点缺陷 ………………………………………………………………… (153)
    11.5.2 线缺陷 ………………………………………………………………… (154)

  11.5.3 面缺陷 ··· (156)
 思考题 ··· (159)
附录1 实习指导 ··· (160)
 实习一 晶体的测量和投影 ··· (160)
 实习二 晶体外形的对称 ·· (161)
 实习三 晶体定向和晶面符号 ·· (163)
 实习四 单形和单形符号 ·· (164)
 实习五 聚形分析 ·· (165)
 实习六 晶体的规则连生 ·· (166)
 实习七 晶体结构和晶体内部的对称元素 ····································· (168)
附录2 重要的图、表和公式索引 ·· (170)
附录3 主题词索引 ··· (172)
附录4 思考题答案 ··· (178)
主要参考书目 ··· (181)

1 晶 体

1.1 晶体的概念

晶体(crystal)是其内部质点(原子、离子或分子)在三维空间成周期性重复排列的固体。这种质点在三维空间周期性的重复排列也称为格子构造,所以也可以说,晶体是具有格子构造的固体。

在晶体的这一定义中,格子构造是一个重要的基本概念,随后几节将详细解释。至于说晶体是一类固体,这主要是相对液体和气体而言的。自然界中绝大多数固体物质均是晶体,如日常生活见到的食盐、冰糖,建筑用的岩石、砂子、水泥以及金属器材等,都是晶体。实际上,不论是何种物质,只要是晶体,则它们都有着共同的规律和基本特性,并据此可以与气体、液体以及非晶态固体(非晶质体)相区别。

图 1-1 表示的是 α-石英(α-quartz)晶体的外表形态,可以看出,α-石英具有规则的凸几何多面体外形。而在其内部,1 个 Si^{4+} 周围规则排列 4 个 O^{2-},且这种排列具有严格的周期性,如图 1-2 所示,图中线条框出的菱形区域就是一个最小的重复单位。如果 α-石英柱体的宽度为 1 cm,那么在其内部某一个方向上,这种周期就有 $2×10^7$ 个之多。从这个角度,把这种大范围的周期性的规则排列叫做长程有序(long-range order)。

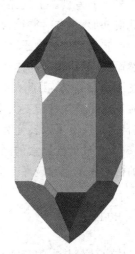

图 1-1 α-石英的形态,具有规则的凸几何多面体外形

再来考察 SiO_2 玻璃的平面结构,如图 1-3。玻璃虽然也是固体,但不是晶体。在其内部 Si^{4+} 和 O^{2-} 的排列并不像 α-石英那样是长程有序的,尽管 1 个 Si^{4+} 周围也排列 4 个 O^{2-},但这只是局部范围的,只是在原子近邻具有周期性,这类现象称为短程有序(short-range order)。

至于液体和气体,前者只具有短程有序,而后者既无长程有序,也无短程有序。除此之外,玻璃、液体和气体也没有一定的外表形态,这一点也与晶体有本质的差别。

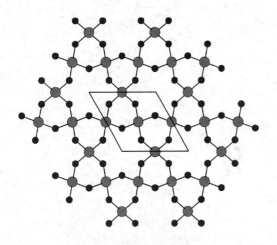 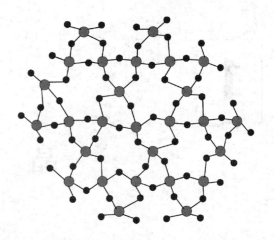

图 1-2 α-石英的内部结构　　　　　　图 1-3 SiO_2 玻璃的内部结构
大球代表 Si^{4+}，小球代表 O^{2-}　　　　大球代表 Si^{4+}，小球代表 O^{2-}

非晶质体（non-crystal）与晶体在性质上是截然不同的两类物体，指的是其内部质点在三维空间排列不具有周期性的固体。这里只是狭义地引入这个概念，即非晶质体是一类固体，而不包括其他的液体、气体等物质态。由于非晶质体不具有空间格子构造，所以其基本性质也与晶体有显著的差别。上述晶体的一些基本性质都是非晶质体所没有的，如非晶质体不具有规则的几何外形、没有对称性、没有异向性、对 X 射线不能产生衍射等。上面提到的玻璃便是一个典型的非晶质体的例子。

然而，非晶质体和晶体在一定条件下可以相互转化。由于非晶质体是一种没有达到内能最小的不稳定物体，因此，它必然要向取得内能最小的结晶状态转化，最终成为稳定的晶体。非晶质体到晶体这种转变大多是自发进行的。例如，火山作用可形成的非晶岩石——火山玻璃，在自然条件下可以转变为晶质态，这种作用也称为晶化作用或脱玻璃化作用。与这一作用相反，一些含放射性元素的晶体，由于受放射性元素发生蜕变时释放出来的能量的影响，使原晶体的格子构造遭到破坏变为非晶质体，这种作用称为变生非晶质化或玻璃化作用。

1.2　晶体点阵

晶体内部最基本的特征是具有格子构造，即晶体内部的质点（原子、离子或分子）在三维空间呈周期性排列。为了便于研究，这种质点排列的周期性，可以抽象成只有数学意义的周期性的图形，称为点阵（lattice），也叫空间点阵（space lattice）。空间点阵中的每一个点称为阵点（lattice point）或结点（node），阵点的环境和性质是完全相同的，它不同于质点，质点仅代表结构中具体的原子、离子或分子。

为了更清楚地理解空间点阵的概念，下面用简单的图形，先从图形的一维和二维周期性谈起，然后引申到三维图形。为了和空间点阵比较，在 1.3 节还引入了倒易点阵（reciprocal lattice）的概念，此概念是晶体结构分析中一个非常重要的数学工具。

1.2.1 图案与点阵

质点(结点)在一个方向上等距离排列,叫行列(row)。图 1-4 是 NaCl 结构中沿 y 轴方向上质点 Na^+ 和 Cl^- 排列的情况,即一个行列。可以看出,Na^+ 和 Cl^- 是相间等距离排列的,Na^+ 与 Na^+ 以及 Cl^- 与 Cl^- 之间均相距 a(图 1-4A)。如果把 Na^+ 抽象出来(图 1-4B)并用一个几何点代替,即用阵点代表质点 Na^+,那么就得到如图 1-4C 样的图形。可以理解,把 Cl^- 抽象为几何点也可以得到完全相同的图形。此外,在 Na^+ 和 Cl^- 之间任取一点,则在行列两端一定能找到环境与之相同的另外的点,因此也可以获得上述的图形。图 1-4C 便是几何抽象得到的结果。利用类似的方法,对图 1-5 那样的周期性一维图形也可以进行抽象处理,也得到类似的图形。像这样的在一条直线上等距离分布的无限点集,称为直线点阵。利用数学方法来处理,直线点阵可描述为

$$\boldsymbol{R} = m\boldsymbol{a} \tag{1-1}$$

其中 $\boldsymbol{a}$ 是单位平移矢量(基矢);$m = 0, \pm 1, \pm 2, \cdots$,为任意整数;$\boldsymbol{R}$ 是表示该直线点阵所有阵点的一个集合。由于阵点可以通过平移而重合,故它也是一种平移群。

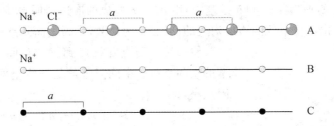

图 1-4 NaCl 中一维对称图案(A)以及 Na^+ 的直线排列(B)和抽象为直线点阵(C)
a 是直线点阵的单位周期

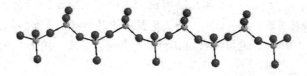

图 1-5 硅酸盐中 Si—O 四面体一维排列图案

同样的道理,可以定义面网(net)即质点的面状分布,并引出平面点阵(平面上阵点周期分布的无限点集)的概念。图 1-6A 是 NaCl 结构中平行 xy 平面的面网平面图,表示了 Na^+ 和 Cl^- 分布的情况。类似一维图形的处理方式,如果将 Na^+ 或者 Cl^- 连接起来,则得到图 1-6B,可以发现,连接 Na^+(实线)或者连接 Cl^-(虚线)可以获得相同的图形,用几何点代替 Na^+ 或者 Cl^-,则两者均为图 1-7 样的图形,即平面点阵,其中的 a 和 b 为两个直线方向上的几何点重复周期。当然,以其他环境相同的任意点作为阵点,也可以得到相同的图形。对于平面点阵,可视为直线点阵的组合。

平面点阵的数学表达为

$$\boldsymbol{R} = m\boldsymbol{a} + n\boldsymbol{b} \tag{1-2}$$

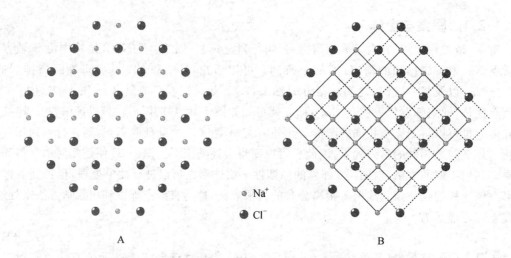

图 1-6 NaCl 结构中的二维对称图形(A)以及连接 Na^+ 或 Cl^- 的相同的几何图形(B)

式中 R 是平面点阵的平移群；a 和 b 是基矢，由 $a+b$ 构成的四边形叫单位平行四边形，整个平面点阵可看成是由单位平行四边形构成的；m 和 n 为整数，称为平面阵点指数。

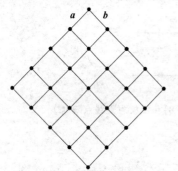

图 1-7 平面点阵图形

将二维平面点阵推广到三维空间，就很容易得到所谓的空间点阵。空间点阵就是三维空间周期性分布的无限点集，即

$$R = ma + nb + pc \quad (1-3)$$

式中 R 是空间点阵的平移群，m,n 和 p 为阵点指数，a,b 和 c 是空间点阵的基矢，它们构成的 $a+b+c$ 平行六面体称为空间格子。由于点阵是周期性重复的，故整个空间点阵可视为无数空间格子的集合。

图 1-8 表示的是 NaCl 三维晶体结构，利用上述处理方法，以 Na^+（或 Cl^-）为阵点，也可抽象出其相应的空间点阵来。图 1-9 所示的是一般形式的空间点阵图形。

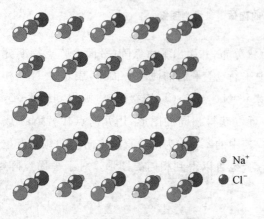

图 1-8 NaCl 的三维结构图

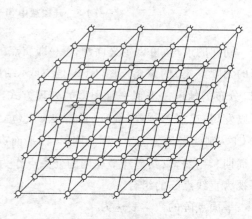

图 1-9 空间点阵

1.2.2 空间点阵的基本规律

对应于一种晶体结构,必定可以作出一个相应的空间点阵,而空间点阵中各个阵点在空间分布的重复规律,也正好体现了相应结构中质点排列的重复规律。根据空间点阵的基本特性,任一空间点阵均应具有如下的共同规律:

(1) 分布在同一直线上的结点(阵点)构成一个行列。显然,由任意两个结点就可决定一个行列。每一行列各自均有一最小重复周期,它等于行列上两个相邻结点间的距离,称为结点间距(row-spacing)。在一个空间点阵中,可以有无穷多不同方向的行列,但相互平行的行列,其结点间距必定相等;不相平行的行列,一般说其结点间距亦不相等。

(2) 连接分布在同一平面内的结点则构成一个面网。显然,由任意两个相交的适当行列就可决定一个面网。在一个空间点阵中,可以有无穷多不同方向的面网,但相互平行的面网,其单位面积内的结点数——面网密度也必定相等,且任意两相邻面网间的垂直距离——面网间距(inter-planar spacing)也必定相等。

(3) 连接分布在三维空间内的结点就构成了空间点阵。显然,由三个不共面的适当行列就可以决定一个空间点阵。此时,空间点阵本身将被这三组相交行列划分成一系列平行叠置的平行六面体,结点就分布在它们的角顶上(图1-9)。每一平行六面体的三组棱长恰好就是三个相应行列的结点间距。平行六面体的大小和形状可由结点间距 a,b,c 及其相互之间的交角 α,β,γ 表示,它们被称为点阵参数(图1-10)。

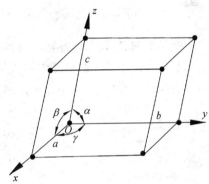

图1-10　点阵参数及其表达

最后,仍然要强调指出,结点或阵点只是几何点,它并不等于实在的质点;空间格子也只是一个几何图形,它并不等于晶体内部包含了具体质点的格子构造。但格子构造中具体质点在空间排列的规律性,则可由空间格子中结点在空间分布的规律性予以表征。对一些很复杂的晶体结构,只要确定了阵点而抽象出空间点阵来,那么复杂晶体结构的重复规律等就变得比较清晰了。

1.2.3 空间点阵中结点、行列和面网的指标

空间点阵中,其结点、行列和面网(也称点阵点、点阵直线和点阵平面)可以通过一定的方法以一定的符号形式把它们的位置或方位表示出来。这与4.5节所描述的晶面、晶棱等的符号表示相近。

为了能确定符号,首先要在空间点阵中建立坐标系统。通常把坐标原点置于平行六面体左侧后下方角顶处,以交于此角顶的三条棱分别作为 x,y,z 轴,以 a,b,c 作坐标轴上的度量单位(图1-10)。

对于空间点阵中的结点,其坐标的表示方法与空间解析几何中确定空间某点的坐标位置的标记方法完全相同,表达形式为 uvw,如图1-11所示。可以作从原点到该点的空间矢量 $\mathbf{R}$,并用单位矢量 a,b,c 表示:

$$\mathbf{R} = u\mathbf{a} + v\mathbf{b} + w\mathbf{c} \tag{1-4}$$

则结点的指标即为 uvw。图1-11示出阵点231及其相应的矢量 $\boldsymbol{R}$。点坐标 uvw 中的三个数值可全为正值；如结点在坐标负方向时也可出现负值。当在一个单位晶胞中确定具体质点的坐标时（参见4.4节），往往也用分数坐标。分数坐标是将轴单位的长度当作一个单位时的坐标。如在体心格子中，位于体心的结点的坐标为：1/2, 1/2, 1/2。

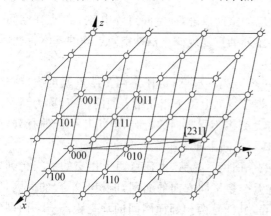

图1-11 空间点阵中结点、行列的表示方法
箭头实线表示行列方向，圆圈代表结点

行列符号与晶棱符号（参见4.5节）在表示方法及形式上完全相同，即 $[uvw]$。如一行列通过坐标原点，选一距原点距离最近的结点，其坐标为 u,v,w，则此行列的符号就为 $[uvw]$，如图1-11之$[231]$。行列符号表示了一组互相平行、取向相同的行列，其取向与矢量 $u\boldsymbol{a}+v\boldsymbol{b}+w\boldsymbol{c}$ 平行。

至于面网符号，其与晶面符号的表示方法（见4.5节）及形式基本相同。但晶面符号仅仅表示晶体外形上某一晶面的空间方位，而面网符号则表示一组互相平行且面网间距相等的面网。在晶面符号 (hkl) 中，h,k,l 之间是互质的，而在面网符号中，可以不互质。

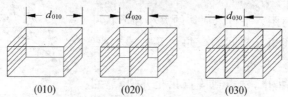

图1-12 平行于(010)晶面的面网符号

此外，一组互相平行的面网 (hkl)，其面网间距用 d_{hkl} 表示。当点阵参数 $a,b,c,\alpha,\beta,\gamma$ 已知时，d_{hkl} 值可以用下列公式算出：

$$d_{hkl} = V[h^2b^2c^2\sin^2\alpha + k^2a^2c^2\sin^2\beta + l^2a^2b^2\sin^2\gamma + 2hkabc^2(\cos\alpha\cos\beta - \cos\gamma)$$
$$+ 2kla^2bc(\cos\beta\cos\gamma - \cos\alpha) + 2hlab^2c(\cos\alpha\cos\gamma - \cos\beta)]^{-1/2} \quad (1-5)$$

其中，$V = abc(1-\cos^2\alpha-\cos^2\beta-\cos^2\gamma+2\cos\alpha\cos\beta\cos\gamma)^{1/2}$。显然，随着不同晶系晶体（晶系的划分见3.6节）点阵参数的不同，上式可以有相当程度地简化。当面网指标有公倍数时，即 $(nh\ nk\ nl)$，则表示 $d_{nhnknl}=\dfrac{1}{n}\cdot d_{hkl}$。图1-12中，$d_{020}=\dfrac{1}{2}\cdot d_{010}$，$d_{030}=\dfrac{1}{3}\cdot d_{010}$ 等。

1.3 倒易点阵

晶体是具有空间点阵的周期性结构，由晶体结构的周期性规律抽象出的点阵，称为晶体点阵。倒易点阵也是一种点阵，它同样也从晶体点阵中抽象出来，并与晶体点阵有着某种关系。

如果晶体点阵的基矢为 $\boldsymbol{a},\boldsymbol{b}$ 和 $\boldsymbol{c}$，那么晶体点阵就是由 $\boldsymbol{a},\boldsymbol{b},\boldsymbol{c}$ 在三维空间平移组成。可以

定义倒易点阵的基矢为 a^*, b^* 和 c^*，规定两种点阵的基矢间存在如下关系：

$$\left.\begin{array}{l} a^* \cdot a = 1, a^* \cdot b = 0, a^* \cdot c = 0 \\ b^* \cdot a = 0, b^* \cdot b = 1, b^* \cdot c = 0 \\ c^* \cdot a = 0, c^* \cdot b = 0, c^* \cdot c = 1 \end{array}\right\} \qquad (1\text{-}6)$$

则由 a^*, b^* 和 c^* 规定的点阵就是晶体点阵的倒易点阵，倒易点阵就由 a^*, b^*, c^* 平移而构成。如果将晶体点阵称为正空间，则倒易点阵称为倒空间。这样定义的新点阵在晶体学上有重要的意义，不仅可以方便地导出晶体几何学中一些主要的关系式，而且作为形象的数学工具可方便表达单晶体 X 射线衍射和电子衍射的几何学，也可用之描述电子在晶体中的运动状态或晶格的振动状态。

式(1-6)包含的晶体点阵和倒易点阵的关系有：

(1) a^* 垂直于 bc 平面，b^* 垂直于 ac 面，c^* 垂直于 ab 面。

(2) 设晶体点阵单位晶胞的体积为 V，则单胞长度之间的关系为

$$\left.\begin{array}{l} a^* = (b \times c)/V = bc\sin\alpha/V \\ b^* = (c \times a)/V = ca\sin\beta/V \\ c^* = (a \times b)/V = ab\sin\gamma/V \end{array}\right\} \qquad (1\text{-}7)$$

(3) 单胞体积之间的关系为

$$V^* = 1/V = abc(1 - \cos^2\alpha^* - \cos^2\beta^* - \cos^2\gamma^* + 2\cos\alpha^*\cos\beta^*\cos\gamma^*)^{1/2} \qquad (1\text{-}8)$$

(4) 晶轴夹角之间的关系如下：

$$\left.\begin{array}{l} \cos\alpha^* = \dfrac{\cos\beta\cos\gamma - \cos\alpha}{\sin\beta\sin\gamma} \\[2mm] \cos\beta^* = \dfrac{\cos\gamma\cos\alpha - \cos\beta}{\sin\gamma\sin\alpha} \\[2mm] \cos\gamma^* = \dfrac{\cos\alpha\cos\beta - \cos\gamma}{\sin\alpha\sin\beta} \end{array}\right\} \qquad (1\text{-}9)$$

式(1-7)~(1-9)反映了晶体点阵和倒易点阵之间的晶胞参数之间的关系，其逆关系可通过调换正空间和倒空间中的参数获得。这是一般情况的表达式，在某些特殊情况下（如 α, β, γ 等是一些特殊值）则可有不同程度的简化。

考虑两种基矢之间的定量关系，如果假设

$$\begin{pmatrix} a \\ b \\ c \end{pmatrix} = [M] \begin{pmatrix} a^* \\ b^* \\ c^* \end{pmatrix} \qquad (1\text{-}10)$$

式(1-10)等式两边同乘以行矩阵 $[a\ b\ c]$，再结合式(1-6)和(1-7)，可导出

$$[M] = \begin{pmatrix} a^2 & ab\cos\gamma & ac\cos\beta \\ ba\cos\gamma & b^2 & bc\cos\alpha \\ ca\cos\beta & cb\cos\alpha & c^2 \end{pmatrix} \qquad (1\text{-}11)$$

式(1-11)是一般情况下的表达式，同样，在某些特殊情况下也可以得到相应的简化。

倒易点阵与晶体点阵的关系由式(1-6)规定，即是说，倒易点阵中的一个阵点（结点），代表

的是正空间——晶体点阵中的一组互相平行的等距离的面网。对在倒易空间中任一矢量 H，如果记为

$$H = ha^* + kb^* + lc^* \tag{1-12}$$

则其表示是与正空间中的一组面网 (hkl) 垂直；而 H 的长度与正空间中面网间距 d_{hkl} 成反比，记为

$$|H| = 1/d_{hkl} \tag{1-13}$$

图 1-13 是一个通过原点垂直于 b 的二维平面点阵及其倒易点阵的例子。由图 1-13 中可以看出，a^* 垂直于 bc 平面，其大小 $|a^*|=1/d_{100}$；c^* 垂直于 ab 平面，$|c^*|=1/d_{001}$。图中的倒易点 102，就是代表了正空间中的一组平行的面网 (102)。

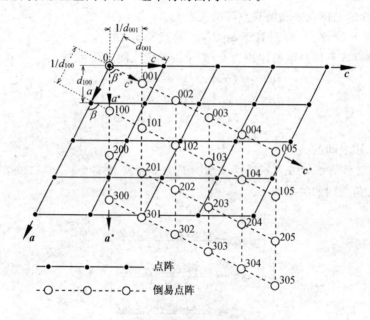

图 1-13　二维空间点阵和倒易点阵关系图

1.4　晶体的基本性质

晶体内部的周期性决定了晶体具有一些共有的性质，并且根据这些性质能与其他状态的物体区分开来。这些性质主要包括以下几点：

1. 均一性

指晶体在其任一部位上都具有相同性质的特性，即晶体内部任意两个部分的化学组成和物理性质等是等同的。可以用数学公式来表示：设在晶体的 x 处和 $x + x'$ 处取得小晶体，则

$$F(x) \equiv F(x + x') \tag{1-14}$$

此处 F 表示化学组成和性质等物理量度。如密度、比重、热导性、膨胀性等晶体本身性质，无论块体大小都无例外地保持着它们各自的一致性，这就是晶体的均一性。

2. 异向性

指晶体的性质因观测方向的不同而表现出差异的特性，即晶体的几何量度和物理性质与

其方向性有关。设在晶体中任意取两个方向 n_1 和 n_2，则有

$$F(n_1) \neq F(n_2) \tag{1-15}$$

即在不同方向上，晶体的几何量度和物理性质均有所差异。例如蓝晶石，在其(100)面上沿 z 方向的硬度为 5.5，但垂直 z 方向，硬度则为 6.5，故蓝晶石也称二硬石。蓝晶石的这种在不同方向上有不同大小硬度的现象，就是晶体异向性这一性质的典型表现。

3. 对称性

指晶体中的相同部分（如外形上的相同晶面、晶棱，内部结构中的相同面网、行列或原子、离子等）或性质，能够在不同方向或位置上有规律地重复出现的特性。在式(1-15)中，如果 n_1, n_2，甚至 n_n 的方向可由对称操作而重合，则有

$$F(n_1) = F(n_2) = \cdots = F(n_n) \tag{1-16}$$

即说明晶体的相同部分 F 是关于 $n_1, n_2, \cdots, n_n$ 呈对称配置的。晶体内质点排列的周期重复本身就是一种对称，这种对称是由晶体内能最小所促成的一种属于微观范畴的对称，即微观对称。因此，从这个意义上来说，一切晶体都是具有对称性的。另外，晶体内质点排列的周期重复性是因方向而异的，但并不排斥质点在某些特定方向上出现相同的排列情况。晶体中这种相同情况的规律出现，可导致晶体外形（如晶面、晶棱、角顶）上呈有规律的重复，以及在一些晶体本身的物理性质方面也呈现出规律性的重复。晶体的对称性是一个非常重要的概念，在随后几章将详细讨论。

4. 自范性

或称为自限性，指晶体能自发地形成封闭的凸几何多面体外形的特性。凸几何多面体的晶面数(F)、晶棱数(E)和顶点数(V)之间，符合欧拉定律：

$$F + V = E + 2 \tag{1-17}$$

对于晶体而言，其理想的外形都是几何上规则的。这是因为晶体是由格子构造组成，其内部质点排列的规律性必然会体现在每一个面网上。而晶体的外表面实际上就是面网的外在体现，显然也必将是规则的。

5. 最小内能

指的是在相同热力学条件下，晶体与同种物质的非晶体相（非晶固体、液体、气体）相比较，其内能最小，因而，晶体的结构也最稳定。所谓内能，包括质点的动能与势能（位能）。动能与物体所处的热力学条件有关，因此它不是可比较量。可能用来比较内能大小的只有势能，势能取决于质点间的距离与排列。晶体是具有格子构造的固体，其内部质点规律性的排列是质点间的引力与斥力达到平衡的结果，无论使质点间的距离增大或缩小，即将导致质点的相对势能的增加。非晶固体、液体、气体都是内部质点排列不规律的物质，因而它们的势能也比晶体大。也就是说，在相同的热力学条件下，它们的内能部分比晶体大。

此外，晶体还具有固定的熔点，对 X 射线能产生衍射等特征。晶体所有的这些基本性质，无一例外地源于其内部质点排列的周期性。

1.5 准晶体

晶体最基本的特点是具有周期性结构，即有平移对称性或具有点阵结构。由于这一特性，

使得晶体中不允许存在五次或六次以上的对称轴(证明见 3.3 节),不论是在晶体的外形或者内部都符合这种规律。从 1984 年起,人们发现一些物质,它们具有五次或六次以上的对称轴,其质点的排列虽为长程有序,但不体现周期重复,即不存在格子构造,人们把这些物质称为准晶体(quasi-crystal)。起初,人们认为这种准晶体(具有长程定向有序而无周期平移序)是介于晶态(具有长程有序与周期性)与非晶态(只有短程有序而无周期性)之间的一种新的物质态。但 20 余年的深入研究表明,准晶虽无周期性,但有严格的位置序,即具有准点阵结构。它不是非晶态,不是孪晶,而是一种特殊的晶体,或称为非周期性晶体。

关于准晶体的结构,已经有许多学者提出了不同的模型。目前多数人认为,在准晶体内部,存在多级呈自相似的配位多面体,它们在三维空间作长程定向有序分布。它们具有晶体所不能有的五次或六次以上的对称轴,如具有五次、八次、十次或十二次对称等。这突破了传统的晶体对称定律。

图 1-14 是一例在二维平面上具有准晶体结构的图形。可以看出:此图形具有五次对称;中心小五角星和边缘大五角图形呈自相似性,即图形形状相同,但大小和方向不同。两者的准周期直接受到自相似比例因子限定,在此图形中,自相似比例因子与"黄金中值"有关,为 $1+(\sqrt{5}+1)/2$。用通式表达则为

$$1+2\cos(360°/n) \tag{1-18}$$

此处 n 是图形旋转 360°重复的次数。对于具有八、十和十二次对称的准晶平面图形而言,其自相似比例因子也可由式(1-18)给出。图 1-15 表示的是一个具有五次对称准晶体的三维结构,这就是著名的 C_{60} 的结构。

图 1-14 具有五次对称的二维准晶图形

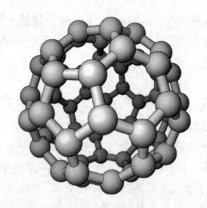

图 1-15 具有五次对称的 C_{60} 的结构

准晶体的粒径很小,一般仅在微米级,天然产出的准晶体非常罕见。目前,已有学者对准晶体的点群、单形等进行了推导,准晶物质的分类也有报道。准晶体的发现和研究,使晶体学的内容更加扩展而丰富,对非传统周期性晶体的研究已成为晶体学中一个新的生长点。此外,虽然目前对准晶体的实际应用还处于起步阶段,但其潜在的重要性以及可能的前景将是革命性的。

思 考 题

1-1 晶体和非晶体的根本区别是什么？各列举出若干种生活中常见的晶体和非晶体。

1-2 自范性（自限性）是晶体的基本性质。是否可以肯定，生长时能自发长成规则几何多面体外形的固体都是晶体？为什么？

1-3 均一性和异向性皆是晶体的基本性质，这两者看起来似乎有点矛盾。如何理解这两个基本性质？

1-4 如何根据晶体内部的质点在三维空间成周期性平移重复规则排列的特点，以解释晶体能够对 X 射线产生衍射这一特性？

1-5 晶体和非晶体之间可以相互转变（如玻璃化和脱玻化），那么能否说，晶体和非晶体之间的这种相互转变是可逆的？为什么？

1-6 平面点阵可用式(1-2)表达，即 $R = ma + nb$。若令 a,b 方向的重复周期为 a 和 b，试作出阵点指数 $m = 0, \pm 1, \pm 2$ 以及 $n = 0, \pm 1, \pm 2$ 范围内的平面点阵图形。

1-7 空间点阵中的两个行列，如果其结点间距相等，那么是否说明此两行列必定是相互平行的？为什么？

1-8 如图 1-16 是绿柱石晶体沿 z 轴的投影平面图。试在此图中分别以质点 O^{2-}、Si^{4+} 和 Be^{2+} 为阵点，分别抽象出其一维和二维的点阵图形（注意等同点的识别）。

1-9 空间点阵是从实际的晶体结构中抽象出来的，它与晶体结构的关系可以表达为：晶体结构＝空间点阵＋结构基元。那么图 1-16 中，绿柱石的结构基元是什么？

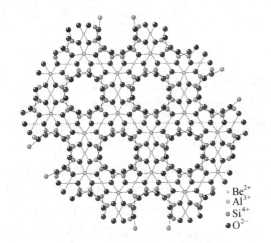

图 1-16 绿柱石晶体结构沿 z 轴的投影

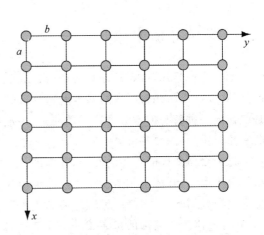

图 1-17 空间点阵垂直 z 方向的二维投影平面

1-10 面网符号与晶面符号的区别在什么地方？

1-11 图 1-17 是一个空间点阵垂直 z 方向的二维投影平面，其中 x 和 y 轴正交，且重复周期分别为 a 和 b。试根据空间点阵与倒易点阵之间的关系，作出此图的二维倒易点阵图。

1-12 准晶体与晶体的根本区别何在？如何理解晶体中的周期性以及准晶体中的"准周期"性？

2 晶体的投影

顾名思义,晶体的投影就是把三维空间中的晶体投影在二维平面上,这涉及将构成晶体立体形态的点、线、面、体等几何元素如何从三维空间按照一定规则投影到二维平面。本章先介绍晶体面角守恒定理,然后对晶体的球面投影和球面坐标进行说明,在此基础上,讨论晶体的极射赤平投影(stereographic projection)以及乌尔夫网(Wulff net),最后对其实际应用进行简单的分析。在后面会看到,反映晶体对称特点的一些几何元素,如对称轴、对称面等,也可以用同样的投影方法来进行处理。此投影方法在构造地质学、天文学等领域也有广泛的应用。

2.1 面角守恒定律

面角守恒定律(law of constancy of angle)是斯丹诺于1669年首先提出的,故亦称为斯丹诺定律(law of Steno)。它的基本内容是:同种晶体之间,对应晶面间的夹角恒等。晶面夹角是晶体的一种特有的常数。这里的夹角,一般指的是面角(interfacial angle),即晶面法线之间的夹角。

这一看似简单的定律的发现,却为结晶学的发展起了颇为深远的作用。它为研究复杂纷纭的晶体形态,开辟了一条途径。以此定律为依据,通过对晶面间角度的测量和投影,可以揭示晶体固有的对称性,绘制出理想的晶体形态图,从而为几何结晶学一系列规律的研究打下基础,并为晶体内部结构的探索给予有益的启发。此外,这一定律还具有重要的实用意义。因为,既然晶体的面角守恒,那么通过晶体测量(crystal goniometry,测角),就可鉴定晶体的种别。

成分与结构相同的晶体,常常因生长环境条件变化的影响,而形成不同的外形,或者偏离理想的形态而形成所谓的"歪晶"。图2-1是理想的α-石英形态,由六方柱$a\{10\bar{1}0\}$和菱面体$b\{10\bar{1}1\}$以及菱面体$c\{01\bar{1}1\}$组成,同一种形态中的晶面大小相同、形状也相同。而在图2-2的α-石英外形中,虽然也是由同样的六方柱和两种菱面体构成,但由于晶面相对大小发生了改变,使得其外表形态和理想形态差别很大,形成歪晶。但是,其相对的晶面之间的夹角却没有改变。由于同种晶体的面角不变,那么通过晶体测角获得面角数据,再进行晶体的投影,就能去伪存真,保留下来的是受面角守恒定律支配的所有晶面在空间的对称配置以及许多在三维晶体图像上不易测量的数据(如平面与平面或直线与直线间的交角)等。利用这些信息,还可描绘出晶体的理想外形。

晶体测角的仪器有多种,至今仍在使用的有单圈测角仪、双圈测角仪等,虽然测量手续较复杂,但精度可以高达$1'$。

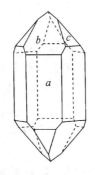

图 2-1　理想的 α-石英形态

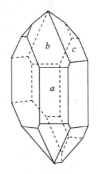

图 2-2　α-石英的歪晶

2.2　晶体的球面投影及其坐标

晶体的球面投影(spherical projection)是指各晶面之法线在球面上的投影。亦即设想以晶体的中心为球心,任意长为半径,作一球面包围晶体;然后从球心(注意:不是从每个晶面本身的中心出发)引各晶面的法线,延长后各自交球面于一点。如图 2-3 所示,将晶体置于投影球中心,从球心引各个晶面的法线并和球面相交,与球面相交的这些点便是相应晶面在球面上的投影点。晶体的球面投影点,消除了晶面大小、远近等影响因素,面角方位及其之间的关系就被突出显示了出来。

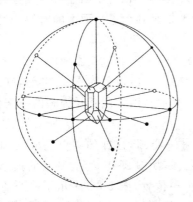

图 2-3　晶体球面投影原理图

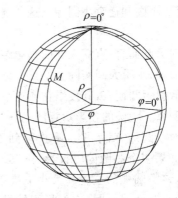

图 2-4　球面坐标及其表达

球面上的这些投影点可以用球面坐标来定量描述。正如描述地球上任一地点的方位可以用经纬度表达一样,球面坐标也采取类似的方法,两者只是在计数方法上有所不同。图 2-4 表示的是球面坐标及其表达。在球面坐标网中,与"纬度"相当的是极距角 ρ,其计数从"北极"的 $\rho= 0°$ 至"南极"的 $\rho= 180°$;与"经度"相当的是方位角 φ,习惯上设定"东方向"为 $\varphi= 0°$,顺时针绕一周为 360°。由极距角 ρ 和方位角 φ 构成的坐标系统也称为球面坐标系。图 2-4 中的 M 点,便可以用极坐标 (ρ, φ) 来精确表达。

2.3 极射赤平投影和乌尔夫网

将立体的晶体球面投影转换至二维平面上有很多方法,在晶体学中最常用的是极射赤平投影。其基本原理是:以赤道平面为投影平面,以南极(或北极)为视点,将球面上的各个点、线、面进行投影。下面以图 2-5 为例来说明具体的投影过程。

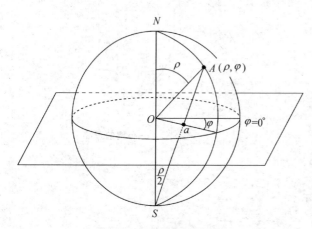

图 2-5 晶面 A 的极射赤平投影过程

图 2-5 中,A 为某晶面的球面投影,其极坐标为 (ρ, φ)。以南极 S 为视点,连接 AS,和赤道平面交于 a 点,那么此 a 点就是晶面 A 的极射赤平投影点。如果晶面的球面投影在赤道平面以下,那么此时的视点将是北极(N)。在投影面上,a 点距离圆心的距离为 $r \times \tan(\rho/2)$,其中 r 为基圆半径。所谓基圆,就是球体切割赤道平面所得到的圆。

如果球面上点排列密集而接近于圆形弧线的话,那么这类弧线可以划分为两类:一类是所谓的大圆,即此弧线所在平面经过了球心,或者说此圆弧构成的圆是以球体半径为半径的;另外一类是小圆,其所在平面不经过球心,其半径小于球体的半径。小圆还可以细分为水平小圆、直立小圆和任意小圆等。这些圆形弧线经极射赤平投影到赤道平面上的时候会有不同的形状。

对大圆而言,直立大圆的投影结果是一条直线,该直线一定经过投影面的中心,表现为基圆的直径;水平大圆实际上就是赤道平面与投影球的交线,它经极射赤平投影就是基圆本身;而对倾斜大圆而言,其投影在赤道平面上为一条弧线,表现为以基圆直径为弦的一条弧,也称为大圆弧。大圆的投影示意图见图 2-6A。

对小圆而言,水平小圆投影到赤道平面上仍然是一个圆,这样的圆以基圆的圆心为圆心。如果多个小圆同时投影,则其结果就是一组同心圆,如图 2-6B;直立小圆的投影为一段圆弧,该类圆弧的位置和大小取决于直立小圆的大小和位置,图 2-6C 表示了一个直立小圆的投影;对倾斜小圆,它的投影结果是一个椭圆,同样,倾斜小圆的位置决定了椭圆的位置,如图 2-6D。

将图 2-6 中的基圆拿出来,依据大圆和直立小圆投影的结果,并标示出适当的角度间隔,那么这就是著名的乌尔夫网了,如图 2-7。此投影网格是俄罗斯晶体学家乌尔夫

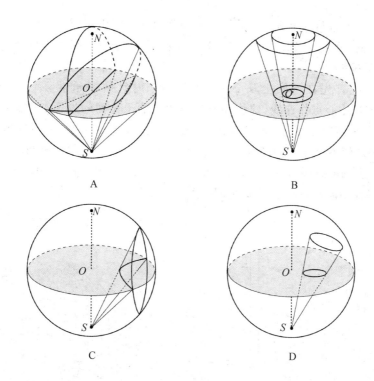

图 2-6 大圆(A)和水平小圆(B)、直立小圆(C)及倾斜小圆(D)的极射赤平投影

(Wulff,1863—1925)首先发明并使用的,故称之为乌尔夫网。

从图 2-7 可以看出:乌尔夫网的网面相当于极射赤平投影面。视点(球的南极 S 与北极 N)投影于乌尔夫网的中心。圆周为投影球上的水平大圆,即基圆。两个直径为两个相互垂直且垂直于投影面的大圆的投影。小圆弧相当于球面上垂直投影面的直立小圆的投影。具有这样构成的乌尔夫网可以作为球面坐标的量角规,它的基圆上的刻度可以用来度量方位角 φ,旋转一周为 360°;它的直径上的刻度可以用来度量极距角 ρ,从圆心为 $\rho=0°$,至圆周为 $\rho=90°$;它的大圆弧上的刻度可以用来度量晶面的面角。

实际上,只要是通过投影球心的任何平面,都可以被选作投影平面,而此时的视点也要随之改变,只要是该投影平面过球心的垂线与球面的交点就可以。

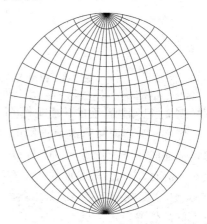

图 2-7 乌尔夫网

2.4 乌尔夫网的应用举例

首先选择一张半透明纸覆盖于乌尔夫网上,并描出基圆,并用符号"×"标出网的中心(即球面 S、N 极的投影点)。选择横半径为零度子午面,在它和基圆交点处注明 $\varphi=0°$,这样就可

以利用乌尔夫网在半透明纸上进行投影了。下面举出两个应用实例。

例1：根据晶体测量，已知一晶面 M 的球面坐标，极距角 $\rho=30°$ 和方位角 $\varphi=40°$，作该晶面 M 的极射赤平投影。

如图 2-8 所示，首先在基圆上从 $\varphi=0°$ 点开始顺时针数一角度 $\varphi=40°$，得到一点（图 2-8A），由此点与网中心点作连线，此线即为方位角 φ 的子午面的投影。显然，欲求之投影点必在此直线上，并距网中心（北极 N 的投影点）的角距为 ρ。但是，乌尔夫网在这一方向并未绘出直径，因此，必须使中心点不动，旋转透明纸，使纸上的中心与 φ 的连线与网的横半径重合。利用网的横半径上刻度，从网中心沿 φ 直线量得一个角度 $\rho=30°$（图 2-8B），这样就获得了极坐标为 $(30°,40°)$ 晶面的极射赤平投影点 M。

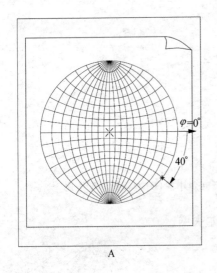
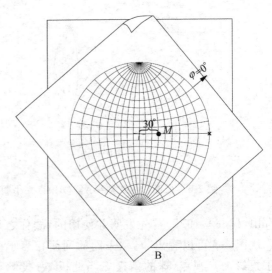

图 2-8　利用乌尔夫网进行晶面 M 的极射赤平投影示意图

例2：已知两晶面的球面坐标 $M(\rho_1,\varphi_1)$ 和 $P(\rho_2,\varphi_2)$，求此两晶面的面角。

图 2-9 为该两晶面球面投影的示意图，M、P 为该两晶面的球面投影点。OM 与 OP 为该两晶面的法线，其面角应为该两晶面的法线 OP 与 OM 的夹角 $\angle MOP$，亦即球面上过 M 和 P 点的大圆上 M 与 P 点之间的弧角。

图 2-10A 为根据球面坐标所绘出的该两晶面的赤平投影点 M 和 P（投影方法同例1）。然后中心不动，旋转半透明纸，使 M 和 P 点落于乌尔夫网的一条大圆弧上（图 2-10B），在大圆上读得 M 和 P 点间的刻度，即为该两晶面的面角。

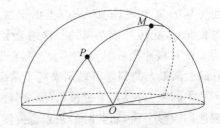

图 2-9　晶面 M 和 P 的球面投影示意图

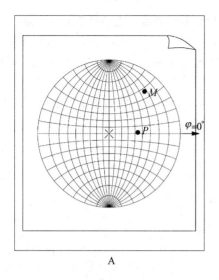
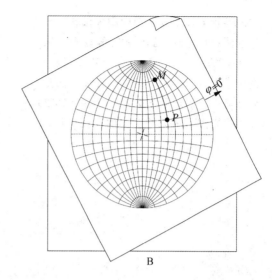

图 2-10 晶面 M 和 P 的极射赤平投影及其夹角计算

除上述两例之外,在晶体学上利用乌尔夫网还可以做多种图解计算,如求晶体常数和晶面符号、根据晶带求可能晶面等;此外,乌尔夫网还被应用于晶体光学、岩石学、构造地质学等多种学科中。在稍后的章节可以看到,对晶体对称元素(点、线、面等)的投影,也用到了极射赤平投影的原理。

思 考 题

2-1 查资料,确定天安门的经纬度坐标。如果该数值代表一个晶面的球面坐标值,那么它在乌尔夫网上的投影位置在哪里?

2-2 在晶体投影和作图过程中,衡量晶面夹角往往采用面角而非实际的夹角,这样处理的优点在哪里?

2-3 晶体上一对相互平行的晶面,它们在极射赤平投影图上表现为什么关系?

2-4 讨论并说明,一个晶面在与赤道平面平行、斜交和垂直的时候,该晶面的投影点与投影基圆之间的位置关系。

2-5 某晶体两个晶面的极坐标为 $A(\rho=45°,\varphi=35°)$、$B(\rho=65°,\varphi=135°)$,请在乌尔夫网上投影这两个晶面。如果设极射赤平投影图的基圆半径为 5 cm,那么这两个的晶面的投影点距基圆中心的距离是多少?(可将实际投影和测量的结果与计算的结果作比较)

2-6 如图 2-11 是磷灰石晶体,其相邻柱面 m 与 m 之间的夹角为 $60°$,柱面 m 与相邻的锥面 r 之间的夹角为 $40°$。在乌尔夫网上投影其所有的晶面,并求相邻锥面 r 之间的夹角。

2-7 投影图中与某大圆上任一点间的角距均为 $90°$ 的点,称为该大圆的极点;反之,该大圆则称为该投影点的极线大圆。试问:
(1) 一个大圆及其极点分别代表空间的什么几何要素?
(2) 如何在投影图上求出已知投影点的极线大圆?

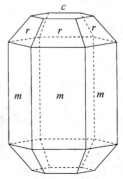

图 2-11 磷灰石的形态

（提示：极射赤平投影图中的大圆在平面几何上仍是圆，而已知由三点即可确定一个圆）

2-8 已知锡石（SnO_2）晶体的测角数据：$a(\rho=90°00',\varphi=0°00')$，$m(\rho=90°00',\varphi=45°00')$，$e(\rho=33°55',\varphi=0°00')$，$s(\rho=43°35',\varphi=45°00')$。作出上述晶面的极射赤平投影，并从投影图中求出 $a \wedge m, a \wedge e, e \wedge s, s \wedge m$ 的面角。

2-9 已知晶面 a 的球面坐标 $\rho=90°$，$\varphi=56°20'$，作出平行 a 晶面的晶面投影点 b 和垂直 a 晶面的晶面投影点 c，并求出它们的球面坐标。

3 晶体的宏观对称

对称性是晶体的基本性质之一，一切晶体都是对称的。晶体的对称性首先最直观地表现在它们的几何多面体外形上，但不同晶体的对称性往往又是互有差异的。因此，可以根据晶体对称特点的差异来对晶体进行科学分类。此外，晶体的对称性不仅包含宏观几何意义上的对称，而且也包含物理性质等宏观意义上的对称。对称性对于理解晶体的一系列性质和识别晶体，以至对晶体的利用都具有重要的意义。

本章将只限于讨论晶体在宏观范畴内所表现的对称性，即晶体的宏观对称。

3.1 对称的概念

日常生活和自然界中的许多物体都具有对称性。例如，图 3-1 中所示的建筑物，沿着纸面一分为二的话，左右两侧相等；又如图中的铅笔，围绕它的长轴也具有对称性。生活中类似的例子比比皆是。在生物界具有对称性的物种也不少见，如蝴蝶、花朵等等也具有一定的对称性（图 3-1）。

从上述几个例子不难理解，一个对称的物体，其中一定包含若干等同的部分，并且等同部分经过某种变换后可以重合在一起。如上例中建筑物和蝴蝶，其左右两侧等同，通过垂直纸面的一个镜像反映，则两侧等同部分可以完全重合。铅笔和花朵则是围绕一个轴旋转，旋转一定角度后，其等同部分重合。

由此可以给出所谓对称（symmetry）的定义，即物体（或图形）中相同部分之间有规律的重复。

对称的定义说明，对称的物体或图形，至少由两个或两个以上的等同部分组成，对称的物体通过一定的对称操作（即所谓的"有规律"）后，各等同部分调换位置，整个物体恢复原状，分辨不出操作前后的差别。例如上述的铅笔，沿其长轴旋转，可多次重复原来的形象；建筑物和蝴蝶的左右两边可以通过中平面反映彼此重合。

值得说明的是，上述对称概念只是朴素的定义。实际上，对称不仅是自然科学最普遍和最基本的概念之一，它也是建造大自然的一种神秘的密码，同时也是人类文明史上永恒的审美要素。

图 3-1　对称的几个例子

3.2　晶体的对称

前面已经说明,对称是晶体最基本的性质之一,一切晶体都是对称的。但与生物或其他物体的对称相比(如生物体的对称是为了适应生存,器物的对称是为了美观和实用等等),晶体的对称有着自己的特殊规律性。相比之下,晶体的对称具有如下几个特点:

(1) 晶体对称的主要特征在于,晶体是由在三维空间规则重复排列的原子或原子基团组成的,通过平移,可使之重复。这种规则的重复就是平移对称性的一种形式。所以说,从微观角度,所有的晶体都是对称的。

(2) 晶体的对称同时也受格子构造的限制,只有符合格子构造规律的对称才能在晶体上出现,因此,晶体的对称是有一定限制的。例如晶体的轴对称便遵循"晶体对称定律"(见 3.3 节)。

(3) 晶体的对称不仅仅体现在外形上,同时也体现在其物理性质上(如光学、力学和电学性质等)。其对称不仅包含几何意义,也包含了物理意义。

正是由于以上的特点,所以晶体的对称性可以作为晶体分类的最根本的依据。在晶体学中,无论在晶体的内部结构、外部形态或物理性质的研究中,晶体对称性都得到了极为广泛的应用。

3.3　晶体的宏观对称元素和对称操作

晶体的宏观对称主要表现在外部形态上,如晶体的晶面、晶棱和角顶作有规律的重复。要使得对称图形中等同部分重复,就必须通过一定的操作,这种操作就称为对称操作(symmetry operation),或者说对称操作是能够使对称物体(或图形)中的等同部分作有规律重复的变换动作。对称操作不改变物体等同部分内部任何两点间的距离,而使物体各等同部分调换位置后能够恢复到原状。例如,欲使图 3-1 中蝴蝶左右的两个相等的部分重复,必须凭借一个镜面的"反映"才能实现。这个操作是凭借了一个假想平面的"反映";而要使得铅笔等同部分重合,则要凭借一个旋转轴。将在进行对称操作中所凭借的辅助几何要素(点、线、面)称为对称元素(symmetry element)。宏观晶体外形中所可能出现的对称操作和对称元素共有五类:反伸操作和对称心(center of symmetry)、反映操作和对称面(symmetry plane)、旋转操作和对称轴(symmetry axis)、旋转反伸操作和倒转轴(rotoinversion axis)以及旋转反映操作和映转轴(rotoreflection axis)。后两者属于复合操作,下面详细讨论。

对称操作的本身意味着对应点进行坐标的变换。利用数学原理,可以对对称操作进行严密的数学表达,这样在处理复杂对称问题的时候就简单化了。在一个固定的坐标系中,如果设空间中的一点坐标为(x,y,z),经过对称操作后变换到另外一点(X,Y,Z),则普遍有

$$\begin{cases} X = a_{11}x + a_{12}y + a_{13}z \\ Y = a_{21}x + a_{22}y + a_{23}z \\ Z = a_{31}x + a_{32}y + a_{33}z \end{cases} \quad 或 \quad \begin{pmatrix} X \\ Y \\ Z \end{pmatrix} = \Delta \begin{pmatrix} x \\ y \\ z \end{pmatrix} \tag{3-1}$$

其中

$$\Delta = \begin{pmatrix} a_{11} & a_{12} & a_{13} \\ a_{21} & a_{22} & a_{23} \\ a_{31} & a_{32} & a_{33} \end{pmatrix} \tag{3-2}$$

称为对称变换矩阵。对任一对称操作,都有惟一的对称变换矩阵与之对应。晶体宏观对称中存在的对称元素及其相应的对称操作介绍如下。

3.3.1 对称心

对称心为一假想的几何点,相应的对称操作是对于这个点的反伸。这个对称操作的习惯符号写作 C,国际符号记为 $\bar{1}$。其含义是,如果通过此点作任意直线,那么在此直线上距对称心等距离的两端,必定可以找到相对应的点。也就是说,如果空间一点为(x,y,z),经过对称心的操作后,将变换到另外一点$(-x,-y,-z)$,即

$$\begin{pmatrix} -x \\ -y \\ -z \end{pmatrix} = \Delta \begin{pmatrix} x \\ y \\ z \end{pmatrix} \tag{3-3}$$

不难推导,其对称变换矩阵 Δ 可表达为

$$\Delta = \begin{pmatrix} -1 & 0 & 0 \\ 0 & -1 & 0 \\ 0 & 0 & -1 \end{pmatrix} \tag{3-4}$$

一个具有对称心的图形,其相对应的面、棱、角都体现

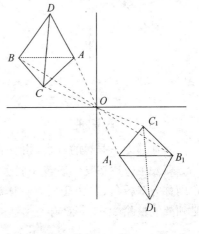

图 3-2 由对称心联系起来的两个四面体 $ABCD$ 和 $A_1B_1C_1D_1$

为反向平行。如图 3-2 中，O 为对称心，$OA = OA_1$，$OB = OB_1$，$OC = OC_1$，三角形 ABC 和 $A_1B_1C_1$ 互为反向平行，显然，OD 和 OD_1 也是反向平行的。可以推论出，晶体中若存在对称心，其晶面必然两两平行而且相等。这一点可以用作判别晶体或晶体模型有无对称心的依据。

3.3.2 对称面

对称面为一假想的平面，相应的对称操作为对此平面的反映。习惯符号为 P，国际符号为 m。对称面将图形平分为互为镜像的两个相等部分。如果空间一点为 (x, y, z)，经过对称面的操作后，视对称面 m 所包含的轴的不同，将变换到另外一点 $(x, y, -z)$，此处假设的是 m 包含了 x, y 轴，即 m 和 xy 平面一致。那么其矩阵表达为

$$\begin{pmatrix} x \\ y \\ -z \end{pmatrix} = \Delta \begin{pmatrix} x \\ y \\ z \end{pmatrix} \tag{3-5}$$

其对称变换矩阵可表达为

$$\Delta = \begin{pmatrix} 1 & 0 & 0 \\ 0 & 1 & 0 \\ 0 & 0 & -1 \end{pmatrix} \tag{3-6}$$

如果 m 和 xz 以及 yz 平面一致，那么相应的对称转换矩阵 Δ 则可分别表示为

$$\begin{pmatrix} 1 & 0 & 0 \\ 0 & -1 & 0 \\ 0 & 0 & 1 \end{pmatrix} \text{ 以及 } \begin{pmatrix} -1 & 0 & 0 \\ 0 & 1 & 0 \\ 0 & 0 & 1 \end{pmatrix} \tag{3-7)(3-8}$$

例如，图 3-3 表示了一个具有对称面的图形，对称面 P（垂直纸面）把图形分成了互为镜像的两个部分，四面体 $ABCD$ 与 $A_1B_1C_1D_1$ 互为镜像。晶体中如存在对称面，则其往往垂直并平分晶面，或垂直晶棱并通过它的中心，或包含晶棱。图 3-1 中的建筑物和蝴蝶都具有对称面。

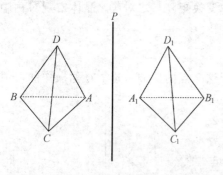

图 3-3 相对于对称面 P，四面体 $ABCD$ 和 $A_1B_1C_1D_1$ 互为镜像

对称面是通过晶体中心的平面，在球面投影中它与投影球面的交线为一大圆。因此，在赤平投影图上，水平对称面投影为基圆，直立对称面投影为基圆的直径线，倾斜对称面投影为以基圆直径为弦的大圆弧。

3.3.3 对称轴

对称轴为一假想的直线，相应的对称变换为围绕此直线的旋转，每转过一定角度，各等同部分就发生一次重复。旋转一周重合的次数叫轴次，用 n 表示；整个物体复原需要的最小转角则称为基转角 α。由于任一物体旋转一周后必然复原，因此，轴次 n 必为正整数，而基转角必须要能整除 $360°$，而且有

$$n = \frac{360°}{\alpha} \tag{3-9}$$

当 $\alpha=360°$ 时，$n=1$，为一次轴，国际符号为 1；同理，可得二、三、四和六次轴，符号分别记为 2,3,4 和 6。对称轴的习惯符号用 L^n 表示。

理想晶体不含五次和高于六次的对称轴，这是区别其他物质轴对称的特征。这样的特点是由于晶体具有点阵结构的特性决定的，即所谓的晶体对称定律（law of crystal symmetry）。具体表述为：在晶体中，只可能出现轴次为一次、二次、三次、四次和六次的对称轴，而不可能存在五次及高于六次的对称轴。简单证明如下。

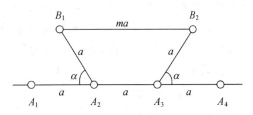

图 3-4 晶体对称定律证明之图解

假设阵点 A_1、A_2、A_3、A_4 相隔为 a，有一 n 次轴通过阵点。每个阵点的环境都是相同的，以 a 为半径转动 α 角度（$\alpha=360°/n$），会得到另外的阵点。绕 A_2 顺时针方向转 α 角得到阵点 B_1，绕 A_3 逆时针方向转 α 角得到阵点 B_2，如图 3-4。由格子构造规律知，直线 B_1B_2 平行于 A_1A_4，且 B_1B_2 长度为周期 a 的整数倍，记作 ma，此处 m 为整数。故可以得出

$$a+2a\cos\alpha=ma \tag{3-10}$$
$$\cos\alpha=(m-1)/2 \tag{3-11}$$
$$|(m-1)/2|\leqslant 1 \tag{3-12}$$

按照式(3-12)的限制，可得出不同的 m 值和 α 角，如下表：

m	3	2	1	0	-1
$\cos\alpha$	1	1/2	0	$-1/2$	-1
α	0°	60°	90°	120°	180°
n	1	6	4	3	2

满足式(3-10)的 α 值只能是 0°,60°,90°,120° 和 180°。这就证明了点阵结构中旋转轴的轴次只能是一次、二次、三次、四次和六次的对称轴。图 3-5 所示的就是分别具有二、三、四和六次对称轴的图形，对称轴皆经过图形中心并垂直纸面。

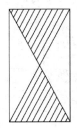 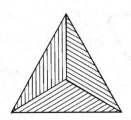 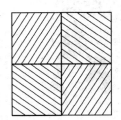 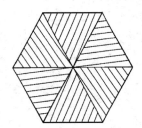

图 3-5 具有 L^2,L^3,L^4 和 L^6 对称轴的图形（从左至右）

对称轴的对称变换矩阵可以用一个通式表达，为

$$\begin{pmatrix} \cos\alpha & \sin\alpha & 0 \\ -\sin\alpha & \cos\alpha & 0 \\ 0 & 0 & 1 \end{pmatrix} \tag{3-13}$$

其中 α 是不同轴次所旋转的角度。

一个晶体，可以没有对称轴，也可以有一个和若干个对称轴，且对称轴的数目也可以不同。如果在对称轴方向上有不同轴次的对称轴，那么只取轴次最高的那一个。这一点也是初学者容易混淆的问题。如图 3-5 中具有 L^6 对称的图形，在六次轴方向上，同时也存在三次、二次和一次轴，此时只取轴次最高、基转角最小的那一个，即 L^6，其他皆可不考虑。另外，任何图形均具有 L^1，它没有什么实际意义。因为图形围绕任一直线旋转 360°以后，都可以恢复原状，即与初始图形重合。

3.3.4 倒转轴

倒转轴亦称旋转反伸轴，又称反轴或反演轴(inversion axis)等，是一种复合的对称操作。它的辅助几何要素有两个：一根假想的直线和此直线上的一个定点。相应的对称操作就是围绕此直线旋转一定的角度及对于此定点的倒反(反伸)。

倒转轴同样遵循"晶体对称定律"，即不存在有五次和高于六次的倒转轴，只有一、二、三、四和六次，国际符号分别记为 $\bar{1},\bar{2},\bar{3},\bar{4}$ 和 $\bar{6}$。习惯符号为 L_i^n，n 为轴次。既然倒转轴是一个点(对称心)和直线(对称轴)的复合操作，显然，旋转反伸操作的对称变换矩阵为对称心变换矩阵[式(3-4)]和对称轴变换矩阵[式(3-13)]之积，为

$$\begin{bmatrix} -\cos\alpha & -\sin\alpha & 0 \\ \sin\alpha & -\cos\alpha & 0 \\ 0 & 0 & -1 \end{bmatrix} \tag{3-14}$$

以 L_i^4 为例来说明具体的过程。图 3-6A 中的 ABCD 多面体称为四方四面体，是由 ABC、BCD、ABD 和 ACD 四个等腰三角形面构成的封闭几何体，L_i^4 轴过 AB 和 CD 的中点。可以看出，图 3-6A 中的 A、B、C、D 围绕 L_i^4 轴旋转 90°后，分别到达 A′、B′、C′、D′的位置(图 3-6B)，此时，A′B′C′ 和 BCD 这两个相同的面处于反向位置(图 3-6C)，再经过中心点的反伸则两者可以重合。同理，B′C′D′ 与 ABD、A′B′D′ 与 ACD、A′C′D′ 与 ABC 皆重合，也即四方四面体经过 L_i^4 的旋转反伸以后，整个图形复原。其极射赤平投影见图 3-6D。类似地，可以给出倒转轴 L_i^1, L_i^2, L_i^3 和 L_i^6 的旋转反伸操作的过程其及极射赤平投影，见图 3-7。

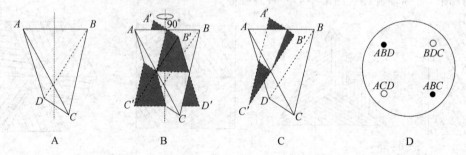

图 3-6　具有 L_i^4 的四方四面体(A)及其对称操作过程(B,C)和极射赤平投影(D)

L_i^1 的相应的对称操作为旋转 360°后再反伸。因为图形旋转 360°后总会复原，也就是说等于图形并没有旋转而单纯进行反伸，也即对称心。如图 3-7A 中，从点 1 直接反伸到点 2，两者重合。

3 晶体的宏观对称

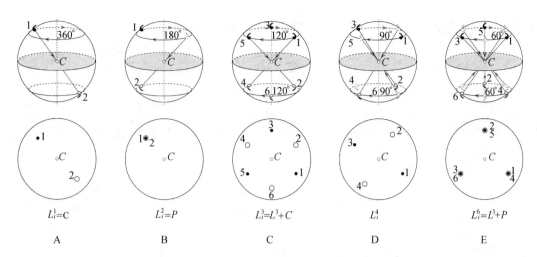

图 3-7 倒转轴的对称操作图解及其极射赤平投影

A—L_i^1；B—L_i^2；C—L_i^3；D—L_i^4；E—L_i^6

L_i^2 相应的对称操作为旋转180°后反伸。如图 3-7B 中的点 1，首先旋转 180°到达某位置，但此时 L_i^2 的操作还没有完成，尚需要反伸操作，其反伸的结果是到达点 2 的位置。此时点 1 和点 2 重合。由图中可以看出，凭借垂直 L_i^2 的对称面的反映，也同样可以使点 1 与点 2 重合。因此，有 $L_i^2 = P$。

L_i^3 相应的对称操作为旋转 120°后反伸。如图 3-7C，点 1 绕 L_i^3 旋转 120°再凭借 L_i^3 轴上的一点反伸获得点 2。但此时操作没有完成，续之，从点 2 旋转 120°再反伸得点 3，并依此类推直至和初始点 1 重合，总共获得 1, 2, 3, 4, 5, 6 共六个点。从极射赤平投影图看，这 6 个点相间分布，点 1, 3, 5 和点 2, 4, 6 犹如对称心分别相连。其实际效果就是 L^3 和 C 作用的叠加，故可写为 $L_i^3 = L^3 + C$。

L_i^4 的相应对称操作为旋转 90°后反伸，如图 3-7D。其操作过程上面已经述及。L_i^4 不能用任何其他简单的对称元素或它们的组合来代替。

L_i^6 相应的对称操作为旋转 60°后反伸。如图 3-7E。从点 1 开始，绕 L_i^6 旋转 60°后反伸，获得点 2；再从点 2 旋转 60°后反伸得点 3，依此类推直至和初始点 1 重合。经 L_i^6 作用，依次可获得 1, 2, 3, 4, 5, 6 六个点。上半球的三个点 1, 3, 5 和下半球的三个点 2, 4, 6 分别相对，呈镜像关系。所以其实际效果就是 L^3 和 P 作用的叠加，故可写为 $L_i^6 = L^3 + P$。

这里再次强调，除了 L_i^4 以外，其他的几个倒转轴可以用其他简单的对称元素或它们的组合来代替，其间的关系为 $L_i^1 = C, L_i^2 = P, L_i^3 = L^3 + C, L_i^6 = L^3 + P$。

3.3.5 映转轴

映转轴亦称旋转反映轴，也是一种复合的对称元素。它的辅助几何要素为一根假想的直线和垂直于此线的一个平面；相应的对称操作就是围绕此直线旋转一定的角度及对于此平面反映的复合。在晶体中，只能有一次、二次、三次、四次及六次的映转轴，也即映转轴同样遵循"晶体对称定律"。习惯符号为 L_s^n，n 为轴次。旋转反映操作的对称变换矩阵为对称轴的变换矩阵[式(3-13)]与对称面的变换矩阵[式(3-6)或(3-7)或(3-8)]之乘积。映转轴也用可以用其他简单的对称元素或它们的组合来代替,其对称操作的图解过程见图 3-8。

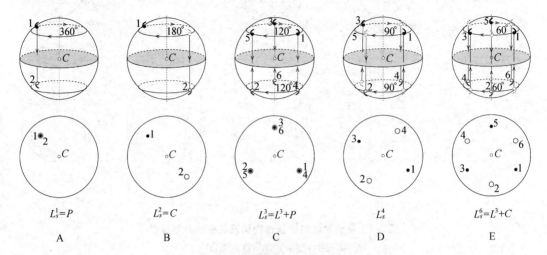

图 3-8 映转轴的对称操作图解及其极射赤平投影
A—L_s^1；B—L_s^2；C—L_s^3；D—L_s^4；E—L_s^6

利用类似对倒转轴(L_i^n)对称操作的分析方法,也可以得到映转轴的特点:

L_s^1 相应的对称操作为旋转 360°后再反映。如图 3-8A,点 1 旋转 360°后复原,再经过镜面反映至点 2,两者重合。相当于单纯的对称面的操作,有 $L_s^1 = P$。

L_s^2 相应的对称操作为旋转 180°后反映。如图 3-8B,点 1 首先旋转 180°再凭借对称面反映到达点 2 的位置,同样,点 2 再如此操作则和点 1 重合。所以 L_s^2 的操作和对称心的结果相同,即 $L_s^2 = C$。

L_s^3 相应的对称操作为旋转 120°后反映。如图 3-8C,点 1 绕 L_s^3 旋转 120°再反映得点 2,点 2 继续绕 L_s^3 旋转 120°再反映得点 3,……,依此类推还可得 4,5,6 共六个点。这 6 个点的分布和 L_i^6 导出的点的分布相同,上下各三个且两两相对。故也可视为 L^3 和 P 的作用之叠加,写为 $L_s^3 = L^3 + P$。

L_s^4 相应的对称操作为旋转 90°后反映,如图 3-8D。其操作过程与 L_i^4 的相似,极射赤平投影也形式相同,同样 L_s^4 也不能用其他简单的对称元素或它们的组合来代替。

L_s^6 相应的对称操作为旋转 60°后反映。图 3-8E 中,从点 1 开始,类似的重复绕 L_s^6 旋转 60°后反伸,直至和原始点重合,可以同样获得 1,2,3,4,5,6 六个点。这 6 个点的分布与由于 L_i^3 作用导出的 6 个点的分布形式完全相同,所以也可以写成 L^3 和 C 的复合作用,即 $L_s^6 = L^3 + C$。

仔细比较图 3-7 和图 3-8 可以发现,倒转轴和映转轴所起的作用在形式上是完全相同的,所不同的是导出的点的顺序存在差异。它们之间存在下列关系:

$$L_i^1 = L_s^2 = C, L_i^2 = L_s^1 = P, L_i^3 = L_s^6 = L^3 + C, L_i^4 = L_s^4, L_i^6 = L_s^3 = L^3 + P$$

基于这种关系,在实际工作中,通常只考虑倒转轴(L_i^n)的情况,而一般不再讨论映转轴(L_s^n)时的情形。上述的几种晶体宏观对称元素及其特点列示在表 3-1 中。

表 3-1 宏观晶体的对称元素

对称元素	对称轴					对称心	对称面	倒转轴		
	一次	二次	三次	四次	六次			三次	四次	六次
辅助几何要素	直线					点	平面	直线和直线上的定点		
对称变换	围绕直线的旋转					点的反伸	平面的反映	围绕直线的旋转及对于定点的反伸		
基转角/(°)	360	180	120	90	60			120	90	60
习惯符号	L^1	L^2	L^3	L^4	L^6	C	P	L_i^3	L_i^4	L_i^6
国际符号	1	2	3	4	6	$\bar{1}$	m	$\bar{3}$	$\bar{4}$	$\bar{6}$
等效对称元素						L_i^1	L_i^2	L^3+C		L^3+P

3.4 对称元素的组合

对于晶体而言,对称元素的存在往往不是孤立的。如果一个晶体的对称元素多于一种,那么就涉及对称元素的组合问题。对称元素的组合不是任意的,必须符合对称元素的组合定律。上面讨论的晶体宏观对称元素,都相交于晶体的中心,并且在进行对称操作的时候,中心这一点是不移动的,各种对称操作构成的集合符合数学中的群的概念,所以对称元素的组合也叫点群(point group),也称对称型。

对称元素组合规律可以用最基本的数学关系式来描述。假设两个基转角分别为 α 和 β 的对称轴以角度 δ 斜交,则经过两者之交点必定有另外一种对称轴存在,它的基转角为 ω,且与两原始对称轴的交角为 γ' 和 γ''。各个角度之间的关系可表述为

$$\cos(\omega/2) = \cos(\alpha/2)\cos(\beta/2) - \sin(\alpha/2)\sin(\beta/2)\cos\delta \tag{3-15}$$

$$\cos\gamma' = \frac{\cos(\beta/2) - \cos(\alpha/2)\cos(\omega/2)}{\sin(\alpha/2)\sin(\omega/2)} \tag{3-16}$$

$$\cos\gamma'' = \frac{\cos(\alpha/2) - \cos(\beta/2)\cos(\omega/2)}{\sin(\beta/2)\sin(\omega/2)} \tag{3-17}$$

根据上面三式可以推论,如果轴次分别为 n 和 m 的对称轴 L^n 和 L^m 以角度 δ 斜交,则围绕 L^n 必定有 n 个共点且对称分布的 L^m;同时,围绕 L^m 必定有 m 个共点且呈对称分布的 L^n;且任两个相邻的 L^n 和 L^m 之间的交角等于 δ。由于对称元素均可以表达为对称轴(包括倒转轴)的形式,所以对称元素之间的组合规律就可以用上述的三个公式来描述。由于对称轴之间的垂直与包含只是特殊的情况,如角度为 $0°,90°$ 等特殊角,故可以使得上述的表达更加简化。简化形式的对称元素组合规律用实际例子解释如下,从中可以更清楚理解对称元素的组合规律。

(1) 如果一个二次轴 L^2 垂直于 n 次轴 L^n,那么必定有 n 个 L^2 垂直于 L^n,且相邻的两个 L^2 的夹角为 L^n 的基转角的一半,即

$$L^n \cdot L^2_\perp \rightarrow L^n n L^2_\perp \tag{3-18}$$

例如,当 $n = 2,3,4,6$ 时,分别有 $L^2 \cdot L^2_\perp \rightarrow L^2 2L^2(3L^2), L^3 \cdot L^2_\perp \rightarrow L^3 3L^2, L^4 \cdot L^2_\perp \rightarrow L^4 4L^2_\perp, L^6 \cdot L^2_\perp \rightarrow L^6 6L^2_\perp$。石英便是具有 $L^3 3L^2$ 对称元素组合的晶体,如图 3-9 所示。

(2) 如果有一个对称面 P 垂直偶次对称轴 L^n,则在其交点存在对称中心 C,即

$$L^{n(偶)} \cdot P_\perp \rightarrow L^n P C \tag{3-19}$$

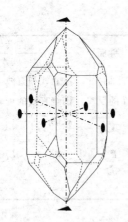
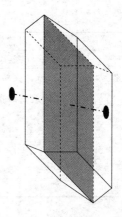

图 3-9 具有 $L^3 3L^2$ 对称的石英晶体

图 3-10 具有 $L^2 PC$ 对称的石膏晶体

$n=2,4,6$ 时,分别有 $L^2 \cdot P_\perp \to L^2 PC$, $L^4 \cdot P_\perp \to L^4 PC$, $L^6 \cdot P_\perp \to L^6 PC$。图 3-10 是具有 $L^2 PC$ 对称的石膏晶体。

(3) 如果对称面 P 包含对称轴 L^n,则必定有 n 个 P 包含 L^n,即

$$L^n \cdot P_{//} \to L^n nP \tag{3-20}$$

当 $n=2,3,4,6$ 的时候,则有 $L^2 \cdot P_{//} \to L^2 2P$, $L^3 \cdot P_{//} \to L^3 3P$, $L^4 \cdot P_{//} \to L^4 4P$, $L^6 \cdot P_{//} \to L^6 6P$。图 3-11 是具有 $L^6 6P$ 对称的红锌矿晶体。

(4) 如果有一个二次轴 L^2 垂直于倒转轴 L_i^n,或者有一个对称面 P 包含 L_i^n,则当 n 为奇数时,必有 n 个 L^2 垂直于 L_i^n 和 n 个对称面包含 L_i^n;当 n 为偶数时,必有 $n/2$ 个 L^2 垂直于 L_i^n 和 $n/2$ 个对称面包含 L_i^n,也即

$$L_i^{n(奇)} \cdot L_\perp^2 \to L_i^n nL^2 nP \tag{3-21}$$

$$L_i^{n(偶)} \cdot L_\perp^2 \to L_i^n n/2 L^2 n/2 P \tag{3-22}$$

n 为奇数的情形只有 $n=3$,可以得 $L_i^3 \cdot L_\perp^2 \to L_i^3 3L^2 3P$,如方解石晶体就具有 $L_i^3 3L^2 3P$ 的组合(图 3-12);n 为偶数时,分别有 $L_i^4 \cdot L_\perp^2 \to L_i^4 2L^2 2P$, $L_i^6 \cdot L_\perp^2 \to L_i^6 3L^2 3P$,图 3-13 表示的是 $L_i^4 2L^2 2P$ 对称组合的黄铜矿晶体。

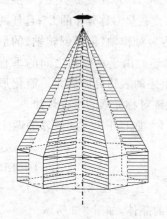
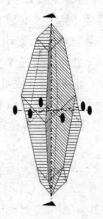
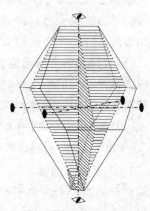

图 3-11 具有 $L^6 6P$ 对称的红锌矿晶体

图 3-12 具有 $L_i^3 3L^2 3P$ 对称组合的方解石晶体

图 3-13 具有 $L_i^4 2L^2 2P$ 对称组合的黄铜矿晶体

3.5 晶体的32种点群及其符号

在晶体外形中,表现出来的对称元素只有对称心、对称面以及轴次为1,2,3,4,6的对称轴和倒转轴(映转轴),与这些对称元素相应的对称操作都是点操作。当晶体具有一个以上的对称元素时,这些对称元素一定要通过一个公共点,即晶体的中心。将所有可能的对称元素组合加起来,总共有32种类型,这32种类型相应的对称操作群称为晶体学的32种点群,也叫32种对称型。

点群的推导和证明可以用群论的原理和性质来进行,也可以用直观的方法(如上述的对称元素组合定律)来进行。下面利用对称元素组合定律来推导32种点群。为了推导的方便,把高次轴($n>2$)不多于一个的组合称为A类组合,高次轴多于一个的组合称为B类组合。表3-2给出的是利用对称元素组合规律推导的32种点群的分布。

1. A类组合的推导

独立的宏观对称元素(参见表3-1)有如下10种:$L^1, L^2, L^3, L^4, L^6, C(=L_i^1), P(=L_i^2), L_i^3(=L^3+C), L_i^4$ 和 $L_i^6(=L^3+P)$。在此考虑如下几种情况:

(1) 对称元素单独存在。此时可能的组合为 $L^1, L^2, L^3, L^4, L^6, C, P, L^3C, L_i^4$ 和 L^3P。

(2) 对称轴与对称轴的组合。由于A类组合高次轴不多于一个,所以只考虑 L^n 和 L^2 的组合。当 L^n 和 L^2 平行,按照对称轴选取原则,只选取高次轴,所以这种情形没有意义;当 L^n 和 L^2 斜交,则会出现多个 L^n 的情况,则不属于A类的组合。因此这里只考虑两者垂直的组合。根据式(3-18),可推导出来的组合为 $L^1 \cdot L^2 = L^2, L^2 \cdot L^2 = 3L^2, L^3 \cdot L^2 = L^3 3L^2, L^4 \cdot L^2 = L^4 4L^2, L^6 \cdot L^2 = L^6 6L^2$。根据式(3-21),则有 $L_i^1 \cdot L^2 = L^2 PC, L_i^3 \cdot L^2 = L^3 3L^2 3PC$。根据式(3-22),则有 $L_i^2 \cdot L^2 = L^2 2P, L_i^4 \cdot L^2 = L_i^4 2L^2 2P, L_i^6 \cdot L^2 = L_i^6 3L^2 3P$。

(3) 对称轴 L^n 与垂直于它的对称面的组合。依据式(3-19),则有 $L^2 \cdot P = L^2 PC, L^4 \cdot P = L^4 PC, L^6 \cdot P = L^6 PC$。对于奇次轴 L^1 和 L^3,可得到 $L^1 \cdot P = P$ 和 $L^3 \cdot P = L_i^6$。

(4) 对称轴 L^n 与包含它的对称面的组合。式(3-20)描述的是这种情况,所以有 $L^1 \cdot P = P, L^2 \cdot P = L^2 2P, L^3 \cdot P = L^3 3P, L^4 \cdot P = L^4 4P, L^6 \cdot P = L^6 6P$。

(5) 对称轴 L^n 与包含它的对称面以及垂直它的对称面的组合。此种情况下,由于垂直 L^n 的 P 以及包含的 P 之交线必定为垂直 L^n 的 L^2,所以 $L^n \cdot P_\perp \cdot P_{//} \rightarrow L^n \cdot P_\perp \cdot P_{//} \cdot L_\perp^2 \rightarrow L^n n L^2 (n+1)P$。当 n 为偶数时,据式(3-16),还会派生出一个对称心来。故可有以下组合产生:$L^1 \cdot P_\perp \cdot P_{//} = L^2 2P, L^2 \cdot P_\perp \cdot P_{//} = 3L^2 3PC, L^3 \cdot P_\perp \cdot P_{//} = L^3 3L^2 4P = L_i^6 3L^2 3P, L^4 \cdot P_\perp \cdot P_{//} = L^4 4L^2 5PC, L^6 \cdot P_\perp \cdot P_{//} = L^6 6L^2 7PC$。

2. B类组合的推导

由于B类组合高次轴多于一个,而晶体中又不存在五次和高于六次的对称轴,根据对称元素组合规律[式(3-15)~式(3-18)],推导出来的组合形式只有 $3L^2 4L^3$ 和 $3L^4 4L^3 6L^2$ 两种。两者对称元素的空间分布如图3-14所示。可以把 $3L^4 4L^3 6L^2$ 看成是在 $3L^2 4L^3$ 基础上再增加 L^2 的组合导致的结果。所以,可以把 $3L^2 4L^3$ 的组合视为B类组合的原始形式。此原始形

式除了与 L^2 的组合外,再考虑与对称心、与包含的对称面以及与既有包含的对称面也有垂直 L^2 的组合时,可导出如下 4 种独立的组合:$3L^44L^36L^2$,$3L^24L^33PC$,$3L_i^44L^36P$ 和 $3L^44L^36L^29PC$。

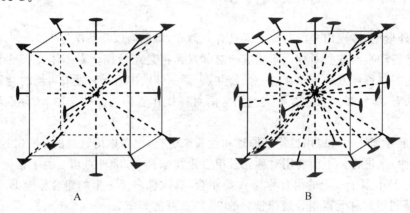

图 3-14　$3L^24L^3$(A)和 $3L^44L^36L^2$(B)组合中对称元素的空间分布

这样,考虑 A 类和 B 类所有可能的组合,就可以得到可能的 32 种组合,即 32 种点群(见表 3-2)。值得说明的是,上述的这种推导点群的方式比较形象和直观,但欠严密。严密的推导可利用群论来进行。感兴趣的读者可参考相关的书籍。

表 3-2　晶体的 32 种点群

	点群							
	L^n	L^nnL^2	$L^nP_\perp$(C)	$L^nnP_{//}$	$L^nnL^2(n+1)PC$	L_i^n	$L_i^{n(奇)}nL^2nP$	
							$L_i^{n(偶)}n/2L^2n/2P$	
A 类	L^1					$L_i^1=C$		
	L^2	$3L^2$	L^2PC	L^22P	$3L^23PC$	$L_i^2=P$		
	L^3	L^33L^2		L^33P		$L_i^3=L^3C$	$L_i^63L^23P$	
	L^4	L^44L^2	L^4PC	L^44P	L^44L^25PC	L_i^4	$L_i^42L^22P$	
	L^6	L^66L^2	L^6PC	L^66P	L^66L^27PC	$L_i^6=L^3P$	$L_i^63L^23P$	
B 类	$3L^24L^3$	$3L^44L^36L^2$	$3L^24L^33PC$	$3L_i^44L^36P$	$3L^44L^36L^29PC$			

前面给出了对称元素的国际符号和习惯符号,对称元素还可以用图示的符号来表达(见表 7-1)。利用习惯符号的组合(如表 3-2)来表示点群,没有考虑对称元素分布的方向性,但对于初学者而言易于理解和接受。下面介绍的点群国际符号(也称 Hermann-Mauguin 符号,或 H-M 符号)不是对称元素国际符号的简单叠加,而是更加简洁并且表示了对称元素的空间方位。圣佛利斯(Schönflies)符号也是一种常用的符号,简单表示了对称元素的组合方式。图 3-15 将每一种点群的对称元素进行了极射赤平投影,可以很清楚观察到对称元素之间的空间关系。

在晶体点群的国际记号中,用 1,2,3,4,6 分别表示相应轴次的旋转轴,若数字上方配一横线,则表示倒转轴,晶体中存在的倒转轴有 $\bar{1},\bar{2},\bar{3},\bar{4}$ 和 $\bar{6}$。国际符号用 m 表示对称面,当对称面包含旋转轴时,例如包含一个三次旋转轴,则用 $3m$ 表示;若对称面垂直于三次轴,则用 $3/m$ 表示。32 种点群完整形式和简化形式的国际符号见表 3-3。关于点群国际符号中表示的方向

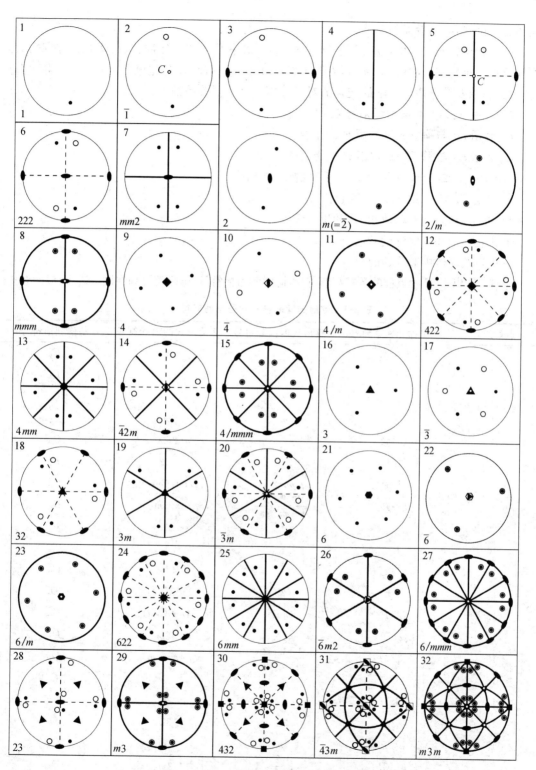

图 3-15　32 种晶体点群的极射赤平投影

左上角为点群序号，左下角为国际符号

问题的讨论,请参阅后面的章节。

圣佛利斯符号表示中,以大写字母 T, O, C, D, S 各代表四面体群、八面体群、回转群、双面群和反群。小写字母中的 i, s, v, h, d 各代表对称心、对称面、通过主轴的对称面、与主轴垂直的对称面,以及等分两个副轴的交角的对称镜面。其主要关系如下:

$C_n (n = 1, 2, 3, 4, 6)$ 表示对称轴 L^n

C_{nh} 表示 L^n 与垂直的对称面 P 的组合

C_{nv} 表示 L^n 与平行的对称面 P 的组合

$D_n (n = 1, 2, 3, 4, 6)$ 表示 L^n 与垂直的 L^2 的组合

D_{nh} 表示 $L^n nL^2 (n+1) PC$ 的组合

D_{nd} 表示对称轴、对称面和 L^2 的组合

T 代表四面体中对称轴的组合

O 代表八面体中对称轴的组合

表 3-3 给出了 32 种点群的圣佛利斯符号,同时和习惯符号、国际符号列在同一表中,以便对比。

表 3-3　点群的国际符号和圣佛利斯符号

点群编号	对称元素总和	完整形式的国际符号	简化形式的国际符号	圣佛利斯符号
1	L^1	1	1	C_1
2	C	$\bar{1}$	$\bar{1}$	C_i
3	L^2	2	2	C_2
4	P	m	m	C_h
5	$L^2 PC$	$\frac{2}{m}$	$2/m$	C_{2h}
6	$3L^2$	222	222	D_2
7	$L^2 2P$	$mm2$	$mm2(mm)$	C_{2v}
8	$3L^2 3PC$	$\frac{2}{m}\frac{2}{m}\frac{2}{m}$	mmm	D_{2h}
9	L^4	4	4	C_4
10	L_i^4	$\bar{4}$	$\bar{4}$	S_4
11	$L^4 PC$	$\frac{4}{m}$	$4/m$	C_{4h}
12	$L^4 4L^2$	422	422(42)	D_4
13	$L^4 4P$	$4mm$	$4mm(4m)$	C_{4v}
14	$L_i^4 2L^2 2P$	$\bar{4}2m$	$\bar{4}2m$	D_{2d}
15	$L^4 4L^2 5PC$	$\frac{4}{m}\frac{2}{m}\frac{2}{m}$	$4/mmm$	D_{4h}
16	L^3	3	3	C_3
17	L_i^3	$\bar{3}$	$\bar{3}$	C_{3i}
18	$L^3 3L^2$	32	32	D_3
19	$L^3 3P$	$3m$	$3m$	C_{3v}
20	$L^3 3L^2 3PC$	$\bar{3}\frac{2}{m}$	$\bar{3}m$	D_{3d}
21	L^6	6	6	C_6

续表

点群编号	对称元素总和	完整形式的国际符号	简化形式的国际符号	圣佛利斯符号
22	L_i^6	$\bar{6}$	$\bar{6}$	C_{3h}
23	$L^6 PC$	$\dfrac{6}{m}$	$6/m$	C_{6h}
24	$L^6 6L^2$	622	622	D_6
25	$L^6 6P$	$6mm$	$6mm(6m)$	C_{6v}
26	$L_i^6 3L^2 3P$	$\bar{6}m2$	$\bar{6}m2$	D_{3h}
27	$L^6 6L^2 7PC$	$\dfrac{6}{m}\dfrac{2}{m}\dfrac{2}{m}$	$6/mmm$	D_{6h}
28	$3L^2 4L^3$	23	23	T
29	$3L^2 4L^3 3PC$	$\dfrac{2}{m}\bar{3}$	$m3$	T_h
30	$3L^4 4L^3 6L^2$	432	432(43)	O
31	$3L_i^4 4L^3 6P$	$\bar{4}3m$	$\bar{4}3m$	T_d
32	$3L^4 4L^3 6L^2 9PC$	$\dfrac{4}{m}\bar{3}\dfrac{2}{m}$	$m3m$	O_h

3.6 晶体的对称分类

前面业已述及,正是由于晶体对称性的特点,对称元素及其组合可以作为晶体科学分类的依据。此方式的晶体分类体系主要有以下项目:

(1) 晶族(crystal category)。根据高次轴(轴次 $n > 2$)的有无及多少将晶体划分为 3 个晶族。即高级晶族(higher category)、中级晶族(intermediate category)和低级晶族(lower category)。晶族是晶体分类中的第一级对称类别。

(2) 晶系(crystal system)。根据对称轴或倒转轴轴次的高低以及它们数目的多少,总共划分为如下 7 个晶系:等轴晶系(isometric system,亦称立方晶系)、六方晶系(hexagonal system)、四方晶系(tetragonal system,亦称正方晶系)、三方晶系(trigonal system)、斜方晶系(orthorhombic system,亦称正交晶系)、单斜晶系(monoclinic system)和三斜晶系(triclinic system)。晶系是最常用的对称级别。7 个晶系分属于 3 个晶族。

(3) 晶类。指属于同一点群的晶体。晶体中存在 32 种点群,亦即有 32 个晶类,每一晶类都有自己的名称。点群是晶体宏观对称性分类中的基本单元,分布在各个晶系和晶族之中。

32 种点群的上述分类及其划分依据,参见表 3-4。

上述晶体的分类是依据对称元素的特点来进行的。由表 3-4 可以看出,晶族的划分是依据点群中高次轴的多少来进行的:低级晶族没有高次轴,中级晶族有且只有惟一的一个高次轴,而高级晶族晶体的点群包含的高次轴数目多于一个。

低级晶族包括了 3 个晶系:三斜、单斜和斜方晶系。它们的划分依据是:三斜晶系既没有二次轴也没有对称面,所以只含有 1 和 $\bar{1}$ 两个点群;单斜晶系中,二次轴和对称面的数目不多于一个,有 3 个点群,为 $2, m$ 和 $2/m$;斜方晶系的特点是二次轴和对称面数目不少于 3 个,点群为 $222, mm2$ 和 mmm。

中级晶族也包含了 3 个晶系:三方、四方和六方晶系。其划分依据是,如果惟一的高次轴为三次轴,则属于三方晶系;同理,如惟一的高次轴是四次和六次轴,则分别属于四方和六方晶系。三方晶系含有 5 个点群,为 $3,\bar{3},32,3m$ 和 $\bar{3}m$,其中的 $\bar{3}m(L_i^3 3L^2 3PC)$ 可视为 L_i^3 和与垂直于它的 L^2 或平行于它的 P 之组合[参见式(3-21)]。四方和六方晶系各含有 7 个点群,它们在写法上也相似(参见表 3-4)可以对应,只是要把 4,6 换个位置。但有一个不一致的地方是:四方晶系的 $\bar{4}2m$ 对应着六方晶系的 $\bar{6}m2$,这是因为点群国际符号中每一个位置均指向一定的方向,而不同方向也分布着不同的对称元素。

表 3-4 晶体的对称分类表

晶族	晶系	对称特点		点群		晶体实例
				习惯符号	国际符号	
低级	三斜	无高次轴	无 L^2 和 P	L^1	1	高岭石
				C	$\bar{1}$	钙长石
	单斜		L^2 和 P 均不多于一个	L^2	2	镁铅矾
				P	m	斜晶石
				$L^2 PC$	$2/m$	石膏
	斜方		L^2 和 P 的总数不少于 3 个	$3L^2$	222	泻利盐
				$L^2 2P$	$mm2$	异极矿
				$3L^2 3PC$	mmm	重晶石
中级	三方	必定有且只有一个高次轴	惟一的高次轴为三次轴	L^3	3	细硫砷铅矿
				$L^3 C$	$\bar{3}$	白云石
				$L^3 3L^2$	32	α-石英
				$L^3 3P$	$3m$	电气石
				$L_i^3 3L^2 3PC$	$\bar{3}m$	方解石
	四方		惟一的高次轴为四次轴	L^4	4	彩钼铅矿
				L_i^4	$\bar{4}$	砷硼钙石
				$L^4 PC$	$4/m$	白钨矿
				$L^4 4L^2$	422	镍矾
				$L^4 4P$	$4mm$	羟铜铅矿
				$L_i^4 2L^2 2P$	$\bar{4}2m$	黄铜矿
				$L^4 4L^2 5PC$	$4/mmm$	金红石
	六方		惟一的高次轴为六次轴	L^6	6	霞石
				L_i^6	$\bar{6}$	磷酸氢二银
				$L^6 PC$	$6/m$	磷灰石
				$L^6 6L^2$	622	β-石英
				$L^6 6P$	$6mm$	红锌矿
				$L_i^6 3L^2 3P$	$\bar{6}m2$	蓝锥矿
				$L^6 6L^2 7PC$	$6/mmm$	绿柱石
高级	等轴	高次轴多于一个	除 $4L^3$ 外,必定还有 3 个相互垂直的二次轴或四次轴,它们与每一个 L^3 均以等角度相交	$3L^2 4L^3$	23	香花石
				$3L^2 4L^3 3PC$	$m3$	黄铁矿
				$3L^4 4L^3 6L^2$	432	赤铜矿
				$3L_i^4 4L^3 6P$	$\bar{4}3m$	黝铜矿
				$3L^4 4L^3 6L^2 9PC$	$m3m$	方铅矿

高级晶族,也就是等轴晶系,含 5 个点群,为 $23, m3, 432, \bar{4}3m$ 和 $m3m$。5 个点群皆含有 4 个等角度相交的 L^3。

图 3-16～图 3-22 是按照 7 个晶系顺序,将 32 种点群中对称元素的空间分布和相互关系以立体图形方式表达出来,可以帮助理解各个点群的对称特点。图示中,L^2, L^3, L^4 和 L^6 分别用直线联系起来的两个椭圆、三角形、四方形和六方形表示;L_i^4 和 L_i^6 也是直线联系起来的两个四方形和六方形,但其中心分别有一椭圆和三角形,以便和相应轴次的旋转轴区别;如果点群具有对称心,则用一小球表示。

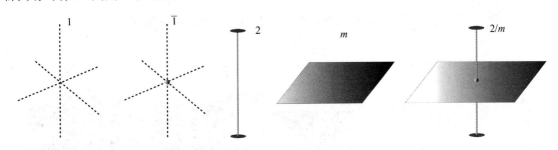

图 3-16　三斜晶系点群:$1, \bar{1}$　　　　图 3-17　单斜晶系点群:$2, m, 2/m$

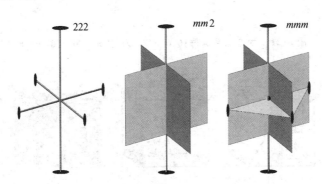

图 3-18　斜方晶系点群:$222, mm2, mmm$

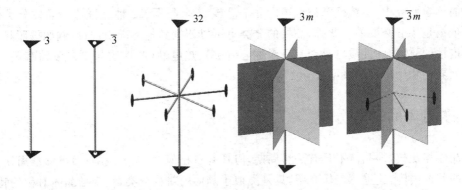

图 3-19　三方晶系点群:$3, \bar{3}, 32, 3m, \bar{3}m$

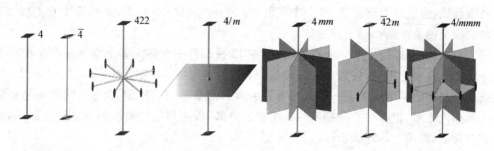

图 3-20　四方晶系点群：$4, \bar{4}, 422, 4/m, 4mm, \bar{4}2m, 4/mmm$

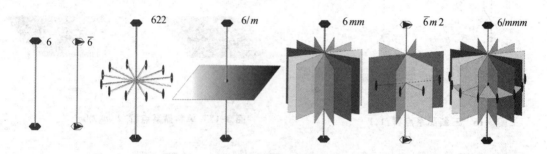

图 3-21　六方晶系点群：$6, \bar{6}, 622, 6/m, 6mm, \bar{6}m2, 6/mmm$

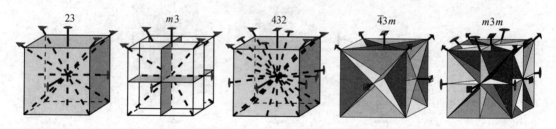

图 3-22　等轴晶系点群：$23, m3, 432, \bar{4}3m, m3m$

在晶体学研究中，熟练地掌握上述的 3 个晶族、7 个晶系、32 种点群这一晶体分类体系及其划分依据是十分必要的。此外，晶体的分类也可以依据其他标准来进行，例如按照晶体是否具有压电性（晶体的此性质与是否具有对称心有关）、热电性（此性质与单向极轴有关）或者按照在自然界矿物中出现的概率来分类等等。

3.7　准晶体的对称分类

与晶体相比较，准晶体不具有平移周期，但具有自相似性（放大或缩小）平移准周期。关于准晶体的其他内容，这里不多作介绍，只是类似于晶体的对称分类，结合准晶体对称的特点，将准晶体的对称分类体系罗列出来。目前推导的准晶体点群共 28 种，单形 42 个，5 个晶系。准晶体的国际符号、圣佛利斯符号、晶系及晶族等特点见表 3-5。

表 3-5 准晶体的对称分类表

国际符号	圣佛利斯符号	对称元素特点	晶系	晶族	晶类
5	C_5				五方单锥
52	D_5				五方偏方面体
$5m$	C_{5v}	有惟一的五次轴	五方		复五方柱
$\bar{5}$	D_{5i}				五方反伸双锥
$\bar{5}m$	D_{5d}				复五方偏三角面体
8	C_8				八方单锥
82	D_8				八方偏方面体
$8mm$	C_{8v}				复八方单锥
$8/m$	C_{8h}	有惟一的八次轴	八方		八方双锥
$\bar{8}$	C_{8i}				八方偏三角面体
$\bar{8}2m$	D_{4d}				复八方偏三角面体
$8/mmm$	D_{8h}			中级	复八方双锥
10	C_{10}				十方单锥
102	D_{10}				十方偏方面体
$10mm$	C_{10v}				复十方单锥
$10/m$	C_{10h}	有惟一的十次轴	十方		十方双锥
$\bar{10}$	C_{5h}				五方双锥
$\bar{10}2m$	D_{5h}				复五方双锥
$10/mmm$	D_{10h}				复十方双锥
12	C_{12}				十二方单锥
122	D_{12}				十二方偏方面体
$12mm$	C_{12v}				复十二方单锥
$12/m$	C_{12h}	有惟一的十二次轴	十二方		十二方双锥
$\bar{12}$	C_{12i}				十二方偏三角面体
$\bar{12}2m$	D_{6d}				复十二方偏三角面体
$12/mmm$	D_{12h}				复十二方双锥
532	Y	有 10 个三次轴	二十面体	高级	五角三重二十面体
$m\bar{3}\bar{5}$	Y_h				六重二十面体

思 考 题

3-1 图 3-23 给出了几种正多边形,它们的对称性是什么样的? 如果将每一个正多边形作为一个基本单元,验证一下,哪些正多边形能没有空隙地排列并充满整个二维平面? 哪些不能?

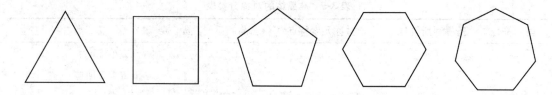

图 3-23　几种正多边形图案

3-2　判定晶体(模型)是否有对称心的必要条件之一是晶面要成对平行。如图 3-24 所示的方硼石的晶面也是成对平行的,它有对称心吗?为什么?

3-3　如果一空间点的坐标为(1,2,3),经过对称轴的对称操作变换后到达另外一点(x,y,z)。如果对称轴为二、三、四和六次,试分别求出在不同对称轴作用下具体的(x,y,z)数值。(提示:根据对称轴的对称变换矩阵式(3-13)求解)

3-4　如果一空间点的坐标为(x,y,z),经过L_i^6的作用,它将变换到空间另外一点(X,Y,Z),试给出两者之间关系的表达式。(提示:根据对称操作的对称变换矩阵来求解)

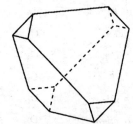

图 3-24　方硼石的晶体形态

3-5　晶体外形上的对称是其内部格子构造对称的外在反映。在空间格子中,垂直任一L^n(L^1除外)必为一面网,且结点必绕L^n连成正n边形分布。试根据面网中所可能有的网格形状,证明晶体对称定律。

3-6　对称组合定理有若干简化形式[式(3-18)~式(3-22)],它们的逆定理都成立吗?请举例进行验证。

3-7　根据对称组合的基本定理[式(3-15)~式(3-17)],如果设 $\alpha=\beta=180°,\delta=45°$(皆为特殊的角度值),试求 ω 及 γ' 和 γ''。其结果相当于对称组合定理简化形式的哪一条?

3-8　至少有一端通过晶棱中点的对称轴只能是几次对称轴?一对正六边形的平行晶面之中点连线,可能是几次对称轴的方位?

3-9　在只有一个高次轴的晶体中,能否有与高次轴斜交的 P 或 L^2 存在?为什么?

3-10　当 n 为奇数时,下列对称元素的组合所导致的结果是什么?(1) $L^n \times C$;(2) $L^n \times P_\perp$;(3) $L_i^n \times P_{/\!/}$。

3-11　具有 L^4 的图形或物体,绕 L^4 每转 90°即可复原一次,所以相对于起始方位而言,与 L^4 对应的对称变换是 $R90°,R180°,R270°,R360°$,在此 R 代表旋转;若 R' 代表反向旋转,则必有 $R'(m90°)=R(360°-m90°)$,其中 m 为整数,故 L^4 只包含 4 个对称变换。由此可知,一个 L^4 中必然包含了一个与它重合的 L^2 在内(L^1 不计)。试问:与 L^6 重合而被包含的必然还有什么对称元素?

3-12　区别下列几组易于混淆的点群的国际符号,并作出其对称元素的极射赤平投影:23 与 32, $3m$ 与 $m3$, $3m$ 与 $\bar{3}m$, $6/mmm$ 与 $6m$, $4/mmm$ 与 mmm。

3-13　图 3-25 中的 A~H 均是立方体,但立方体面上的装饰花纹各不相同。如果不仅考虑到正六面体本身,同时还考虑面上的花纹,则它们的面的对称性如何?各个立方体的点群分别是什么?

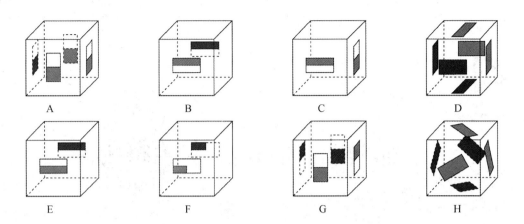

图 3-25　带装饰花纹的立方体

3-14 对点群 $\bar{4}2m$ 和 $\bar{6}m2$ 进行极射赤平投影,两者之间的差别在哪里?按照国际符号规定的方向意义(参见表7-5),说明两种点群中二次轴和对称面与晶轴之间的关系。

3-15 图 3-26 是三种晶体(A,B,C)晶面的极射赤平投影图,图中空心圆圈表示上半球的投影点,实心小黑圆则表示下半球的投影点。试判断 A,B,C 各具有什么点群?属于什么晶系?

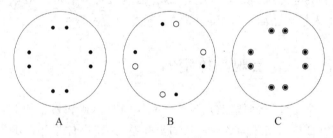

图 3-26　三种晶体的极射赤平投影

3-16 总结晶体对称分类(晶族、晶系、晶类)的原则,熟记 32 种点群的国际符号。

晶体定向和晶体学符号

晶体的凸几何多面体外形,是晶体的基本性质之一。各个晶面在空间的分布是用来确定晶体宏观对称性的主要依据。对于具有相同点群的晶体而言,可以具有截然不同的几何多面体外形。为了能定量标记和描述晶面在晶体上的空间分布,可以依据几何学原理在晶体上建立一个三维坐标系,并以某种方式将坐标系中的平面(晶面)、直线(晶棱)等转换为简单的符号形式,用以简单明确地描述晶体的具体形状或特意指出晶体上某一晶面或晶棱在空间的方位。本章首先讨论坐标系建立的原则和晶体定向的概念,然后对各个晶系 32 种点群的定向进行具体的叙述,最后再引入描述晶面、晶棱等的晶体学符号。

4.1 晶体学坐标系和宏观晶体定向

在晶体中建立一个坐标系,原则上是要符合晶体的对称或和格子构造相一致。在晶体中设置符合晶体对称特征或与格子参数相一致的坐标系,并将晶体按相应的空间取向关系作好安置,就叫晶体定向(crystal orientation)。

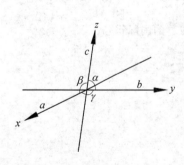

图 4-1　结晶轴和轴角的规定

一个坐标系包括了坐标轴和轴单位两个基本参数。建立坐标轴首先需在晶体中选择三根适当的直线作为结晶轴(crystallographic axis)。结晶轴的选择原则有两点:其一是要与晶体的对称特点相符合,例如对称轴的方向、平行于晶棱的直线等等;其二是在满足上述条件基础上,尽量使得晶轴之间夹角为 90°。结晶轴通常标记为 x 轴、y 轴、z 轴(或 X 轴、Y 轴、Z 轴)。各结晶轴的交点位于晶体的中心。习惯上,将三个结晶轴的安置原则是:z 轴上下直立,正端朝上;y 轴在左右方向,正端朝右;x 轴则在前后方向,正端朝前。每两个结晶轴正端之间的交角称为轴角(interaxial angle),它们(见图 4-1)是:

$$\alpha = y \wedge z, \beta = z \wedge x, \gamma = x \wedge y$$

轴单位(axial unit distance)是指在结晶轴上度量距离时,用来作为长度计量单位的线段,习惯上用 a,b,c 分别表示 x 轴、y 轴、z 轴的轴单位。轴单位代表的实际长度,理应是晶体的格子构造中与三个晶轴相平行的三条行列上的结点间距。把 x 轴、y 轴、z 轴三个结晶轴之轴单

连比记为 $a:b:c$，称为轴率(axial ratio)，亦称轴单位比。轴率 $a:b:c$ 和轴角 α,β,γ 合称晶体几何常数(crystal constants)，它是表示晶体坐标系特征的一组参数，也是区别不同晶体的一组重要数据。

各晶系晶体的定向方法

如上所述，晶体一共有 32 种点群，分属 7 个晶系。无论对哪一种点群的晶体，晶体定向都符合点群本身的对称特点。而晶体的外形正是对称特征的外在体现，所以根据晶体外形的特点，可以合理确定宏观晶体的空间方位。在下面的叙述中，将分别对 7 个晶系的不同点群对称元素的特点进行分析，确定其坐标轴。值得说明的是，对所有的点群均可以采用三轴定向的方法，即所谓的米勒定向(Miller's orientation)。但对于三方和六方晶系的点群，由于对称上的特殊性，通常引入一个附加的晶轴，称为四轴定向，也称布拉维定向(Bravais' orientation)，这样使得在描述三方和六方晶体时更加方便。

4.2.1 晶体的三轴定向

晶体的三轴定向通常是选取三个不共面的晶轴 x,y 和 z 来进行晶体安置。主要适用于等轴、四方、斜方、单斜和三斜诸晶系的晶体，综合分析的结果见表 4-1。

1. 等轴晶系晶体定向

等轴晶系共 5 个点群。其特点是每个点群都具有 $4L^3$，且除 $4L^3$ 外，必定还有 3 个相互垂直的 L^2（点群 $23,m3$），或 L^4（点群 $432,m3m$），或 L_i^4（点群 $\bar{4}3m$），称元素空间分布见图 3-22。因此，对等轴晶系晶体的定向，就是分别选取 3 个互相垂直的 L^2，或 L^4，或 L_i^4 分别作为 x,y 和 z 轴。图 4-2 是具有 $m3m$ 点群晶体定向的实例。等轴晶系晶体的几何常数为 $a=b=c,\alpha=\beta=\gamma=90°$，显然，这样的定向完全符合上述选取晶轴的原则。

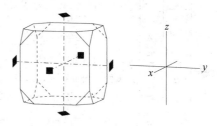

图 4-2 具有 $m3m$ 点群晶体的定向

2. 四方晶系晶体定向

四方晶系共 7 个点群(图 3-20)，其对称特点是每个点群均具有一个 L^4，就选取此 L^4 作为 z 轴。对于点群 $422,4/mmm,\bar{4}2m$ 而言，它们还具有两个相互垂直的 L^2，可分别选作 x 和 y 轴；对于点群 $4mm$，它没有 L^2，但具有相互垂直的对称面 P，把两个相互垂直的 P 的法线选为 x 和 y 轴；但是对于点群 $4,4/m$ 和 $\bar{4}$，它们既没有 L^2，也没有 P，实际中通常选取两个均垂直于 z 轴且本身之间亦相互垂直的适当晶棱方向作为 x 和 y 轴。实例见图 4-3，其晶体的几何常数为 $a=b\neq c,\alpha=\beta=\gamma=90°$。

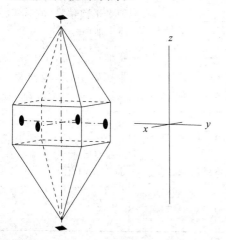

图 4-3 具有 $4/mmm$ 点群晶体的定向

表 4-1 各晶系晶体定向表

晶族	晶系	对称特点	点群 习惯符号	点群 国际符号	结晶轴的选择	晶轴的安置及晶体几何常数
低级	三斜	无高次轴；L^2 和 P 均不多于一个	无 L^2 和 P	L^1 C	1 $\bar{1}$	$x=$晶棱,$y=$晶棱,$z=$晶棱	z 直立,y 左右朝右下倾,x 前后朝前下倾 $a\neq b\neq c,\alpha\neq\beta\neq\gamma$
低级	单斜	无高次轴；L^2 和 P 均不多于一个	L^2 $L^2 PC$ P	2 $2/m$ m	$y=L^2$ $y=L^2$ $y=P_\perp$	$x=$晶棱,$z=$晶棱	y 左右水平,z 直立,x 前后朝前下倾 $a\neq b\neq c,\alpha=\gamma=90°,\beta>90°$
低级	斜方	无高次轴；L^2 和 P 的总数不少于 3 个	$3L^2$ $3L^2 3PC$ $L^2 2P$	222 mmm $mm2$	$x=L^2,y=L^2,z=L^2$ $z=L^2,x=P_\perp,y=P_\perp$		x 轴前后水平,y 轴左右水平,z 轴直立 $a\neq b\neq c,\alpha=\beta=\gamma=90°$
中级	三方	必定有且只有一个高次轴；惟一的高次轴为三次轴	$L^3 3L^2$ $L^3 3L^2 3PC$ $L^3 3P$ L^3 L_i^3	32 $\bar{3}m$ $3m$ 3 $\bar{3}$	$z=L^3$	$x=L^2,y=L^2,u=L^2$ $x=P_\perp,y=P_\perp,u=P_\perp$ $x=$晶棱,$y=$晶棱,$u=$晶棱	z 直立,y 轴左右水平,x 轴水平前偏左 30°,$\bar{u}$ 轴水平前偏右 30° $a=b\neq c,\alpha=\beta=90°,\gamma=120°$
中级	四方	必定有且只有一个高次轴；惟一的高次轴为四次轴	$L^4 4L^2$ $L^4 4L^2 5PC$ $L_i^4 2L^2 2P$ $L^4 4P$ L^4 L_i^4 $L^4 PC$	422 $4/mmm$ $\bar{4}2m$ $4mm$ 4 $\bar{4}$ $4/m$	$z=L^4,x=L^2,y=L^2$ $z=L_i^4,x=L^2,y=L^2$ $z=L^4,x=P_\perp,y=P_\perp$ $z=L^4(L_i^4),x=$晶棱,$y=$晶棱		z 轴直立,x 轴前后水平,y 轴左右水平 $a=b\neq c,\alpha=\beta=\gamma=90°$
中级	六方	必定有且只有一个高次轴；惟一的高次轴为六次轴	$L^6 6L^2 7PC$ $L^6 6L^2$ $L_i^6 3L^2 3P$ $L^6 6P$ $L^6 PC$ L^6 L_i^6	$6/mmm$ 622 $\bar{6}m2$ $6mm$ $6/m$ 6 $\bar{6}$	$z=L^6,x=L^2,y=L^2,u=L^2$ $z=L_i^6,x=P_\perp,y=P_\perp,u=P_\perp$ $z=L^6,x=P_\perp,y=P_\perp,u=P_\perp$ $z=L^6(L_i^6),x=$晶棱,$y=$晶棱,$u=$晶棱		z 直立,y 轴左右水平,x 轴水平前偏左 30°,$\bar{u}$ 轴水平前偏右 30° $a=b\neq c,\alpha=\beta=90°,\gamma=120°$
高级	等轴	高次轴多于一个；必定有 4 个 L^3	$3L^4 4L^3 6L^2$ $3L^4 4L^3 6L^2 9PC$ $3L_i^4 4L^3 6P$ $3L^2 4L^3$ $3L^2 4L^3 3PC$	432 $m3m$ $\bar{4}3m$ 23 $m3$	$x=L^4,y=L^4,z=L^4$ $x=L_i^4,y=L_i^4,z=L_i^4$ $x=L^2,y=L^2,z=L^2$		x 轴前后水平,y 轴左右水平,z 轴直立 $a=b=c,\alpha=\beta=\gamma=90°$

3. 斜方晶系晶体定向

斜方晶系有 3 个点群,其对称特点是在相互垂直的三个方向上均为 L^2 或 P 之法线所在的方向(见图 3-18)。所以对具有 222 和 mmm 点群的晶体,选取三个相互垂直的 L^2 为 x,y 和 z 轴;对点群 $mm2$,则以 L^2 为 z 轴,两个相互垂直的 P 之法线为 x 和 y 轴,如图 4-4 所示。斜方晶系晶体的几何常数为 $a\neq b\neq c, \alpha=\beta=\gamma=90°$。

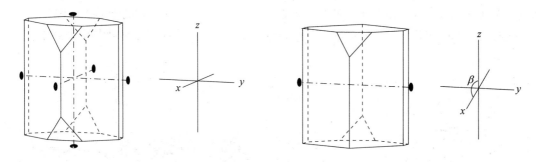

图 4-4 具有 mmm 点群晶体的定向   图 4-5 具有 $2/m$ 点群晶体的定向

4. 单斜晶系晶体定向

单斜晶系仅 3 个点群,其对称特点是 L^2 和 P 的个数均不多于一个,而且当既有 L^2 又有 P 时(亦即 $2/m$ 点群),P 的法线方向与 L^2 正好平等(图 3-15)。因此,在这里可供选择作为结晶轴的对称元素仅有一个,即以此惟一的 L^2 或 P 的法线为 y 轴,而 x 轴与 z 轴只能选择两个适当的晶棱方向。图 4-5 表示的是 $2/m$ 对称晶体的定向。单斜晶系晶体的几何常数为 $a\neq b\neq c, \alpha=\gamma=90°, \beta>90°$。

5. 三斜晶系晶体的定向

三斜晶系只有 1 和 $\bar{1}$ 两个点群,在这里没有合适的对称元素可供选择作为结晶轴(图 3-16)。只有选择三个适当的晶棱方向,即选择三个显著的,而且相互间较接近于 $90°$ 的晶棱方向作为结晶轴。三斜晶系的几何常数为 $a\neq b\neq c, \alpha\neq\beta\neq\gamma$。

值得注意的是,对三方晶系的晶体,

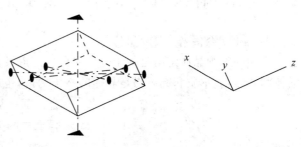

图 4-6 $\bar{3}m$ 点群晶体的三轴定向图解

虽然多数采用的定向原则与六方晶系相同(即四轴定向),但也可以三轴定向(米勒定向)。图 4-6 是点群 $\bar{3}m$ 三轴定向的图解,可以看出,x,y,z 轴和 L^3 成等角度相交,而相互之间也以等角度相交且不在同一平面上。这样的定向也同样符合选择晶轴的原则(即满足对称特点,尽量使得晶轴正交),获得的晶体几何常数为 $a=b=c, \alpha=\beta=\gamma\neq 60°\neq 90°\neq 109°28'16''$(当等于这几个数值时,格子的对称性将转换为后面叙述的立方原始、立方面心和立方体心格子)。习惯上,对三方晶系晶体以四轴的方式来定向。

4.2.2 晶体的四轴定向

晶体的四轴定向适用于六方晶系和三方晶系的晶体。它与三轴定向的不同之处在于,除选择一个直立的结晶轴(z 轴)外,还要选择三个水平结晶轴(x,y,u 轴),且相互之间以 $120°$ 相

(图 4-7)。

考虑三方和六方晶系对称的特点(图 3-19,图 3-21),不难发现,每个点群具有惟一的高次轴(三次或六次),在垂直高次轴的平面上,有互呈 120°交角的 L^2 或 P 的法线,如选择高次轴为 z 轴,相交 120°的 L^2 或 P 的法线为 x,y,u 轴,则完全符合晶体对称的特点。没有 L^2 或 P 的三、六方点群,可以选择适当的显著晶棱方向作为水平结晶轴。三方和六方晶系晶体的四轴定向结果见表 4-1。两个晶系晶体的几何常数均为 $a=b\neq c, \alpha=\beta=90°, \gamma=120°$。图 4-8 是点群 $\bar{3}m$ 四轴定向的图解,可以与其三轴定向(图 4-6)作一比较,从而可以理解其中的差别。

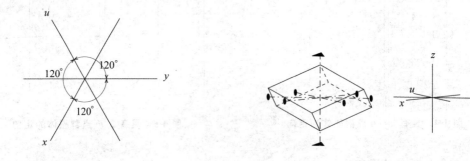

图 4-7　三方和六方晶系四轴定向水平轴的安置　　　图 4-8　$\bar{3}m$ 点群晶体的四轴定向图解

实际上,四轴定向中的 u 轴是个附加轴,不是必需的。因为从数学角度来说,一个三维空间坐标系,必须要而且也只需要三个变量来描述就可以了。

4.3　晶体内部结构的空间划分和坐标系

4.3.1　空间格子的划分

上述的宏观晶体定向是基于晶体对称特点以及晶体外形进行的。无论是晶体的对称或是晶体的外形,其本质和起源仍是晶体的格子构造,也就是说,上述的划分应该与格子构造相吻合。那么从格子构造角度,晶体的坐标系划分又是什么样的呢?

从格子构造规律(见 1.2 节)可知,平行六面体是空间格子中的最小重复单位。整个晶体结构可视为这种平行六面体在三维空间平行地、毫无间隙地重复堆砌而成。对于每一种晶体结构而言,其结点(相当点)的分布是客观存在的,但平行六面体的选择却是人为的。同一种格子构造,其平行六面体的选择可有多种方法,如图 4-9 所示的二维格子的划分,可以有 a~f 等不同的选择。三维格子的平行六面体划分也是如此,然而要想划分出既可用来描述晶体结构基元排列的周期性,又能适应阵点的对称性的平行六面体单位,确实是有限的。因此,和宏观

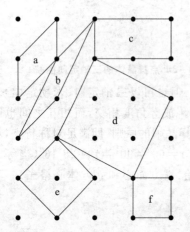

图 4-9　二维平面上平行六面体的划分样式

晶体坐标轴选择一样,选择平行六面体必须遵循一定的原则才能统一。

在晶体学中,平行六面体的选择原则如下:

(1) 所选取的平行六面体应能反映结点分布固有的对称性;

(2) 在上述前提下,所选取的平行六面体棱与棱之间的直角力求最多;

(3) 在满足以上两条件的基础上,所选取的平行六面体的体积力求最小。

上述限定的条件实质上与前面所讲的晶体定向的原则,即尽量使 $a=b=c, \alpha=\beta=\gamma=90°$ 是完全一致的。根据以上原则,分析图 4-9 所示的情况,显然按第 f 种方法来选取平行六面体才符合上述原则。按照原则选定的平行六面体,称为单位平行六面体(unit parallelepipedon),其形状和大小可以由点阵参数($a, b, c, \alpha, \beta, \gamma$)来表征(参见图 1-10)。对应于实际晶体结构,这种被选取的最小重复单位(平行六面体)被称为单位晶胞(unit cell)。

单位平行六面体对称性符合空间点阵的对称性,选定了单位平行六面体,就确定了空间格子的坐标系。根据上述平行六面体的选择原则,在空间点阵中,划分出的单位平行六面体的类型只有 7 种,而这 7 种格子类型与 7 个晶系相对应,它们分属于各晶系中对称程度最高的那个点群。这 7 个晶系的单位平行六面体的形状和点阵参数见图 4-10。

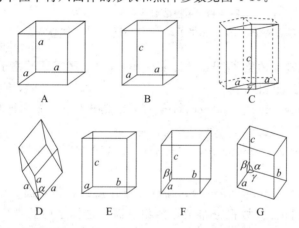

图 4-10 各晶系单位平行六面体形状及点阵参数

A—立方格子,等轴晶系:$a=b=c, \alpha=\beta=\gamma=90°$;

B—四方格子,四方晶系:$a=b\neq c, \alpha=\beta=\gamma=90°$;

C—六方格子,三方和六方晶系:$a=b\neq c, \alpha=\beta=90°, \gamma=120°$;

D—菱面体格子,三方晶系菱面体格子:$a=b=c, \alpha=\beta=\gamma\neq 60°\neq 90°\neq 109°28'16''$;

E—斜方格子,斜方晶系:$a\neq b\neq c, \alpha=\beta=\gamma=90°$;

F—单斜格子,单斜晶系:$a\neq b\neq c, \alpha=\gamma=90°, \beta>90°$;

G—三斜格子,三斜晶系:$a\neq b\neq c, \alpha\neq\beta\neq\gamma$。

4.3.2 14 种布拉维空间格子

上述的 7 种平行六面体(格子类型)的确定是考虑了格子的对称性,但没有考虑平行六面体中结点的分布特点。一个平行六面体中结点的分布至多有四种类型(图 4-11):

(1) 原始格子(primitive lattice,符号 P)。只在单位平行六面体的 8 个角顶上分布有结点

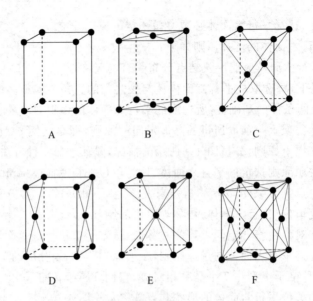

图 4-11 4 种结点分布的格子类型

A—原始格子；B—C 心格子；C—A 心格子；D—B 心格子；E—体心格子；F—面心格子

的空间格子；三方晶系菱面体格子(rhombohedral lattice)也属于原始格子，但用符号 R 表示，以表示与一般的原始格子的区别。

(2) 体心格子(body-centered lattice，符号 I)。结点分布在 8 个角顶和体中心的单位平行六面体。

(3) 面心格子(face-centered lattice，符号 F)。结点分布在角顶和 6 个面的中心的单位平行六面体。

(4) 底心格子(end-centered lattice)。结点分布在角顶和相对面的中心的单位平行六面体。由于共有三组相对的面，故视分布结点的相对面在坐标系中的方位，分为 C 心格子(C-centered lattice，符号 C)、A 心格子(A-centered lattice，符号 A)和 B 心格子(B-centered lattice，符号 B)，分别代表在(001)，(100)或(010)面的中心有结点存在(这几个面的符号所代表的空间方位参见 4.4 节)。

综合考虑单位平行六面体的形状及结点的分布情况，在晶体结构中只可能出现 14 种不同类型的空间格子。这是由布拉维于 1848 年所最先推导出来的，故称为 14 种布拉维格子，如表 4-2 中所列。

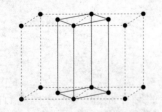

图 4-12 四方底心格子(虚线)转变为四方原始格子(实线)的图示

既然平行六面体有前述的 7 种形状和 4 种结点分布类型，为什么不是 7×4＝28 种空间格子而只有 14 种呢？这是因为某些类型的格子彼此重复并可转换，还有一些不符合某晶系的对称特点而不能在该晶系中存在。如图 4-12，虚线所示的是四方底心格子，可是考虑了格子选择原则，即使得平行六面体体积最小后，则实际上转变成了四方原始格子，如图中实线所示。此外，在等轴晶系中,若在立方格子中的一对面的中心安置结点,则不可能符合等轴晶系的 $4L^3$ 的对称特点,故不可能存在立方底心格子。以上表明:当去掉一些重复的、不可能存在的空间格子后,在晶体结构中只可能有 14 种空间格子,即 14 种布拉维格子。

需要指出的是,六方格子的平行六面体是底面呈菱形的柱体,底面两交棱之间的角度是 60°和 120°。这看起来虽然没有 L^6,但将 3 个这样的柱体拼合在一起,便符合了六次对称的特点。但这样拼合的结果就不再是平行六面体,作为单位平行六面体,只能选择上述的菱方柱为平行六面体,其晶体几何常数为 $a=b\neq c, \alpha=\beta=90°, \gamma=120°$。

表 4-2　14 种布拉维空间格子

	原始格子(P)	底心格子(C)	体心格子(I)	面心格子(F)
三斜晶系		C=P	I=P	F=P
单斜晶系			I=C	F=C
斜方晶系				
四方晶系		C=P		F=I
三方晶系		与本晶系对称不符	I=P	F=P
六方晶系		与本晶系对称不符	I=P	F=P
等轴晶系		与本晶系对称不符		

三方晶系的格子有两种,一种是三方原始格子,它在形式上与六方格子完全相同,即六方格子可以视为底面为正三角形的两个三方柱体的拼合,从而满足三次对称的特点。另外一种是菱面体格子,相当于立方体沿体对角线压缩,其晶体几何常数为 $a=b=c, \alpha=\beta=\gamma\neq 60°\neq 90°\neq 109°28'16''$。

如果用 $(\boldsymbol{a}_h, \boldsymbol{b}_h, \boldsymbol{c}_h)$ 和 $(\boldsymbol{a}_r, \boldsymbol{b}_r, \boldsymbol{c}_r)$ 分别代表三方原始格子和三方菱面体格子的基矢,在数学上两者可依据式(4-1)和(4-2)进行转换:

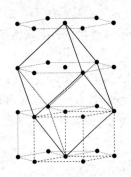

图 4-13 六方原始格子(虚线)转变为双重体心菱面体格子(实线)的图示

$$(a_h, b_h, c_h) = \begin{bmatrix} 1 & 0 & 1 \\ -1 & 1 & 1 \\ 0 & -1 & 1 \end{bmatrix} (a_r, b_r, c_r) \quad (4-1)$$

或者

$$(a_r, b_r, c_r) = \begin{bmatrix} 2/3 & -1/3 & -1/3 \\ 1/3 & 1/3 & -2/3 \\ 1/3 & 1/3 & 1/3 \end{bmatrix} (a_h, b_h, c_h) \quad (4-2)$$

还应指出,六方原始格子可以转换为具有双重体心的菱面体格子,它的体积相当于六方原始格子的 3 倍(图 4-13);同样,三方菱面体格子也可转换为具有双重体心的六方格子,它的体积相当于菱面体格子的 3 倍。显然,上述转换后的格子都是不符合平行六面体选择原则的。

4.4 晶胞

布拉维格子的选定,就是在空间点阵中选择了一个晶体学坐标系。空间点阵实际上可以从实际晶体结构中抽象出来。在晶体结构中,相当于对应空间格子中的单位平行六面体,称之为单位晶胞。或者说,单位晶胞是能够充分反映整个晶体结构特征的最小结构单元。

单位晶胞有两个要素:一个要素是晶胞的大小和形状,它由晶胞参数(cell parameters) $a, b, c, \alpha, \beta, \gamma$ 来表征,在数值上与相应单位平行六面体的点阵参数一致(参见图 1-10);另一个要素是晶胞内部各个原子的坐标位置,它由原子坐标参数 (x, y, z) 表示。原子坐标参数的意义是指,由晶胞原点指向原子(离子)的矢量 R 用单位矢量 a, b, c 表达,即 $R = xa + yb + zc$。知道了晶胞这两个基本要素,那么相应晶体的空间结构才算完全知道。

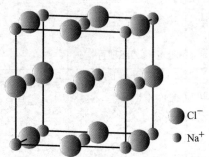

图 4-14 NaCl 的单位晶胞

图 4-14 给出了 NaCl 的单位晶胞图形。实测的晶胞参数为 $a = 0.564$ nm,其 Cl^- 和 Na^+ 的坐标参数为

Na^+: 0, 0, 0; 1/2, 1/2, 0; 1/2, 0, 1/2; 0, 1/2, 1/2

Cl^-: 1/2, 1/2, 1/2; 0, 0, 1/2; 0, 1/2, 0; 1/2, 0, 0

由于单位晶胞是能够充分反映整个晶体结构特征的最小结构单元,显然,从一个晶胞出发,就能借助于平移而重复出整个晶体结构来。因此,在描述晶体结构时,通常只需阐明单位晶胞特征就可以了。

4.5 晶体学符号

这里所说的晶体学符号包括晶面、晶棱、晶带、单形、解理面、双晶面、双晶轴等符号。显然，只有在晶体定向以后，并且用晶轴及其轴单位标定，这类符号的确定才成为可能。在本节，只讨论晶面、晶棱、晶带符号及其相关问题。单形符号在讨论宏观晶体外形（见第 5 章）的时候介绍。至于解理面、双晶面、双晶轴等符号，这和晶面符号和晶棱符号的表达类似，将在相关章节涉及的地方简单介绍。

4.5.1 晶面符号

所谓晶面符号（face symbol），就是根据晶面与晶轴的空间关系，用简单的数字符号形式来表达晶面在晶体上方位的一种晶体学符号。晶面符号有多种不同的设计，目前国际上通常采用的是米勒符号（Miller's symbol）。晶面的米勒符号是由连写在一起的三个（三轴定向）或四个（四轴定向）互质的小整数加小括号后构成，其一般形式为 (hkl) 或 $(hkil)$。其中的 h,k,i,l 称为晶面指数（face indices），它们分别与晶轴 x,y,z 或 x,y,u,z 的顺序相对应。

晶体上任意一晶面的晶面指数，等于该晶面在晶轴上截距系数的倒数比获得的互质整数。以三轴定向为例来说明如何求解晶面指数。图 4-15 中，晶面 ABC 与晶轴 x,y,z 相交于 A、B、C 三点，其在三轴上的截距分别为 OA、OB 和 OC。由于 $OA=2a$、$OB=3b$、$OC=6c$（这里的 a,b,c 分别为晶轴 x,y,z 的轴单位），那么晶面在 3 个晶轴上的截距系数分别为 2,3,6，则其倒数比即为 $1/2:1/3:1/6=3:2:1$。所以该晶面的晶面指数为 3,2,1，加上小括号，得到 (321)，即获得该晶面的米勒符号。

关于晶面的米勒符号，要注意以下几个问题：

（1）晶面指数的排列顺序必须严格按晶轴 x,y,z 或 x,y,u,z（四轴定向）的顺序，不能颠倒；

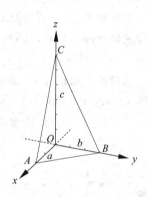

图 4-15　求晶面符号之图解

（2）晶面符号的指数之间是比例关系，因此它只具有空间方位的意义而不能确定具体的空间位置；

（3）h,k,l 三个数是互质的，不能有公约数，且满足通过坐标原点的平面方程 $hx+ky+lz=0$；

（4）由于截距值有正负之分（晶面与晶轴的正端或负端相交），因此晶面指数也有正负之分，写成晶面符号的形式时，将负号写在相应的晶面指数之上；

（5）如果晶面与某一晶轴平行，则其在该晶轴上的截距和截距系数视为无穷大，则相应的晶面指数为 0。

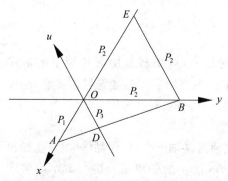

图 4-16　证明 $h+k+i=0$ 的关系之图解

至于四轴定向时的晶面符号，其原理和三轴定向相同，只是多了一个对应于 u 轴的指数。这是基于三方和六方晶系晶体的特殊对称特点而设置的。

上面提及，四轴定向中 u 轴可以视为一个非必要轴。同理，四轴定向的晶面符号 $(hkil)$ 中对应 u 轴的晶面指数 i 也不是独立的参量。根据四轴定向三个水平轴正端互成 120° 交角的关系，三个指数之间应当存在 $h+k+i=0$ 的关系。简单证明如下：

图 4-16 是包含三个水平轴的平面，AB 是一晶面

与该平面的交线,和 x,y,u 轴分别交于 A、B、D 点,截距依次为 P_1,P_2 和 P_3。过 B 点作平行于 u 轴的平行线交 x 轴于 E 点。显然,$\triangle OBE$ 为一等边三角形,则有 $OB=OE=BE=P_2$。由于 $\triangle AOD \backsim \triangle AEB$,有

$$\frac{AE}{EB}=\frac{AO}{OD}, \quad 即 \quad \frac{P_1+P_2}{P_2}=\frac{P_1}{P_3}$$

等式两边同除以 P_1 并化简,得到 $\frac{1}{P_1}+\frac{1}{P_2}-\frac{1}{P_3}=0$。

由于三方和六方晶系三个水平轴上的轴单位相同,根据晶面指数之规定,所以截距系数的倒数存在 $h+k+i=0$ 的关系。因此,按四轴定向在具体标定三方和六方晶系晶体的某一晶面的晶面符号时,若前三个指数中有任意两个为已知,那么第三个可根据 $h+k+i=0$ 的关系迅速求出。

要注意的是,尽管指数 i 可以不参加运算,但不可将四轴定向的晶面符号 $(hkil)$ 写成 (hkl) 这样三轴定向的形式,这样会导致错误的理解。但有人写成 $(hk·l)$ 的形式,表明仍然是四轴定向。

从理论上可以证明,晶面指数一般都是小的整数。证明这一点的就是所谓的整数定律(law of whole numbers),也叫有理指数定律。它的基本内容是:如果以平行于三根不共面晶棱的直线作为坐标轴,则晶体上任意两晶面在三个坐标轴上所截截距的比值之比为一简单整数比。简单说明如下。

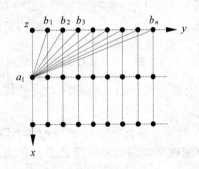

图 4-17 说明整数定律的示意图

由于晶面是面网,晶轴是行列,那么晶面截晶轴于结点,或者晶面平移后截晶轴于结点。所以,若以晶轴上的结点间距作为度量单位,则晶面在晶轴上截距系数之比必为整数比。图 4-17 表示的是一组面网,均截 x 轴于 a_1 点,分别截 y 轴于 $b_1,b_2,\cdots,b_n$ 点。从面网密度来看,$a_1b_1>a_1b_2>\cdots>a_1b_n$,它们在 x,y 轴上的截距系数之比分别为 $a_1:b_1=1:1$,$a_1:b_2=1:2$,$\cdots,a_1:b_n=1:n$。显然,面网密度越大,晶面在晶轴上的截距系数越简单。由于晶体被面网密度较大的晶面所包围(此规律称为"布拉维法则",具体解释和说明可参阅第 11 章),因此,晶面在晶轴上的截距系数之比为简单整数比,那么其倒数之比,也即晶面指数,当然也为小的整数。

4.5.2 晶棱符号

晶棱符号(edge symbol)是表征晶棱(直线)方向的符号,以中括号中简单数字的形式 $[uvw]$ 表示。它不涉及晶棱的具体位置,即所有平行的晶棱具有同一个晶棱符号。显然,晶棱符号也可以用来表达晶体学中某一方向的量,诸如晶带轴、对称轴、双晶轴等。

确定晶棱符号的方法如下。

由于晶棱代表某一行列,所以将晶棱平移,总能使之通过晶轴的交点,即晶体中心(坐标轴原点)。然后在其上任取坐标 (x,y,z),并以轴单位(x,y,z 轴上的轴单位分别为 a,b,c)来度量,可以求得比值 $x/a:y/b:z/c=u:v:w$,将此比值用中括号括起来,并改写成 $[uvw]$,即

是该晶棱的符号。u,v,w 称为晶棱指数。

例如图 4-18，晶体的晶棱 OP 可以平移并经过晶轴交点，在其上任意取一点 M，则 M 在 x,y,z 轴上的长度分别为 MR,MK 和 MF，且分别为相应轴单位的 $1,2,3$ 倍。其比值为

$$u:v:w=\frac{MR}{a}:\frac{MK}{b}:\frac{MF}{c}=\frac{1a}{a}:\frac{2b}{b}:\frac{3c}{c}=1:2:3$$

故而 OP 的晶棱符号为 [123]。

四轴定向时，晶棱符号的表达也类似，只是要加上 u 轴的因素。图 4-19 给出了三方和六方晶系晶体在三轴定向和四轴定向时（垂直 z 轴）一些常见的晶面和晶棱（方向）符号，可对比其中的差别。

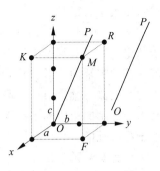

图 4-18 求解晶棱符号示意图

应注意，与晶面指数的情况类似，晶棱指数的顺序严格按 x,y,z 轴（在四轴定向情况下，按 x,y,u,z 轴）排列，不得颠倒；此外，晶棱指数也有正负之分，如为负值的时候，负号置于相应指数之上。但是晶棱方向同时是指向两端的，也即原点反向两侧均代表同一晶棱，如 $[201]$ $=[\bar{2}0\bar{1}]$。

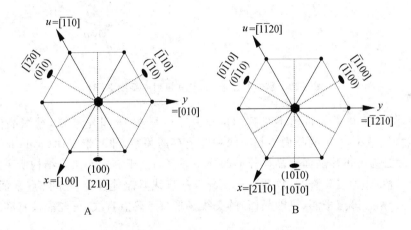

图 4-19 标定晶面和晶棱符号示意图
A—三轴坐标系；B—四轴坐标系

4.5.3 晶带和晶带符号

晶带（zone）的概念最初是从晶体外形上引出的，两个晶面相交为一晶棱，数个（三个以上）晶面相交的棱彼此平行时，则谓此数个晶面构成一晶带。也即彼此间的交棱均相互平行的一组晶面之组合称为晶带。

晶带的符号表达可以用晶带轴（zone axis）来表示。所谓晶带轴，是指用来表示晶带方向的一根直线，它平行于该晶带中的所有晶面，也就是平行于该晶带中各个晶面的公共交棱方向。它在晶体上方向可以用相应的晶棱符号来表示。此时，这一符号便称为晶带符号。因此，晶带符号和晶棱符号在本质上并无不同。由于晶带表示的是一组晶面，所以在具体表述上，应加上"晶带"一词，以便与晶棱区分。如"[102]晶带"并不等于"[102]"，前者表示一组晶面，而

后者则表示一条晶棱。

图 4-20A 中，$(1\bar{1}0)$，(100)，(110)，(010) 四个晶面的交棱相互平行，组成一个晶带，平行于此组平行晶棱且过晶体中心的直线 CC' 即可表达为此晶带的晶带轴。此组晶棱的符号，也就是该晶带轴的符号，为 $[001]$ 晶带（或者 $[00\bar{1}]$ 晶带）。同理，还可以识别出晶带轴为 BB' 的晶带 $[010]$、晶带轴为 AA' 的晶带 $[100]$、晶带轴为 DD' 的晶带 $[1\bar{1}0]$ 等。图 4-20B，是左面晶体及其部分晶带的极射赤平投影。注意：晶带的投影不是以晶带轴本身的投影来代表的，而是以垂直于晶带轴的一个平面的投影来表示的，后者在投影图中是一个大圆，晶带轴投影点距之为 90°（即是该大圆之极点）。

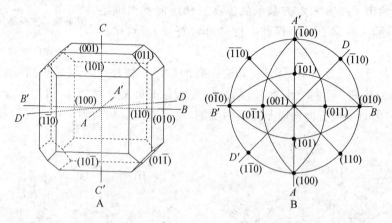

图 4-20　晶体的晶带(A)及其极射赤平投影(B)

实际上，图 4-20 中的晶带远不止列出的这几个。早在 19 世纪初期，德国晶体学家魏斯（Weiss）就发现了晶体外形的晶面与晶棱间相互依存的关系，即晶带定律（zone law）：两个晶带相交的平面必为一可能晶面。晶体外形的这一规律乃由于其内部点阵结构所决定。因为晶带轴为可能晶棱，亦即点阵直线，故两个相交的点阵直线必定能决定一个阵点平面，也即可能的晶面。反之，两个阵点平面（可能晶面）的交线必平行于阵点直线（可能晶棱），亦即决定了一个晶带轴。

晶带定律也可以表述为：任一属于 $[uvw]$ 晶带的晶面 (hkl)，必定有

$$hu + kv + lw = 0 \tag{4-3}$$

式(4-3)也称为晶带方程。

从解析几何中可知，三维空间的一般平面方程为

$$Ax + By + Cz + D = 0 \tag{4-4}$$

其中系数 A，B，C 决定该平面的方向，常数项 D 决定该平面至原点的距离。那么过坐标原点且平行于 (hkl) 的平面方程则可以表达为

$$hx + ky + lz = 0 \tag{4-5}$$

式(4-5)中 x，y，z 为平面内任一点坐标（以各自轴单位为计量单位）。由于已知 (hkl) 晶面属于 $[uvw]$ 晶带，故直线 $[uvw]$ 必位于式(4-5)所代表的平面内，那么直线上的一点必定能满足式(4-5)，从而可以证明晶带方程是正确的。

晶带方程式(4-3)是一个非常有用的关系式，可以解决一系列实际问题。例如，已知两个

晶面,求包含此两晶面的晶带符号;求同时属于某两个已知晶带晶面的晶面符号;判断某一已知晶面是否属于某个已知的晶带等等。下面举例来说明。

例1:若已知属于同一晶带的两晶面为$(h_1k_1l_1)$和$(h_2k_2l_2)$,求晶带符号。

根据晶带方程$hu+kv+lw=0$,可以得出

$$h_1u + k_1v + l_1w = 0 \tag{4-6}$$

$$h_2u + k_2v + l_2w = 0 \tag{4-7}$$

联立式(4-6)和(4-7)解方程组,可得

$$[uvw] = u:v:w = (k_1l_2 - k_2l_1):(l_1h_2 - l_2h_1):(h_1k_2 - h_2k_1) \tag{4-8}$$

也可以二阶行列式来求得

$$[uvw] = u:v:w = \begin{vmatrix} k_1 & l_1 \\ k_2 & l_2 \end{vmatrix} : \begin{vmatrix} l_1 & h_1 \\ l_2 & h_2 \end{vmatrix} : \begin{vmatrix} h_1 & k_1 \\ h_2 & k_2 \end{vmatrix} \tag{4-9}$$

在对式(4-9)计算时,也可以利用通俗好记的方法:首先将h_1, k_1, l_1和h_2, k_2, l_2作上下两排排列,并重写两次,用线段隔开,去掉头尾两行,将剩下的指数由"×"号连接,取对角二指数的乘积之差,即得二阶行列式的值。所得三个差数之连比即$u:v:w=[uvw]$,如下

$$\frac{\begin{array}{c|cccc|c} h_1 & k_1 & l_1 & h_1 & k_1 & l_1 \\ & \times & \times & \times & & \\ h_2 & k_2 & l_2 & h_2 & k_2 & l_2 \end{array}}{[uvw] = u:v:w = (k_1l_2 - k_2l_1):(l_1h_2 - l_2h_1):(h_1k_2 - h_2k_1)} \tag{4-10}$$

例2:若已知两相交晶带$[u_1v_1w_1]$和$[u_2v_2w_2]$,求同时属于此两晶带的晶面指数(hkl)。

利用晶带定律表达式(4-3),则可写出

$$hu_1 + kv_1 + lw_1 = 0 \tag{4-11}$$

$$hu_2 + kv_2 + lw_2 = 0 \tag{4-12}$$

联立解式(4-11)和(4-12),可写出

$$\frac{\begin{array}{c|cccc|c} u_1 & v_1 & w_1 & u_1 & v_1 & w_1 \\ & \times & \times & \times & & \\ u_2 & v_2 & w_2 & u_2 & v_2 & w_2 \end{array}}{(hkl) = h:k:l = (v_1w_2 - v_2w_1):(w_1u_2 - w_2u_1):(u_1v_2 - u_2v_1)} \tag{4-13}$$

值得说明的是,式(4-10)上下两行可以互换位置,获得比值的绝对值不变,但晶带指数的正负数刚好相反。前面已经说明,同一个晶带轴的符号,可以是$[uvw]$,也可以是$[\bar{u}\bar{v}\bar{w}]$,两者并无本质上的不同。此外,对于按照布拉维四轴定向的三方和六方晶系晶体,上述关系式也均适用,只是在具体运算过程中,应将晶面符号中对应u轴的指数i暂时略去,在最终结果中,根据$h+k+i=0$的关系再补上该指数;而对于晶带符号,则要始终撇开u轴,只用3个系数组成的那种符号。

思 考 题

4-1 在选定坐标轴的时候,坐标系的原点可以不经过晶体的中心吗? 为什么?

4-2 单斜晶系晶体定向的原则是什么? 在单斜晶系所含的3个点群($2, m$和$2/m$)中,常将L^2或P之法线选作y轴,能将之选作x轴或z轴吗?

4-3 对三方晶系的晶体,既可以进行三轴定向也可以四轴定向,两种定向在几何常数上有什么差别吗?

4-4 若平面周期性图形是由图 4-21 中 A~H 所示的单位重复堆砌而成，试问哪些单位是最小的重复单位，哪些不是？对不是者，其最小单位是什么样的形状？（请注意，实心和空心圆点并不是一类点）

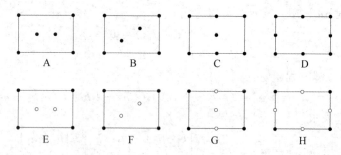

图 4-21　几种平面周期性图形的重复单位

4-5 在 14 种布拉维空间格子中，为什么没有四方面心格子？按单位平行六面体的选择法则它应改画成什么格子？请画图表示。此格子与原来的四方面心格子的平行六面体参数及体积间的关系如何？

4-6 三方菱面体格子可以转换为六方格子，但这种转换是不符合格子的选取原则的。请问：这种转换违背了格子选取原则的哪一条？

4-7 解释单位晶胞和平行六面体的异同。

4-8 设某一单斜晶系晶体上有一晶面，它在 3 个结晶轴上的截距之比为 1∶1∶1。试问此晶面之米勒符号是否即为(111)？如果此种情况分别出现于斜方、四方和等轴晶系晶体中，它们的晶面米勒符号应分别写为什么？为什么？（指数值不能确定者可用字母代替，但相同指数须用相同的字母表示）

4-9 有一斜方晶系的晶体，已知单位面(111)与 x,y,z 轴的截距比为 1.5∶1∶2.2。今有 A 面与晶轴截距比为 0.75∶1∶1.1；B 面截距比为 3∶2∶6.6；C 面与 x,y 轴截距比为 3∶4，和 z 轴平行。试求 A,B,C 面的米勒符号。

4-10 举例说明晶面符号和面网符号（参见 1.2 节）之间的差别。

4-11 如图 4-22 是方解石晶体（点群 $\bar{3}m$），它既可以三轴定向也可以四轴定向，分别判定在两种定向情况下其菱面体晶面 r 的晶面符号。

4-12 晶棱方向和行列方向的规定有什么差别？[110]方向在斜方、四方和等轴晶系晶体中各代表什么方向？（表示为与晶轴之间的相对关系）

4-13 表述晶带定律，并估算下列几组晶面所处的晶带：
(123)与(011)；(203)与(111)；(415)与(110)；(112)与(001)。

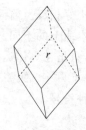

图 4-22　方解石晶体的形态

4-14 一个等轴晶系的晶体，其(111)面的坐标为 $\rho=54°44',\varphi=45°$。
(1) 请把(111),(010),(100),(001)晶面投影在赤平投影图上；
(2) 画出[100]晶带和[010]晶带；
(3) 求出经过(100)和(111)晶面的晶带符号[uvw]；
(4) 求出[uvw]和[100]晶带交汇处晶面。

4-15 判断下列不同晶系晶体中若干组晶面与晶面、晶面与晶棱以及晶棱与晶棱之间的空间关系（平行、斜交、垂直或特殊角度）：

(1) 等轴、四方和斜方晶系：(001)与[001]，(010)与[010]，[110]与[001]，(110)与(010)；

(2) 单斜晶系：(001)与[001]，[100]与[001]，(001)与(100)，(100)与(010)；

(3) 三方、六方晶系：(11$\bar{2}$0)与(0001)，(11$\bar{2}$0)与[11$\bar{2}$0]，(10$\bar{1}$0)与(10$\bar{1}$1)。

4-16 图4-23是斜方晶系文石的形态，其晶面符号如图所示（晶体背面的晶面符号在指数下加了下划线）。试将各个晶面进行投影并回答下列问题：

(1) [001]晶带包含的晶面；

(2) [100]晶带包含的晶面；

(3) [010]晶带包含的晶面；

(4) [110]晶带包含的晶面；

(5) 晶面(001)，(110)，(00$\bar{1}$)和($\bar{1}$ $\bar{1}$0)是否属于一个晶带？

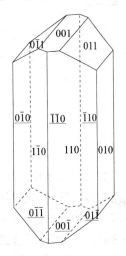

图4-23 文石的晶体形态

晶体的理想形态

晶体的基本性质之一是具有自范性,即具有自发地形成封闭的凸几何多面体外形的特性,且几何多面体外形满足欧拉定律(见第1章)。从本质上讲,这是晶体内部质点在三维空间作规则排列的结果,分布在晶体最外面的面网就形成了晶体的外表面,即作为晶面。依照晶体上晶面的种类,可将晶体的理想形态分为两类:一类是由等大同形的一种晶面组成,称为单形;另一类则由两种或两种以上的晶面组成,称为聚形,聚形是由单形聚合而成。如图5-1,A是立方体单形,B为菱形十二面体单形,而C则是两者聚合在一起形成的聚形。

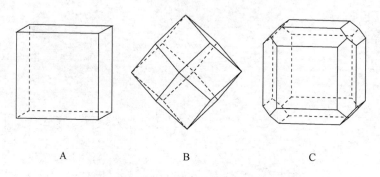

图 5-1　晶体的单形(A,B)和聚形(C)

无论是在复杂的地质环境中,还是在实验室条件下形成的晶体,或多或少都会偏离理想形态而形成歪晶,不管歪晶歪曲到何等复杂程度,但根据面角恒等定律,总是可以恢复出它的理想形态的。因此,了解晶体的理想形态是研究实际晶体形态的基础。晶体形态的研究不仅是鉴定矿物的一个重要标志,而且不同的形态特征往往有助于判断和确定矿物晶体的成因。

5.1　单形和单形符号

单形(simple form)的含义是:一个晶体中,彼此间能对称重复的一组晶面的组合,也就是能借助于点群之全部对称元素的作用而相互联系起来的一组晶面的组合。

显然,由对称元素联系起来的这一组晶面,不仅形状和大小等同,而且其性质也是等同的(诸如晶面的物理性质、晶面花纹等)。至于晶体上相互间不能对称重复的晶面,则分别属于不同的单形。图 5-1 中的菱形十二面体，它具有 $m3m$ 对称，便是由 12 个等同的面组成。如果以其中任何一个晶面作为原始晶面，通过点群全部对称元素（$3L^4 4L^3 6L^2 9PC$）的作用，一定会导出该单形的其他所有晶面来。这也是单形推导常用的方法。

单形的符号表示，就是单形符号（form symbol），简称形号。它是以简单的数字符号形式来表征一个单形的所有晶面及其在晶体上取向的一种晶体学符号。单形符号的构成是，在同一单形的各个晶面中，按一定的原则选择一个代表晶面，将它的晶面指数顺序连写而置于大括号内，例如写成{hkl}，以代表整个单形。这个代表晶面的选择，视晶体对称性的高低而选择标准稍有差异：在中、低级晶族的单形中，按"先上、次前、后右"的法则选择代表晶面；在高级晶族中，则为"先前、次右、后上"的原则。

前、右、上的标准是，在三轴定向中，均以 x 轴、y 轴和 z 轴正端所指的方向分别为前、右和上；在四轴定向中，则以 x 轴正端和 u 轴负端间的分角线方向为前，右和上的标准不变。下面举一例来说明这种选取原则。

图 5-2 是一个中级晶族四方晶系四方双锥单形，并标出了晶轴位置和晶面符号。先考虑上端（z 轴正端），此端的晶面有 4 个，分别是（111），（1$\bar{1}$1）以及（$\bar{1}$11）和（$\bar{1}\bar{1}$1）（后两者在背后）；再考虑前端（x 轴正端），前端也有 4 个晶面，为（111），（1$\bar{1}$1），（1$\bar{1}\bar{1}$）和（11$\bar{1}$）。这样就剩下（111）和（1$\bar{1}$1）两个晶面符合"先上、次前"。最后考虑右端（y 轴正端）的情况，在此端的 4 个晶面中，只有（111）吻合"后右"。所以，此四方双锥的单形符号就写成{111}，它实际代表的是四方双锥所具有的 8 个晶面。由此例不难看出，选择代表晶面确定形号时，实际上是选择正指数最多的晶面。

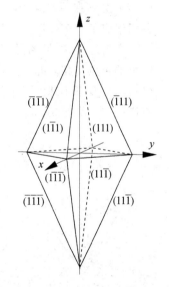

5.2 单形的推导

单形的各个晶面既然可以通过点群所有对称元素的作用相互重复，如果一个原始晶面通过点群中全部对称元素的作用，必可以导出一个单形的全部晶面。可以设想，不同的点群可以导出

图 5-2 确定单形符号的图解

的单形类型是不同的，在同一点群中，原始晶面与对称元素的相对位置不同，也可以导出不同的单形来。各单形中，凡晶面与对称元素间具有特殊关系（如垂直、平行或是与相同对称元素以同样的角度相交）的单形称为特殊形（special form），否则叫一般形（general form）。下面举两例来说明如何利用对称元素与晶面关系来推导单形。

例 1：推导中级晶族点群 $4/mmm$ 可能的单形。

图 5-3A 绘出了点群 $4/mmm$ 的极射赤平投影。分析此图可发现，L^4，L^2 和 P 将投影图基圆分为 8 个相等的弧形三角形，每一等份的顶点皆由 L^4 和 2 个 L^2 组成。由于 8 个弧形三角形的环境等同，所以只考虑一个弧形三角形中的情况就可反映对称元素和晶面的相对关系。在一个弧形三角形中，放置原始晶面的位置最多有 7 种情况（图 5-3B），分别为：

a. （hkl），一般形，与三个晶轴斜交，晶面指数可变；

b. （hhl），x，y 轴平分线上，与 z 轴斜交；

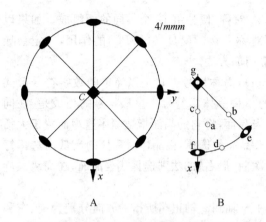

图 5-3　点群 4/mmm 的极射赤平投影(A)及原始晶面置放的可能位置(B)

c. $(h0l)$，出露在 L^4 和 L^2 之间；
d. $(hk0)$，与 z 轴平行，在 x,y 轴出露点之间；
e. (110)，与 z 轴平行，且在 x,y 轴平分线上；
f. (100)，x 轴出露点；
g. (001)，投影中心，也是 z 轴出露点。

在情形 a 中，晶面和对称元素（$L^4 4L^2 5PC$）的关系是：与 L^4，L^2 和 P 皆斜交。那么经过所有对称元素作用后，可以产生其他 15 个晶面，分布在上半球的晶面分别是：原始晶面(hkl)，以及$(\bar{h}kl)$，$(\bar{h}\bar{k}l)$，$(h\bar{k}l)$，(khl)，$(\bar{k}hl)$，$(k\bar{h}l)$，$(\bar{k}\bar{h}l)$，分布在下半球的晶面与上述 8 个晶面是相对应的，只是指数 l 皆为负值而已。这 16 个晶面组成了一个单形——复四方双锥$\{hkl\}$，如图 5-4 所示。

在情形 b 中，原始晶面与 x,y 轴等角度相交，且位于 L^4 和 L^2 之间。显然，该晶面在 x,y 轴上的指数是相同的。经过所有对称元素作用，可以共导出 8 个晶面：(hhl)，$(\bar{h}hl)$，$(\bar{h}\bar{h}l)$，$(h\bar{h}l)$，以及下半球的 4 个晶面 $(hh\bar{l})$，$(\bar{h}h\bar{l})$，$(\bar{h}\bar{h}\bar{l})$，$(h\bar{h}\bar{l})$。此 8 个晶面组成的单形叫四方双锥$\{hhl\}$，如图 5-5 所示。

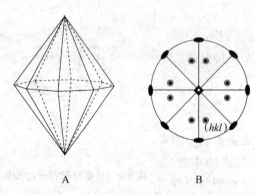

图 5-4　点群 4/mmm 的复四方双锥单形$\{hkl\}$ (A)及其极射赤平投影(B)

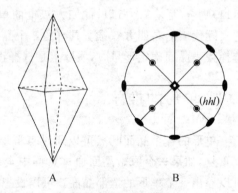

图 5-5　点群 4/mmm 的四方双锥单形$\{hhl\}$ (A)及其极射赤平投影(B)

同理不难推导，情形 c 的单形为四方双锥$\{h0l\}$；情形 d 为复四方柱$\{hk0\}$；情形 e 和 f 均为四方柱；情形 g 仅可推导出一对平行的面，其单形名称为平行双面。

例 2：推导高级晶族点群 $m3m$ 可能的单形。

首先将点群 $m3m$ 进行极射赤平投影（图 5-6A）。分析此图发现，对称面 P 将投影图分成若干弧形三角形，每一弧形三角形皆由顶点为 L^4，L^3 和 L^2 以及边为 P 构成。所以，只考虑一个弧形三角形中晶面的分布状况，就可说明晶面与所有对称元素的交截关系。

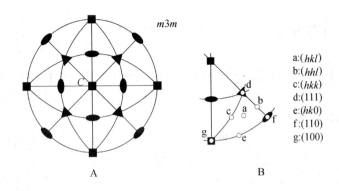

图 5-6　点群 $m3m$ 的极射赤平投影图(A)以及原始晶面置放的可能位置(B)

图 5-6B 中，将晶面与一个弧形三角形中对称元素的关系分了 7 个位置来考虑：

位置 a 的原始晶面符号为 (hkl)，此晶面与所有对称元素呈一般关系。经过所有对称元素对此面进行对称操作，可推导出共 48 个其他晶面来，这 48 个晶面构成的单形叫六八面体(图 5-7A)，按照单形命名的原则，形号写为 $\{hkl\}$。其极射赤平投影见图 5-7B。

同理，可以得出位置 b 的单形三角三八面体 $\{hhl\}$、位置 c 的单形四角三八面体 $\{hkk\}$、位置 d 的单形八面体 $\{111\}$、位置 e 的单形四六面体 $\{hk0\}$、位置 f 的单形菱形十二面体 $\{110\}$ 以及位置 g 的单形立方体 $\{100\}$。至于这些单形的名称及其几何特点，可参见 5.3 节。

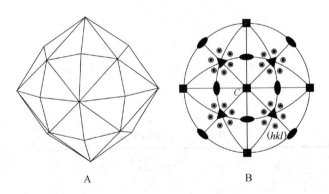

图 5-7　点群 $m3m$ 的六八面体单形 $\{hkl\}$(A)及其极射赤平投影(B)

如果将 32 种点群逐一进行类似的分析，最终可以推导出晶体中全部可能的单形。要注意的是，对不同晶系的点群，原始晶面与对称元素的交截关系是不同的，因此，在投影网上其初始位置的选择也有差异。这里总结如下：

(1) 对低级晶族的点群，要考虑 $\{hkl\}$、$\{0kl\}$、$\{h0l\}$、$\{hk0\}$、$\{100\}$、$\{010\}$、$\{001\}$；

(2) 对四方晶系的点群，考虑 $\{hkl\}$、$\{hhl\}$、$\{h0l\}$ 或 $\{0kl\}$、$\{hk0\}$、$\{110\}$、$\{100\}$、$\{001\}$；

(3) 对三、六方晶系点群，考虑 $\{hkil\}$、$\{hh\overline{2h}l\}$ 或 $\{2k\overline{k}\,\overline{k}l\}$、$\{h0\overline{h}l\}$ 或 $\{0k\overline{k}l\}$、$\{hki0\}$、$\{11\overline{2}0\}$ 或 $\{2\overline{1}\,\overline{1}0\}$、$\{10\overline{1}0\}$ 或 $\{01\overline{1}0\}$、$\{0001\}$；

(4) 对高级晶族的点群，考虑 $\{hkl\}$、$\{hhl\}$、$\{hkk\}$、$\{hk0\}$、$\{111\}$、$\{110\}$ 以及 $\{100\}$。

5.3 47种几何单形

依据上节的方法,对32种点群逐一进行类似的分析,最终可以推导出晶体中全部可能的单形,其总数为146种,按晶系分别列在表5-1~表5-7中,表中单形名称后括号里面的数字代表该单形所含的晶面数目。

从表5-1~表5-7中可以看出,不同点群可以具有相同的单形,这是因为单形的名称是从其几何学特征命名的。但是,它们之间具有的对称性却存在差异,这种差异会体现在晶面的性质(如晶面花纹、蚀像等)上。例如,等轴晶系的5个点群中都可以推导出立方体{100}来,但这些立方体的对称性是不同的。图5-8用5种晶面花纹,示意其不同的对称性:A图中晶面只有L^2,立方体具有23对称;B图中晶面具有$L^2 2P$对称,但$2P$是平行于晶棱的,立方体具有$m3$对称;C图中晶面只有L^4对称,立方体是432对称;D图中晶面具有$L^2 2P$对称,立方体具有$\bar{4}3m$对称;E图中晶面具有$L^4 4P$对称,立方体具有$m3m$对称。因此,从对称性的角度说,这146种单形是晶体学上不同的单形。

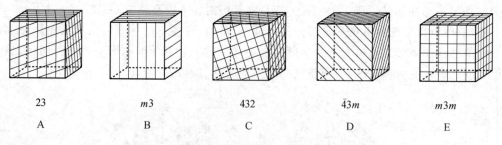

| 23 | $m3$ | 432 | $\bar{4}3m$ | $m3m$ |
| A | B | C | D | E |

图5-8 等轴晶系五个点群的立方体单形
晶面花纹示意其对称性

表5-1 三斜晶系之单形

点群 \ 单形符号		{hkl}	{0kl}	{h0l}	{hk0}	{100}	{010}	{001}
1	L^1	单面(1)						
$\bar{1}$	C	平行双面(2)						

表5-2 单斜晶系之单形

点 群 \ 单形符号		{hkl}	{0kl}	{hk0}	{h0l}	{100}	{001}	{010}
2	L^2	(轴)双面(2)			平行双面(2)			单面(1)
m	P	(反映)双面(2)			单面(1)			平行双面(2)
$2/m$	$L^2 PC$	斜方柱(4)			平行双面(2)			

5 晶体的理想形态

表 5-3 斜方晶系之单形

点 群	单形符号	{hkl}	{0kl}	{h0l}	{hk0}	{100}	{010}	{001}
222	$3L^2$	斜方四面体(4)	斜方柱(4)			平行双面(2)		
mm2	$L^2 2P$	斜方锥(4)	双面(2)	斜方柱(4)		平行双面(2)		单面(1)
mmm	$3L^2 3PC$	斜方双锥(8)	斜方柱(4)			平行双面(2)		

表 5-4 四方晶系之单形

点 群	单形符号	{hkl}	{hhl}{0kl}	{h0l}	{hk0}	{110}	{100}	{001}
4	L^4	四方锥(4)			四方柱(4)			单面(1)
4/m	$L^4 PC$	四方双锥(8)			四方柱(4)			平行双面(2)
4mm	$L^4 4P$	复四方锥(8)	四方锥(4)		复四方柱(8)	四方柱(4)		单面(1)
422	$L^4 4L^2$	四方偏方面体(8)	四方双锥(8)		复四方柱(8)	四方柱(4)		平行双面(2)
4/mmm	$L^4 4L^2 5PC$	复四方双锥(16)	四方双锥(8)		复四方柱(8)	四方柱(4)		平行双面(2)
$\bar{4}$	L_i^4	四方四面体(4)			四方柱(4)			平行双面(2)
$\bar{4}2m$	$L_i^4 2L^2 2P$	四方偏三角面体(8)	四方四面体(4)	四方双锥(8)	复四方柱(8)	四方柱(4)		平行双面(2)

表 5-5 三方晶系之单形

点 群	单形符号	{hkil}	{hh$\overline{2h}$l}{2k$\overline{k}$$\overline{k}$l}	{h0$\overline{h}$l}{0k$\overline{k}$l}	{hki0}	{11$\overline{2}$0}{2$\overline{1}$$\overline{1}$0}	{10$\overline{1}$0}{01$\overline{1}$0}	{0001}
3	L^3	三方锥(3)			三方柱(3)			单面(1)
$\bar{3}$	$L^3 C$	菱面体(6)			六方柱(6)			平行双面(2)
3m	$L^3 3P$	复三方锥(6)	六方锥(6)	三方锥(3)	复三方柱(6)	六方柱(6)	三方柱(3)	单面(1)
32	$L^3 3L^2$	三方偏方面体(6)	三方双锥(6)	菱面体(6)	复三方柱(6)	三方柱(3)	六方柱(6)	平行双面(2)
$\bar{3}m$	$L^3 3L^2 3PC$	复三方偏三角面体(12)	六方双锥(12)	菱面体(6)	复六方柱(12)	六方柱(6)	六方柱(6)	平行双面(2)

表 5-6　六方晶系之单形

点群 \ 单形符号		$\{hkil\}$	$\{hh\overline{2h}l\}$ $\{2k\overline{k}\overline{k}l\}$	$\{h0\overline{h}l\}$ $\{0k\overline{k}l\}$	$\{hki0\}$	$\{11\overline{2}0\}$ $\{2\overline{1}\overline{1}0\}$	$\{10\overline{1}0\}$ $\{01\overline{1}0\}$	$\{0001\}$
6	L^6	六方锥(6)			六方柱(6)			单面(1)
$6/m$	L^6PC	六方双锥(12)			六方柱(6)			平行双面(2)
$6mm$	L^66P	复六方锥(12)	六方锥(6)		复六方柱(12)	六方柱(6)		单面(1)
622	L^66L^2	六方偏方面体(12)	六方双锥(12)		复六方柱(12)	六方柱(6)		平行双面(2)
$6/mmm$	L^66L^27PC	复六方双锥(24)	六方双锥(12)		复六方柱(12)	六方柱(6)		平行双面(2)
$\overline{6}$	L_i^6	三方双锥(6)			三方柱(3)			平行双面(2)
$\overline{6}m2$	$L_i^63L^23P$	复三方锥(12)	六方双锥(12)	三方双锥(6)	复三方柱(6)	六方柱(6)	三方柱(3)	平行双面(2)

表 5-7　等轴晶系之单形

点群 \ 单形符号		$\{hkl\}$	$\{hhl\}$ $h>l$	$\{hkk\}$ $h>k$	$\{111\}$	$\{hk0\}$	$\{110\}$	$\{100\}$
23	$3L^24L^3$	五角三四面体(12)	四角三四面体(12)	三角三四面体(12)	四面体(4)	五角十二面体(12)	菱形十二面体(12)	立方体(6)
$m3$	$3L^24L^33PC$	偏方复十二面体(24)	三角三八面体(24)	四角三八面体(24)	八面体(8)	五角十二面体(12)	菱形十二面体(12)	立方体(6)
$\overline{4}3m$	$3L_i^44L^36P$	六四面体(24)	四角三四面体(12)	三角三四面体(12)	四面体(4)	四六面体(24)	菱形十二面体(12)	立方体(6)
432	$3L^44L^36L^2$	五角三八面体(24)	三角三八面体(24)	四角三八面体(24)	八面体(8)	四六面体(24)	菱形十二面体(12)	立方体(6)
$m3m$	$3L^44L^36L^29PC$	六八面体(48)	三角三八面体(24)	四角三八面体(24)	八面体(8)	四六面体(24)	菱形十二面体(12)	立方体(6)

对于上述 146 种晶体学上不同的单形，如果撇开单形的对称性质，仅仅考虑其几何特性，如单形的几何形状、组成单形的晶面数目、晶面之间的几何关系（垂直、平行、斜交）等，那么这 146 种晶体学单形即可归并为 47 种几何性质不同的单形。在表 5-1～表 5-7 中所列的单形名称，便是依据单形的几何特征来命名的。

47 种几何单形的几何特征按晶族列示在表 5-8～表 5-10 中。单形的几何特征主要从晶面数目、晶面单独存在时的形状、晶面之间的几何关系、晶面与晶轴的关系以及过中心横截面的形状来描述。

表 5-8　低级晶族单形的几何特征

名　　称	晶面数目	单独存在时晶面的形状	晶面间的几何关系	晶面与结晶轴间的关系	通过中心的横切面形状
1. 单面 pedion	1				
2. 平行双面 pinacoid	2		相互平行		
3. 双面 dome 或 sphenoid	2		相交		
4. 斜方柱 rhombic prism	4		成对平行，所有交棱也都互相平行		菱形
5. 斜方锥 rhombic pyramid	4		全部相交	交于 z 轴上一点	菱形
6. 斜方双锥 rhombic dipyramid	8	不等边三角形	成对平行，恰似由上下 2 个互成镜像关系的菱方锥相合而成	每 4 个晶面的公共交点均为结晶轴出露处	菱形
7. 斜方四面体 rhombic tetrahedron	4	不等边三角形	互不平行，恰似由 2 个双面相合而成	每一交棱之中点为结晶轴出露处	菱形

表 5-9　中级晶族单形的几何特征

名　　称	晶面数目	单独存在时晶面的形状	晶面间的几何关系	晶面与结晶轴间的关系	通过中心的横切面形状
单面	1			垂直于 z 轴	
平行双面	2		相互平行	垂直于 z 轴	
8. 四方柱	4		所有交棱均相互平等；除三方柱和复三方柱外，晶面均成对平行	平行于 z 轴	四方形
9. 三方柱	3				三方形
10. 六方柱	6				六方形
11. 复四方柱	8				复四方形
12. 复三方柱	6				复三方形
13. 复六方柱	12				复六方形
14. 四方锥	4		全部相交	交 z 轴于一点	四方形
15. 三方锥	3				三方形
16. 六方锥	6				六方形
17. 复四方锥	8				复四方形
18. 复三方锥	6				复三方形
19. 复六方锥	12				复六方形
20. 四方双锥	8	等腰三角形	上下各半数晶面分别相交于一点；恰似由上下 2 个互成镜像关系的锥相合而成；除三方双锥和复三方双锥外，晶面均成对平行	上下各交 z 轴于一点	四方形
21. 三方双锥	6	等腰三角形			三方形
22. 六方双锥	12	等腰三角形			六方形
23. 复四方双锥	16	不等边三角形			复四方形
24. 复三方双锥	12	不等边三角形			复三方形
25. 复六方双锥	24	不等边三角形			复六方形
26. 四方偏方面体	8	有两条邻边相等的不等边四边形	上下各半数晶面分别相交于一点；恰似由 2 个相应的锥上下相合而成，且相互间绕 z 轴错开一个任意角度；所有晶面均互不平行	上下各交 z 轴于一点	复四方形
27. 三方偏方面体	6				复三方形
28. 六方偏方面体	12				复六方形

续表

名称	晶面数目	单独存在时晶面的形状	晶面间的几何关系	晶面与结晶轴间的关系	通过中心的横切面形状
29. 四方四面体	4	等腰三角形	上下各半数晶面分别相交；恰似由2个双面上下相合而成，且相互间绕z轴恰好错开90°；所有晶面均互不平行	上下两晶棱中点的连线为z轴所在	四方形
30. 菱面体	6	菱形	上下各半数晶面分别相交；恰似由2个三方锥上下相合而成，且相互间绕z轴恰好错开60°；晶面成对平行	上下各交z轴于一点	六方形
31. 四方偏三角面体	8	不等边三角形	上下各半数晶面分别相交；恰似由四方四面体的每一晶面等分为2个晶面而成；所有晶面均互不平行	上下各交z轴于一点	复四方形
32. 复三方偏三角面体	12	不等边三角形	上下各半数晶面分别相交；恰似由菱面体的每一晶面等分为2个晶面而成；晶面成对平行	上下各交z轴于一点	复六方形

注：各单形的英文名称为：柱 prism、锥 pyramid、双锥 dipyramid、偏方面体 trapezohedron、四面体 tetrahedron、菱面体 rhombohedron、偏三角面体 scalenohedron；各词头的英文形容词：四方 tetragonal、三方 trigonal、六方 hexagonal、复四方 ditetragonal、复三方 ditrigonal、复六方 dihexagonal。但四方四面体也称 tetragonal disphenoid，复三方偏三角面体也称 hexagonal scalenohedron。

表 5-10 高级晶族单形的几何特征

名称	晶面数目	单独存在时晶面的形状	晶面间的几何关系	晶面与结晶轴间的关系	
33. 八面体 octahedron	8		成对平行	每对晶面均垂直于一个 L^3，且在3个结晶轴上相截等长	
34. 三角三八面体 trigonal trisoctahedron	$3\times8=24$	恰似由八面体的每一晶面均从中心（即 L^3 出露处）凸起变为3个相同晶面而成	晶面成对平行	与2个结晶轴相截等长，但与另一个结晶轴上的截距不相等	每8个晶面相聚交于结晶轴上一点
35. 四角三八面体 tetragonal trisoctahedron	$3\times8=24$				每4个晶面相聚交于结晶轴上一点
36. 五角三八面体 pentagonal trisoctahedron	$3\times8=24$		晶面互不平行		
37. 六八面体 hexoctahedron	$6\times8=48$	恰似由八面体的每一晶面均从中心（即 L^3 出露处）凸起变为6个相同晶面而成，晶面成对平行		与3个结晶轴相截均不等	

续表

名　称	晶面数目	单独存在时晶面的形状	晶面间的几何关系	晶面与结晶轴间的关系	
38．四面体 tetrahedron	4		互不平行	每一晶面均垂直于一个 L^3，且在 3 个结晶轴上相截等长	
39．三角三四面体 trigonal tristetrahedron	3×4 =12		恰似由四面体的每一晶面均从中心（即 L^3 出露处）凸起变为 3 个相同晶面而成，所有晶面均互不平行	与 2 个结晶轴相截等长，但与另一结晶轴上的截距不相等	每 2 个晶面相交于结晶轴上一点
40．四角三四面体 tetragonal tristetrahedron	3×4 =12				每 4 个晶面相聚交于结晶轴上一点
41．五角三四面体 pentagonal tristetrahedron	3×4 =12			与 3 个结晶轴相截均不等长	
42．六四面体 hextetrahedron	6×4 =24		恰似由四面体的每一晶面均从中心（即 L^3 出露处）凸起变为 6 个相同晶面而成，所有晶面均互不平行		
43．立方体 cube	6		成对平行，三对面之间均相互正交	每对晶面均与一个结晶轴垂直而与另 2 个结晶轴平行	
44．四六面体 tetrahexahedron	4×6 =24		恰似由立方体的每一晶面均从中心（即四次轴出露处）凸起变为 4 个相同晶面而成，所有晶面均成对平行	与一个结晶轴平行而与另 2 个结晶轴相截不等长	每 4 个晶面相聚交于结晶轴上一点
45．五角十二面体 pentagonal dodecahedron	12		恰似由立方体的每一晶面各自平行于一组晶棱方向凸起变为 2 个相同晶面而成，所有晶面均成对平行		每 2 个晶面相交于结晶轴上一点
46．偏方复十二面体 didodecahedron	2×12 =24		恰似由五角十二面体的每一晶面均一分为二而成，所有晶面均成对平行	与 3 个结晶轴相截均不等长	
47．菱形十二面体 rhombic dodecahedron	12		成对平行	与一个结晶轴平行而与另 2 个结晶轴相截等长	

注：单形的英文名称除表中已列的外，还经常使用以下名称：三角三八面体 trisoctahedron；四角三八面体 trapezohedron；五角三八面体 gyroid；三角三四面体 tristetrahedron；四角三四面体 deltoid dodecahedron；五角三四面体 tetartoid；立方体 hexahedron；五角十二面体 pyritohedron；偏方复二十面体 diploid；菱形十二面体 dodecahedron。

5.4　单形的命名

上面诸表中已经引入了 47 种几何单形的名称，它们的命名主要依据下列 4 个方面：
- 整个单形的形状，如三方柱、四方锥、六方双锥、立方体等；
- 单形横切面的形状，如斜方柱、三方锥、四方四面体等；
- 晶面的数目，如单面、双面、四面体、八面体等；
- 晶面的形状，如菱形十二面体、五角十二面体等。

此外，从不同的角度，还可以将47种单形划分为一般形与特殊形、开形和闭形等类型，这也是常使用的名称，兹介绍如下。

1. 一般形(general form)与特殊形(special form)

这是根据单形晶面与对称元素的相对位置来划分的。凡是单形晶面处于特殊位置，即晶面垂直或平行于任何对称元素，或者与相同的对称元素以等角相交，则这种单形即称为特殊形；反之，单形晶面处于一般位置，即不与任何对称元素垂直或平行(等轴晶系中的一般形有时可平行于L^3的情况除外)，也不与相同的对称元素以等角相交，则这种单形称为一般形。显然，一个点群中，只有一种一般形，其形号为$\{hkl\}$或者$\{hkil\}$。例如，3.6节所叙述的32个晶类，其名称就是以单形的一般形来命名的。

2. 开形(open form)和闭形(closed form)

这是根据单形的晶面是否可以自相闭合来划分的。凡是单形的晶面不能封闭一定空间者称为开形，例如单面、平行双面、单锥以及柱类单形等；反之，凡是其晶面能够封闭一定空间者，叫闭形，如双锥类以及等轴晶系的单形等。开形共有17个，闭形有30个。

3. 定形(fixed form)和变形(unfixed form)

一种单形，若其晶面间的角度为恒定者，则属于定形；反之，即为变形。属于定形者有单面、平行双面、三方柱、四方柱、六方柱、四面体、立方体、八面体和菱形十二面体等9种单形，其余单形皆为变形。在单形符号中，只要单形指数全为数字，如$\{100\}$，$\{210\}$，$\{010\}$等，就是定形；而指数含字母者，如$\{hk0\}$，$\{hkil\}$等，则是变形。

4. 左形(left-hand form)和右形(right-hand form)

一种单形，如果可以存在形状完全相同而空间取向彼此相反的两个形体，且相互之间不能借助旋转但能凭借反映达到取向一致者，则两者互为左右形。其中一个为左形，则另外一个为右形，反之亦然。晶体中只有那些仅含对称轴、不含对称面和对称心以及旋转反伸轴的单形和聚形中才可能出现左、右形，计有：斜方四面体、三方偏方面体、四方偏方面体、六方偏方面体、五角三四面体和五角三八面体6种。图5-9给出了五角三四面体和石英的左右形形态特征。

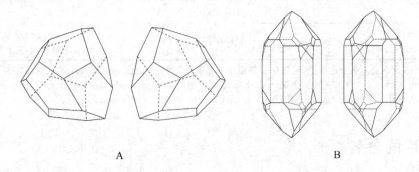

A　　　　　　　　　　B

图5-9　五角三四面体(A)和石英(B)的左形和右形

另外，也可以单形之间的对称关系划分为正形和负形等，由于这个名称使用较少，实际意义不大，这里不作介绍。47种单形(按照17种开形和30种闭形的类型)的立体形态及其极射赤平投影，见图5-10和图5-11。

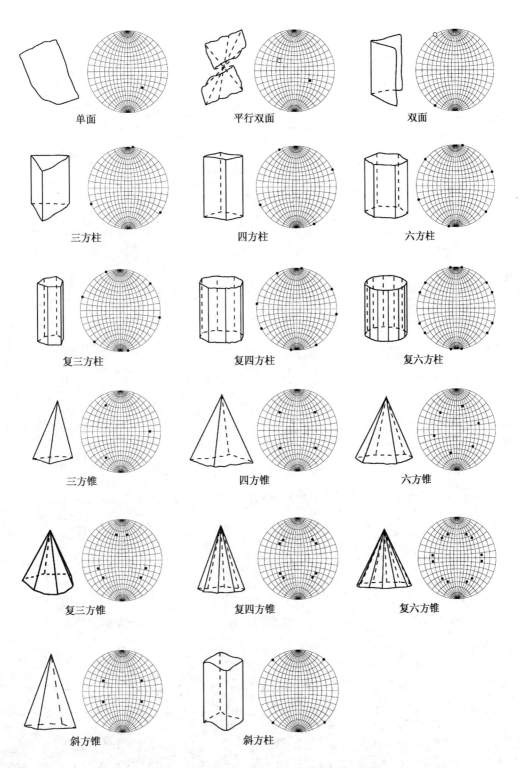

图 5-10 17种开形的立体形态及其极射赤平投影

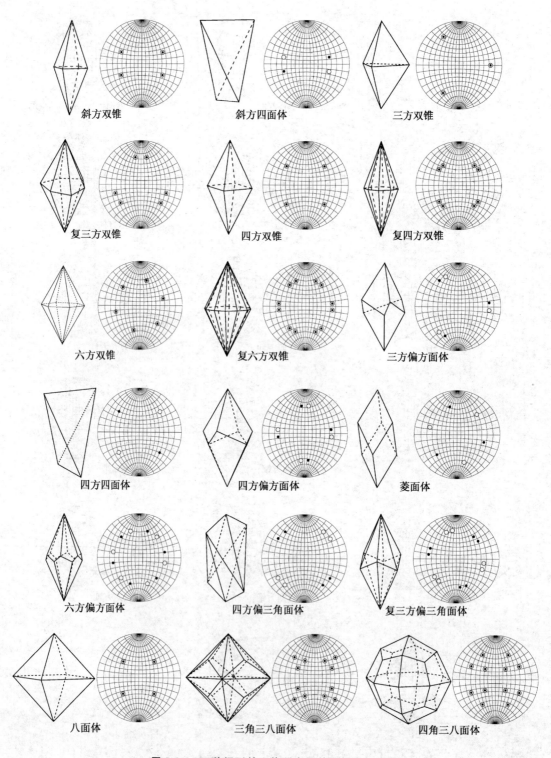

图 5-11 30种闭形的立体形态及其极射赤平投影

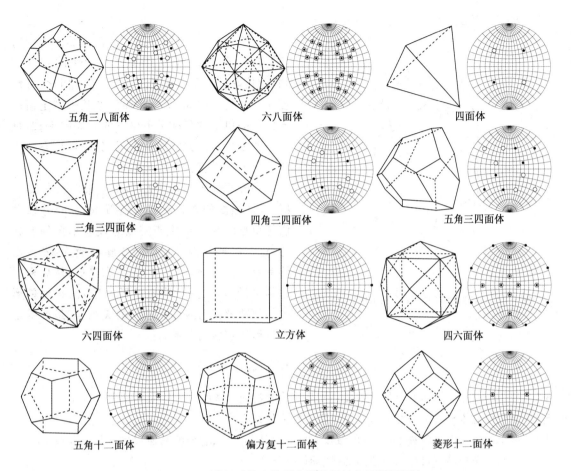

图 5-11 30 种闭形的立体形态及其极射赤平投影（续）

5.5 聚形

聚形（combination）就是两个或两个以上单形的聚合。

上述的 17 种开形，其本身并不能构成封闭的凸几何多面体，可以想像，只有与其他单形聚合在一起，才能封闭一定的空间。从这个角度，聚形的形成是必然的。对聚形而言，有多少种单形相聚，其聚形上就会出现多少种不同的晶面。由于单形是由对称元素联系起来的一组晶面，因此在聚形中，对于理想形态而言，同一单形晶面的大小和性质也完全相同，不同单形的晶面则性质各异。一个聚形上出现的单形种类是有限的，如在单形推导过程中分析的那样，至多能有 7 种。但出现单形的数目却没有一定限制，因为可以有一个或者多个同种单形相聚，只是它们的空间方位不同而已。

单形的聚合不是任意的，必须是属于同一点群的单形方能相聚。换句话说，聚形的对称必定归属于某个点群，因此，聚形中的每一单形的对称当然都与该聚形的对称一致。这是晶体的内部结构所要求的。可以想像，点群为 $m3m$ 的八面体单形，绝对不可能与对称性为 $4/mmm$

的四方柱相聚在一起。

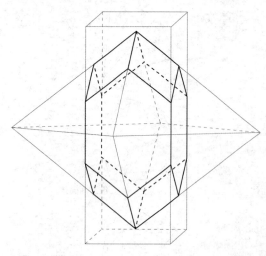

图 5-12 四方柱和四方双锥聚形相聚示意图

在聚形中,各单形的晶面数目及晶面的相对位置都没有改变;但由于单形彼此之间相互割切,致使晶面的形状与原来在单形中相比,可能会有所变化。因此,依据晶面的形状来判定组成该聚形的单形的名称是不可靠的。如图 5-12,是一个四方柱和四方双锥的聚形,其聚形形态与组成之单形形态相比有较大的差别。

在分析聚形由何种单形所组成时可依据点群、单形晶面的数目和相对位置、晶面符号以及假想单形的晶面扩展相交以后设想单形的形状等,进行综合分析。分析的步骤一般为:先找出所有对称元素,确定点群、晶系和晶族;然后根据原则进行晶体定向;确定单形的数目、每种单形的晶面数及其与对称元素间的关系等,最终确定出聚形所包含的单形。

思 考 题

5-1 一个晶体至少应由几个晶面组成?该晶体包含有什么样的单形?

5-2 能否说立方体是由三对平行双面所组成?为什么?

5-3 属于四方晶系的各种单形,除单面和平行双面外,为什么它们的晶面数目总是4,8或16?在其他晶系中是否也存在类似的规律?原因何在?

5-4 对用以构成单形符号的代表晶面的选择,确切地说,应选择该单形中负指数最少的晶面(四轴定向者第三个指数不计);相等情况下应尽可能选择 l 为正值者。在此前提下,对于中级晶族晶体来说,还要尽可能满足 $h \geqslant |k|$;在高级晶族中,则要求尽可能满足 $h \geqslant |k| \geqslant l$,至少应使 l 为最小(在此,h,k,l 分别代表晶面符号中的第一个、第二个和最后一个米勒指数)。这种选择代表晶面的形象化法则不很严谨,因而出现个别例外,例如等轴晶系由 $(1\bar{1}1)$,$(\bar{1}11)$,$(11\bar{1})$,和 $(\bar{1}\bar{1}\bar{1})$ 四个晶面组成的四面体单形,按"先前、次右、后上"法则应选 $(11\bar{1})$ 为代表晶面,但实际上 $(1\bar{1}1)$ 才是其真正的代表晶面。不过一般情况下,它的选择结果与本题开始所述法则选择的结果是一致的。其原因何在?

5-5 利用极射赤平投影的方法推导单形,首先要确定投影图中最小的重复单位并设置7个原始晶面位置。试在点群 mmm,$\bar{4}3m$ 和 $6/mmm$ 的投影图(图5-13)中确定最小的重复单位,并标出7个原始位置及其晶面符号。

5-6 图5-14是三斜晶系锰斧石和三方晶系刚玉的晶体形态,试问,该两晶体各由几种单形构成?能确定其单形符号吗?

5-7 如何区分下列几组单形:斜方柱和四方柱、斜方双锥和四方双锥、四方双锥和八面体、三方单锥和四面体、三方双锥和菱面体、四方四面体和四方偏三角面体,以及菱形十二面体和五角十二面体?

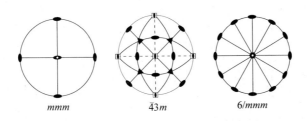

图 5-13　几种点群对称元素的极射赤平投影

5-8　几何上的正五角十二面体与单形的五角十二面体有何本质差别？

5-9　六方晶系中为什么可以出现三方柱、三方双锥等单形？（提示：注意它们只出现在哪些点群中）

5-10　为什么等轴晶系的单形都是闭形，而单斜和三斜晶系的单形都是开形？

5-11　单形有特殊形和一般形之区别（参见 5.4 节），为什么每一点群中的 $\{hkl\}$ 或 $\{hkil\}$ 单形都是一般形，其原因何在？

5-12　晶面与任何一个点群对称元素间的关系至多有 7 种，能否说一个晶体至多只能有 7 种单形相聚而成的聚形？为什么？

5-13　能否存在由以下各组内的两个同种单形构成的聚形？如不能，其理由是什么？
（1）两个四方柱；（2）两个菱面体；（3）两个菱形十二面体；（4）两个四面体。

5-14　四方晶系共有 7 个点群，如果单形符号为 $\{hk0\}$，那么对应这 7 种点群，其单形名称分别是什么？如果是在等轴晶系中（有 5 个点群），则 $\{hk0\}$ 又分别代表什么单形？请分别说明。

5-15　图 5-15 表示了三种晶体的形态：A 是四方双锥，B 是八面体，C 也是四方双锥。A 和 C 之间的差别在于锥面和 z 轴的截距不同。由于四方双锥是变形，可以想像，在 A 和 C 之间一定存在一个点，使得此四方双锥与八面体在形态上完全相同。那么能否说此时两者是等效的？

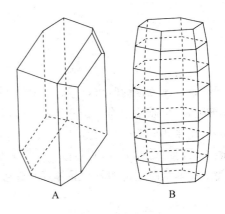

图 5-14　锰斧石（A）和刚玉（B）的晶体形态

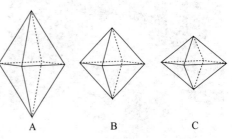

图 5-15　三种单形立体图
A—四方双锥；B—八面体；C—四方双锥

晶体的规则连生

无论是自然界天然产生的,还是实验室人工制备的晶体,一般都是多个晶体生长在一起。不同单晶体接触的时候,可以是规则的并遵循某些规律(如规则连生),但也可以是不规则的。同种晶体可以规则连生在一起,不同晶体之间也可以规则的方式连生。晶体规则连生不仅可以表现在外形上(如平行连生),也可以体现在晶体的内部(如衍生)。晶体规则连生的产生,是源于其内部结构上的相同(似)性,同时也体现在连生体的外形上,彼此之间也存在一定的几何关系。本章所讨论的就是晶体规则连生在一起时的一些基本特征和概念。

6.1 平行连生

平行连生(parallel grouping),或称平行连晶,是指由若干个同种的单晶体,按所有对应的晶体学方向(包括各个对应的晶体轴、对称元素、晶面及晶棱的方向)全都相互平行的关系而组成的连生体。

图 6-1 所示的是卤钠石(sulphohalite)八面体晶体的平行连生体。可以看出,不同的晶体个体,在外表上均表现为对应的晶面、晶棱彼此平行,且单体之间存在凹角。可以想像,如果较小的个体生长得更大一些,那么就可能与较大的个体重合在一起。所以,平行连生从外形来看是多晶体的连生,但它们的内部格子构造却是平行而连续的,从这点来看它与单晶没有什么差异,只是单个晶体生长不完全而已。

图 6-1 卤钠石八面体晶体的平行连生体

6.2 双晶

6.2.1 双晶的概念

双晶(twin,twinned crystal,亦称孪晶)是指由两个互不平等的同种单体,彼此间按一定的对称关系相互取向而组成的规则连生晶体。构成双晶单个晶体之间相应的晶体学方位,如对称元素的空间方位以及晶面和晶棱方向等,并非完全平行,但它们可以借助于一定的对称操作,如旋转、反映、反伸等,使个体之间能够彼此重合,或者达到晶体学取向一致。

图 6-2 是等轴晶系的氯铜银铅矿(boleite)双晶实例,可以看出,大的个体以及小的个体之间存在某种取向关系。

图 6-2　氯铜银铅矿的贯穿双晶

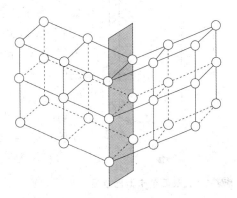

图 6-3　双晶的内部格子示意图

双晶与平行连生之间最根本的差别是双晶单体之间的内部格子不是连续的。图 6-3 所示的是一例,在双晶的两个单体之间,犹如存在了一个对称面,通过面的反映,使得两者重合。

6.2.2　双晶要素

从图 6-3 不难理解,要想使得单体彼此重合或者平行,需要进行一定的操作,这些操作凭借的几何元素(点、线、面等),就是所谓的双晶要素。双晶要素(twin element)是用来表征双晶中单体间对称取向关系的几何要素,也即是使得双晶相邻单体重合或者平行而进行操作时所凭借的辅助几何图形(点、线、面)。双晶要素包括了双晶面、双晶轴和双晶中心。下面分别叙述。

1. 双晶面(twinning-plane)

为一假想的平面,通过它的反映变换后,可使构成双晶的两个单体重合或达到彼此平行一致的方位。图 6-4A 表示的是石膏接触双晶,灰色平面 P 就是双晶面。可以看出,通过双晶面的反映,左右两个单体可以重合(图 6-4B)。在实际双晶中,双晶面不可能是单体上的对称面,因为双晶单体之间的格子不连续。但双晶面必定平行单体的实际晶面(或者可能晶面),因为双晶面也是沿着某面网分布的。在后者情况下,双晶面可以用晶面符号来表达。如图 6-4 的情况,双晶面 P 平行于(100)晶面。

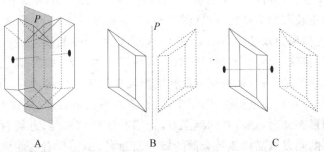

图 6-4　石膏接触双晶(A)及其双晶面(B)和双晶轴(C)

2. 双晶轴(twinning-axis)

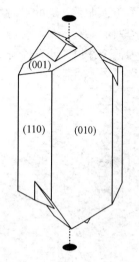

图 6-5 正长石的卡斯巴双晶

为一假想直线,双晶中一单体围绕它旋转180°后,可与另一单体重合或达到彼此平行一致的方位。同样考察图 6-4,左侧的个体围绕垂直于平面 P 的直线(图中用二次轴的符号标志)旋转 180°后,虽然不能和右侧的单体完全重合,但可与之处于平行的方位(图 6-4C),也即类似平行连晶的情况。所以,垂直于双晶面 P 的直线就是双晶轴。在实际双晶中,双晶轴常与结晶轴或奇次对称轴的方向一致,并与晶体的一个实际的或可能的晶面垂直,因此,常用与它垂直的晶面的晶面符号来表示。图 6-4 中的双晶轴垂直于(100),故可以记为⊥(100)。类似的例子如图 6-5,正长石的卡斯巴双晶,可以看出,绕 z 轴旋转 180°两个个体也重合,此情况可记为双晶轴平行于 z。如果与某晶带轴平行的话,也可用晶带轴的符号来表示。与双晶面的情况相似,双晶轴不可能平行于单晶体上的偶次对称轴。

3. 双晶中心(twinning-center)

为一假想的几何点,通过它的反伸变换后,构成双晶的两个单体可相互重合或达到彼此平等一致的方位。双晶中心只有在没有对称心的晶体中出现,并且只在单晶个体没有偶次轴或对称面情况下才有独立意义。故一般双晶的描述中也极少应用它。如果构成双晶的单晶体具有对称心,则双晶轴和双晶面将同时存在,并互相垂直(如图 6-4 的石膏双晶,其点群为2/m);如果单晶体不具有对称心,则双晶轴或双晶面常单独存在,即使有时两者同时出现,但必定互不垂直。

看起来双晶面、双晶轴和双晶中心的作用与对称面、二次对称轴和对称心的作用相同,但前者是对不同单晶体之间而言的,而后者针对一个晶体的不同部分。此外,对双晶而言,可能存在多个双晶面或多个双晶轴,但在描述的时候往往只描述其中的一个就可以了。如图 6-5 正长石的卡斯巴双晶,双晶轴除了平行于 z 轴以外,在垂直于(010)面上也有另外一个双晶轴。

在双晶的描述中,除应用上述双晶要素外,还经常提到双晶接合面(composition plane 或 composition surface),这指的是双晶中相邻单体间彼此接合的实际界面,是属于两个个体的共用面网,其两侧的单体晶格互不平行连续,两者的取向亦不一致。注意:双晶接合面不是一个双晶要素,它只是描述双晶中单体之间的接触界面,并且不一定是一个平面,也可以是有一定规律的折面。双晶接合面可与双晶面重合,如在石膏的双晶(图 6-4)中两者皆平行于(100);也可以不重合,如正长石的卡斯巴双晶(图 6-5),双晶面平行于(100)而接合面平行于(010)。

双晶结合的规律称为双晶律(twin law)。双晶律可用双晶要素、接合面等表示。有时双晶律也被赋予各种特殊的名称,有的以该双晶的特征矿物命名,如尖晶石律、云母律、钠长石律等等,它们都是矿物的名称;有的以该双晶初次被发现的地点命名,如长石双晶的卡斯巴律(捷克斯洛伐克的 Carlsbad)、曼尼巴律、巴温诺律,石英双晶的道芬律(法国的 Dauphine)、巴西律等;有的以双晶的形态命名,如石膏的燕尾双晶、锡石的膝状双晶、方解石的蝴蝶双晶、十字石的十字双晶等;有的则以双晶面或接合面的特征而命名,如正长石的底面双晶就是以(001)为双晶面及结合面的。

6.2.3 双晶类型

除了双晶律之外，人们还经常按照双晶单体间连接方式的不同而划分出不同的双晶类型。在矿物学中常用的分类是：

1. 简单双晶（simple twin）

由两个单体构成的双晶，其中又可分为接触双晶（contact twin）和贯穿双晶（interpenetrate twin）。前者指两个单体间只以一个明显而规则的接合面相接触，如石膏的接触双晶（图6-4），接合面∥(010)；后者指两个单体相互穿插，接合面常曲折而复杂，如图6-6所示的萤石的贯穿双晶，双晶轴垂直于(111)。

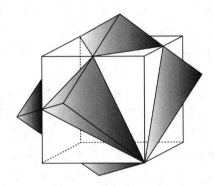

图 6-6　萤石的贯穿双晶

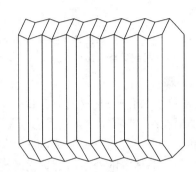

图 6-7　钠长石的聚片双晶

2. 反复双晶（repeated twin 或 multiple twin）

由两个以上的单体，彼此间按同一种双晶律多次反复出现而构成的双晶群组。其中又可分为：聚片双晶（polysynthetic twin），即由若干单体按同一种双晶律组成，表现为一系列接触双晶的聚合，所有接合面均相互平等，如图6-7为钠长石的聚片双晶，其接合面∥(010)；轮式双晶（cyclic twin，亦称环状双晶），由两个以上的单体按同一种双晶律所组成，表现为若干组接触双晶或贯穿双晶的组合，各接合面依次成等角度相交，双晶总体呈轮辐状或环状，环不一定封闭。轮式双晶按其单体的个数，可分别称为三连晶、四连晶、六连晶等，如图6-8和6-9分别表示金绿宝石和金红石的环状双晶，皆为六连晶，相当于单体依次分别以[001]和[100]为轴旋转60°接触而成。

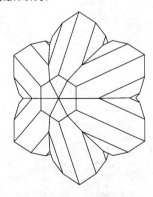

图 6-8　金绿宝石的环状双晶

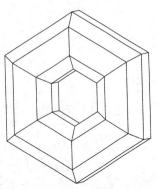

图 6-9　金红石的环状双晶

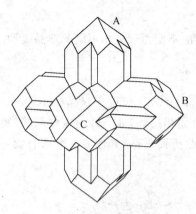

图 6-10 钙十字沸石按两种双晶律形成的贯穿双晶

3. 复合双晶 (compound twin)

由两个以上的单体彼此间按照不同的双晶律所组成的双晶。如图 6-10 所示的钙十字沸石双晶,便是由不同的双晶律构成,其个体 A, B, C 皆是由穿插双晶构成茅状形态,它们之间又相互穿插,从而形成奇特的外形。A, B, C 内部的双晶面和 A, B, C 之间的双晶面并不相同。

此外,根据双晶形成的机理,通常可将双晶分为以下三种不同的成因类型:生长双晶(growth twin),即是在晶体生长过程中形成的双晶;转变双晶(transformation twin),即在同质多像转变(见 8.3 节)的过程中所产生的双晶;机械双晶(见 10.4 节),即晶体在生成以后,由于受到应力的作用而导致双晶的形成。

在识别双晶的时候,常依据下列标志:单晶为凸多面体,而多数双晶有凹角;双晶的接合面可在晶体表面出露(称之为"缝合线"),缝合线两侧的单体在晶面花纹、性质等方面一般会有差异;单晶与双晶的对称性一般也不同。当然,利用显微镜观察或者现代仪器进行分析,也能更准确地识别出双晶来。

双晶是晶体中的一种较为普通的现象。对于某些晶体来说也是很重要的一种性质,它在矿物鉴定和某些晶体的研究中,都有重要的意义。如自然界矿物机械双晶的出现可以作为地质构造变动的一个标志,因此,它还具有一定的地质学意义。此外,双晶的存在往往会影响到某些矿物的工业利用,必须加以研究和消除。如 α-石英,若具有双晶就不能作为压电材料;方解石由于双晶的存在就会影响其在光学仪器中的应用;等等。因此双晶的研究在理论和实际应用上都具有颇为重大的意义。不同晶系常见矿物晶体的双晶及其对称、双晶结合面等特征列示于表 6-1。

表 6-1 一些常见矿物晶体的双晶及其特征

晶系	晶体名称及其对称	单晶体形状	双晶			双晶律或双晶名称
			形状	双晶要素	双晶类型	
三斜	钠长石 $C\bar{1}$	$c\{001\}$ $b\{010\}$ $m\{110\}$ $z\{110\}$ $x\{10\bar{1}\}$ $o\{11\bar{1}\}$	b	双晶面//(010) 接合面//(010)	聚片双晶	钠长石律
			$c\ x$ $m\ b$ $x\ c$	双晶面//(010) 接合面//(010)	接触双晶	

续表

晶系	晶体名称及其对称	单晶体形状	双晶 形状	双晶 双晶要素	双晶类型	双晶律或双晶名称
单斜	正长石 L^2PC $2/m$	$c\{001\}$ $b\{010\}$ $m\{110\}$ $x\{10\bar{1}\}$ $y\{20\bar{1}\}$ $o\{11\bar{1}\}$		双晶轴∥z轴 接合面∥(010)为主	贯穿双晶	卡斯巴律
				双晶轴⊥(001) 接合面∥(001)	接触双晶	曼尼巴律
				双晶轴⊥(021) 接合面∥(021)	接触双晶	巴温诺律
	石膏 L^2PC $2/m$	$b\{010\}$ $m\{110\}$ $l\{111\}$		双晶面∥(100) 接合面∥(100)	接触双晶	燕尾双晶
斜方	文石 $3L^23PC$ mmm	$m\{110\}$ $k\{011\}$ $b\{010\}$		双晶面∥(110) 接合面∥(110)	接触双晶	
三方	方解石 L^33L^23PC $3m$	$r\{10\bar{1}1\}$ $u\{21\bar{3}1\}$		双晶面∥(0001) 接合面∥(0001)	接触双晶	
				双晶面∥(10$\bar{1}$1) 接合面∥(10$\bar{1}$1)	接触双晶	蝴蝶双晶
四方	金红石 L^44L^25PC $4/mmm$	$a\{100\}$ $m\{110\}$ $s\{111\}$ $e\{101\}$		双晶面∥(011) 接合面∥(011)	接触双晶	膝状双晶

晶系	晶体名称及其对称	单晶体形状	双晶			双晶律或双晶名称
			形状	双晶要素	双晶类型	
等轴	黄铁矿 $3L^2 4L^3 3PC$ $m3$	$e\{210\}$		双晶面∥(111)	贯穿双晶	铁十字律
	萤石 $3L^4 4L^3 6L^2 9PC$ $m3m$	$a\{100\}$		双晶面∥(111)	贯穿双晶	

6.3 衍生

关于不同种类晶体之间的规则连生,在早些时期是用浮生(overgrowth)和交生(intergrowth)这两个术语来描述的。浮生和交生虽然都是指两种不同的晶体以一定的晶体学取向连生在一起(也有以浮生来描述同种晶体之间的生长关系),但之间的差别可以理解为:浮生的个体之间存在大小差别,且小晶体的形成晚于大晶体,两者生长关系表现在晶面上;而交生通常指晶体个体的差异较小,且基本是同时形成,生长关系体现在内部。

如图 6-11,是一例赤铁矿与磁铁矿之间的浮生关系。个体较小的赤铁矿以(0001)面浮生在个体较大的磁铁矿(111)晶面上。而图 6-12 所示的则是一例交生的例子,长柱状的角闪石穿插在普通辉石中,两者以(100)和($\bar{1}$00)面接触而交生在一起。显然,无论是浮生或者交生,两种不同晶体相接触部分的晶格都具有某种相似性。

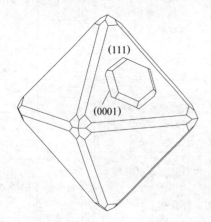

图 6-11 赤铁矿以(0001)面浮生在磁铁矿(111)面上

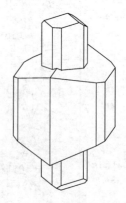

图 6-12 角闪石和普通辉石的交生

1977 年,国际矿物协会和国际晶体学联合会对异种晶体之间的规则取向连生术语进行了规范,这就是所谓的衍生(heterotaxy)现象。其要点如下:

1. 拓扑衍生(topotaxy)

拓扑衍生是由于晶体固态转变或化学反应所引起的两个或两个以上的异种晶体之间的相

互取向衍生。这主要是从成因角度来考虑的。最常见的固态转变是同质多像转变,即化学组成不变,但受压力、温度以及其他因素的影响,其结构可以发生改变。如板钛矿(TiO_2,点群 mmm)晶体,可以局部转化为金红石(TiO_2,点群 $4/mmm$),两者的 z 轴一致而构成拓扑衍生。由出溶作用形成的"条纹长石"也是一种拓扑衍生。在高温条件下钾长石和钠长石形成固溶体,温度降低时,钠长石就"出溶"出来,呈透镜状形态且通常以平行(001)的方位和大的钾长石晶体嵌生在一起,两者的 z 轴和(010)面均平行。方镁石和水镁石之间的相互取向连生则是由化学反应形成的拓扑衍生实例,其中方镁石(MgO)是由水镁石($Mg(OH)_2$)脱水后而形成。

2. 体衍生(syntaxy)

即共晶格取向连生,指异种晶体之间,由于其三维晶格之间的相似性而导致的相互取向连生。体衍生实际上都出现在多型中,是一种常见的现象,一般需要通过 X 射线衍射和透射电子显微镜等微观研究才能观察到。

3. 面衍生(epitaxy)

即共面网取向连生,指的是异种晶体之间存在性质相近的某类面网,并沿此面网两者连生在一起。图 6-13 所示的浮生,便是一例典型的面衍生。其中等轴晶系碘化钠晶体的(111)面网上,Na^+ 按等边三角形网格排列,间距为 0.499 nm;而单斜晶系白云母(001)面的 K^+ 也按等边三角形网格排列,间距为 0.519 nm。两者的相似性使得它们可以呈面衍生体。

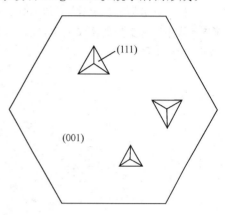

图 6-13 碘化钠晶体以(111)面浮生白云母(001)面之上

4. 线衍生(monotaxy)

即共行列取向连生。如果异种晶体之间存在性质相近的某类行列,那么它们之间有可能沿此行列取向连生。但在实际晶体中,至今尚未发现有线衍生的实例。

思 考 题

6-1 图 6-14 是赤铜矿的连生晶体,一个小的八面体晶体连生于一个立方体和八面体聚形的大晶体上。试问这属于什么类型的连生晶体?为什么?

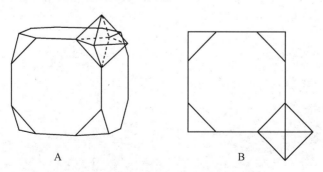

图 6-14 赤铜矿的连生晶体(A)及其顶视图(B)

6-2 双晶要素（双晶面、双晶轴和双晶中心）与对称元素（对称面、对称轴和对称心）的异同点表现在哪些方面？

6-3 请解释：

(1) 双晶面不可能平行于单晶体中的对称面；

(2) 双晶轴不可能平行于单晶体的偶次对称轴；

(3) 双晶中心不可能与单晶体的对称中心并存。

6-4 斜长石（点群为 $\bar{1}$）的双晶可具有卡斯巴双晶律和钠长石双晶律，而正长石（点群为 $2/m$）双晶虽也有卡斯巴双晶律，但却不具有钠长石双晶律，这是为什么？

6-5 从浮生和交生的涵义入手，叙述两者的异同。晶体的"衍生"描述的是什么？和浮生及交生有什么不同？

7 晶体内部结构的微观对称和空间群

前面已讨论了晶体的基本性质和晶体外形等一系列宏观几何规律。晶体所以具有这些特征的根本原因在于它内部的格子构造，只有用格子构造理论才能统一地解释它们。晶体内部的微观对称有异于其宏观对称，只有在对晶体宏观和微观对称了解的基础之上，才能完整描述晶体的结构。本章先介绍晶体内部的微观对称元素，然后引入二维空间群的概念，最后再着重讨论空间群及其相关问题。空间群是一个非常重要的概念，它描述了晶体结构中的对称性，在涉及晶体结构的计算、衍射等诸方面，是一项最基本的概念。

7.1 晶体内部的微观对称元素

晶体外形是有限图形，它的对称是宏观有限图形的对称；而晶体内部结构可以作为无限图形来对待，它的对称属于微观无限图形的对称。这两者之间既互相联系又互有区别。首先，在晶体结构中平行于任何一个对称元素有无穷多和它相同的对称元素；其次，在晶体结构中出现了一种在晶体外形上不可能有的对称操作——平移操作，从而使得晶体内部结构除具有外形上可能出现的那些对称元素之外，还出现了一些特有的对称元素：平移轴、螺旋轴和滑移面。下面分别来说明。

7.1.1 平移轴

平移轴（translation axis）为一直线，图形沿此直线移动一定距离，可使等同部分重合，亦即整个图形复原。晶体结构沿着空间格子中的任意一条行列移动一个或若干个结点间距，可使每一质点与其相同的质点重合。因此，空间格子中的任一行列就是代表平移对称的平移轴。空间格子即为晶体内部结构在三维空间呈平移对称规律的几何图形。在平移这一对称变换中，能够使图形复原的最小平移距离，称为平移轴的移距。显然，任何晶体结构中的任意行列方向皆是平移轴。

7.1.2 螺旋轴

螺旋轴（screw axis）为晶体结构中一条假想直线，当晶体结构围绕此直线旋转一定角度，并平行此直线平移一定距离后，结构中的每一质点都与其相同的质点重合，整个结构也自相重合。螺旋轴是一种复合

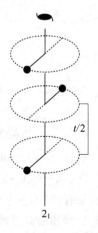

图 7-1 二次螺旋轴 2_1

对称元素,其辅助几何要素为一根假想的直线及与之平行的直线方向。相应的对称操作为围绕此直线旋转一定的角度和沿此直线方向平移的联合。螺旋轴的国际符号一般写为 n_s,其中 n 为轴次,s 为小于 n 的正整数。螺旋轴 n_s 的对称操作为旋转与平移的复合操作。

与宏观对称元素一样,由于受晶体点阵结构规律性的制约,所能出现的螺旋轴的轴次 n 只可能为 $1,2,3,4,6$ 等五种。相应的基转角为 $360°,180°,120°,90°,60°$。旋转后所平移的矢量 τ(移动的距离 τ 称为螺距)为 $(s/n) \cdot t$,t 为与平移矢量 τ 相平行的单位矢量,称为基矢。例如 2_1(图 7-1),2 为轴次,最小基转角为 $180°$,螺距 $\tau=(1/2) \cdot t$。也即沿着 2_1 轴旋转 $180°$ 后,再沿轴向移动 $1/2$ 螺距。

根据螺旋轴的轴次和螺距,可分为 $2_1,3_1,3_2,4_1,4_2,4_3,6_1,6_2,6_3,6_4,6_5$,共 11 种螺旋轴。宏观对称的对称轴(即 $s=n$ 的情况)可以视为螺距 $\tau=0$ 的同轴次的螺旋轴。螺旋轴据其旋转的方向可有左旋螺旋轴(顺时针,左手系)和右旋螺旋轴(逆时针,右手系)及中性螺旋轴(顺、逆时针旋转均可)之分。一般规定:对 n_s 而言,若 $0<s<n/2$,采用右手系(包括 $3_1,4_1,6_1,6_2$),螺距 $\tau=(s/n) \cdot t$;若 $n/2<s<n$,则采用左手系(包括 $3_2,4_3,6_4,6_5$),此时螺距 $\tau=(1-s/n) \cdot t$;至于 $s=n/2$,为中性螺旋轴,此时左手和右手系等效。不同轴次的螺旋轴的图示见图 7-1~图 7-4。

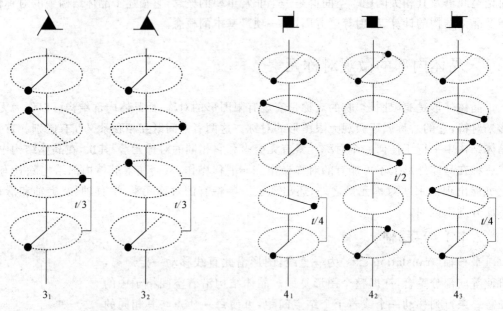

图 7-2　三次螺旋轴 3_1 和 3_2　　　　　图 7-3　四次螺旋轴 $4_1,4_2$ 和 4_3

7.1.3　滑移面

滑移面(glide plane),亦称像移面,是晶体结构中一假想的平面,当结构沿此平面反映,并平行此平面移动一定距离后,整个结构自相重合。滑移面也是一种复合的对称元素,其辅助几何要素有两个:一个假想的平面和平行此平面的某一直线方向。相应的对称操作为对于此平面的反映和沿此直线方向平移的联合,平移的距离称为移距。

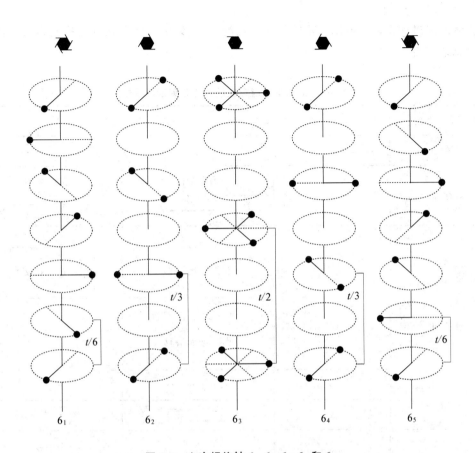

图 7-4 六次螺旋轴 $6_1, 6_2, 6_3, 6_4$ 和 6_5

滑移面按其滑移的方向和移距(也即滑移矢量)可分为 a, b, c, n, d 五种,其中 a, b, c 为轴向滑移,滑移矢量分别为 $\frac{a}{2}, \frac{b}{2}, \frac{c}{2}$;$n$ 为对角线滑移,滑移矢量为 $\frac{1}{2}(a+b)$,$\frac{1}{2}(b+c)$,$\frac{1}{2}(a+c)$ 或 $\frac{1}{2}(a+b+c)$;d 为金刚石型滑移,它的滑移矢量可为 $\frac{1}{4}(a+b)$,$\frac{1}{4}(b+c)$,$\frac{1}{4}(a+c)$ 或 $\frac{1}{4}(a+b+c)$ 等。

例如,图 7-5 表示 c 滑移面的立体图解。从图中可见,图形(这里用"逗号"表示)沿 z 方向移动 $\frac{1}{2}t$(t 为单位矢量)后,再相对于 xz 平面进行反映,可使得图中实心和空心的"逗号"重合。其他滑移面,可依据类似的分析方法来理解。在分析时,要注意不同滑移面所规定的滑移矢量、移距以及反映面皆有所不同。各种滑移面在 3 个轴方向上滑移矢量见图 7-6A,而它们在平行和垂直投影面时的图示符号分别见图 7-6B 和图 7-6C。

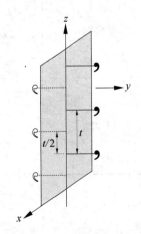

图 7-5 c 滑移面的立体图解

晶体微观对称元素也可用图示符号的方式给出，晶体中可能存在的对称元素及其图示符号表示总结于表 7-1 中。

表 7-1 晶体中可能存在的对称元素及其符号

对称元素类型	书写记号	图示记号	
对称心	$\bar{1}$	O	
对称面	m	垂直纸面	在纸面内
		 ———	⌐ ⌐
滑移面	a, b, c	 - - - - 在纸面内滑移	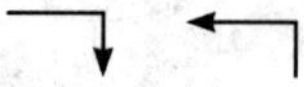 ↓ ← 箭头表示滑移方向
		 - · - · - 离开纸面滑移	
	n	 — · — · —	↗
	d	 - · → ← · -	 ↗
旋转轴	2 3 4 6	● ▲ ■ ⬢	 →
螺旋轴	2_1 3_1 3_2 4_1 4_2 4_3 6_1 6_2 6_3 6_4 6_5	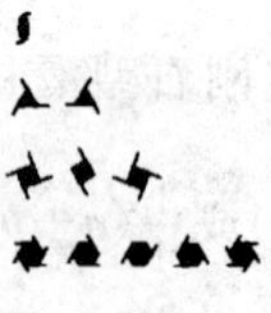 各螺旋轴图示符号	 →
倒转轴	$\bar{3}$ $\bar{4}$ $\bar{6}$	 △ ◪ ⬡	

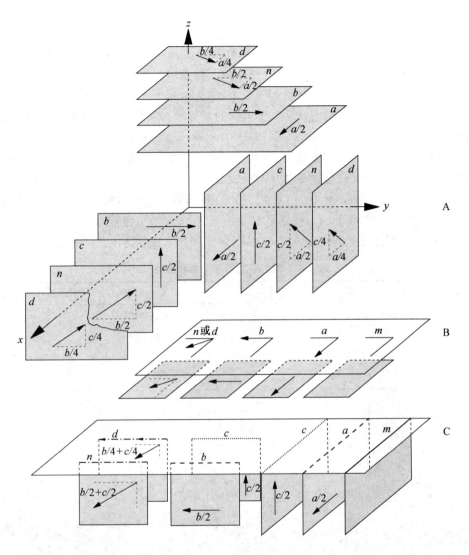

图 7-6 各种滑移面沿坐标轴的滑移矢量分布(A)以及滑移面在平行(B)和垂直(C)投影面时的图示符号

7.2 二维空间群

上面已经强调,空间群是一个非常重要的概念。为了更清楚地理解空间群的内涵,先从二维空间群谈起。因为对一个三维的晶体结构而言,它在某一方向的投影,便是一个二维的结构。此外,晶体结构的表面也是一个二维结构。也就是说,二维空间群可以视为三维空间群的一个特殊情况。所谓二维空间群,就是指平面内图像所有对称元素的集合,也称为平面群。本节先简单介绍在二维空间的对称元素、点群、晶系、点阵类型等,并与三维空间的情况相比较,然后再讨论二维空间群的其他相关问题。

7.2.1 10种二维点群

在三维空间,晶体中独立的对称元素有对称轴(1,2,3,4,6)、对称面(m)、对称心($\bar{1}$)和倒转轴($\bar{3},\bar{4},\bar{6}$)10种,其可能的组合共有32种,即32种点群。但在二维平面,对称心和倒转轴显然已经不可能存在,所以对称元素只剩下6个,即1,2,3,4,6和对称面m。同样受格子构造限制,二维空间的对称元素没有五次和高于六次的对称轴。利用点群的推导方法,能推导的二维点群只有10种,分别是1,2,3,4,6,1m,2mm,3m,4mm和6mm。

根据这些对称元素的特点,将这10种平面点群划分为4个晶系:单斜晶系(m),其特点是没有高次轴和对称面,所以只包含1和2两个二维点群;正交晶系(o),特点是有对称面但没有高次轴,故正交晶系含有1m和2mm两个二维点群;四方晶系(t),特点是有四次轴,包含4,4mm两个二维点群;六方晶系(h),特点是有3或者6,包含的二维点群有3,3m,6和6mm四种。二维点群的极射赤平投影见图7-7,其晶系划分和点阵参数特征总结在表7-2中。

表7-2 二维点群、晶系和布拉维格子

晶系	对称元素特征	点群符号	单胞参量	布拉维单胞
单斜 m	有1或2	1, 2	$a \neq b$, $\gamma \neq 90°$	mp
正交 o	有 m	1m, 2mm	$a \neq b$, $\gamma = 90°$	op, oc
四方 t	有4	4, 4mm	$a = b$, $\gamma = 90°$	tp
六方 h	有3或6	3, 3m, 6, 6mm	$a = b$, $\gamma = 120°$	hp

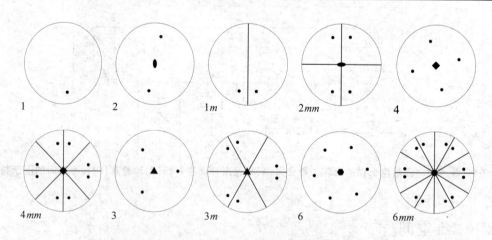

图7-7 二维点群的对称元素及其极射赤平投影

7.2.2 5种二维布拉维点阵

二维情况下,晶轴只能取a和b,其夹角也只剩下一个γ。根据晶轴选取原则(类似三维空间)和二维点群的对称特点,可以划分出5种布拉维点阵。其符号与三维情况相似,只是习惯上改写成小写字母。点阵类型见图7-8,图中mp、op、oc、tp、hp分别表示单斜原始、正交原始、正交底心、四方原始和六方原始点阵。

各晶系的点阵参数特点见表7-2。

7 晶体内部结构的微观对称和空间群

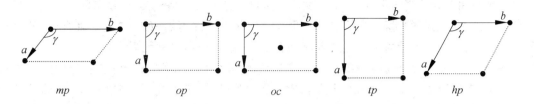

图 7-8 5 种二维布拉维点阵类型

7.2.3 17 种二维空间群

二维周期性图形的对称操作有三类：第一类是点对称操作，具有周期性的平面图形的点对称操作元素只可能是与此平面垂直的旋转轴（1,2,3,4,6次轴）以及过这些轴的对称面 m，它们的组合便是上述的 10 种平面点群；第二类是平移，用来描述图形的周期性。这和上节讨论的平移轴相同；第三类是复合操作，即相对于某直线的反映以及沿此线平移半个周期这两种操作。这种复合操作凭借的直线称为滑移线 g，它类似于上述的轴向滑移面（a,b,c 滑移面），但反映是相对于直线，而非平面。其中第一类对称操作元素属于宏观性质的，而后两者则为图形的微观对称所特有的。

在平面周期性图形中所有对称元素可能的组合，就是二维空间群。二维空间群只有 17 种，其序号、国际符号及其相应的二维点群、晶系和点阵等情况参见表 7-3。

表 7-3 二维点群和二维空间群

晶系和 点阵符号	点群符号	二维空间群国际符号		二维空间群 序号
		完全的	简短的	
单斜 p	1	$p1$	$p1$	1
	2	$p211$	$p2$	2
正交 p,c	m	$p1m1$	pm	3
		$p1g1$	pg	4
		$c1m1$	cm	5
	$2mm$	$p2mm$	pmm	6
		$p2mg$	pmg	7
		$p2gg$	pgg	8
		$c2mm$	cmm	9
四方 p	4	$p4$	$p4$	10
	$4mm$	$p4mm$	$p4m$	11
		$p4gm$	$p4g$	12
六方 p	3	$p3$	$p3$	13
	$3m$	$p3m1$	$p3m1$	14
		$p31m$	$p31m$	15
	6	$p6$	$p6$	16
	$6mm$	$p6mm$	$p6m$	17

二维空间群国际符号中,第一个英文小写字母 p 或 c 代表格子类型,接着的第一个记号表示垂直纸面方向投影的对称点,第二位记号表示纸面上从左至右(b 方向或 y 轴方向)的对称元素,第三位记号则指示的是由上到下(a 方向或 x 轴方向)的对称元素。

例如,第 7 号二维空间群 $p2mg$,为正交晶系,点阵参数为 $a≠b, \gamma=90°$。符号中的 p 表示格子类型,为原始格子;2 代表在垂直纸面有二次对称轴;m 表示在 b 方向存在对称面;而在 a 方向存在滑移线 g。图 7-9 给出了该平面群的对称元素及其一般等效点系的排布情况,图中实线代表对称面,虚线代表滑移线。这里说的等效点系是指通过二维空间群中所有对称元素联系起来的一组点的位置(与三维空间群中描述的相同,见 7.3 节)。此例中,一般等效点的坐标为:$x, y; \bar{x}, \bar{y}; \frac{1}{2}-x, y; \frac{1}{2}+x, \bar{y}$($x, y$ 为小于 1 的正数)。

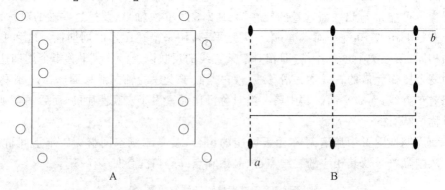

图 7-9　二维空间群 $p2mg$ 的一般等效点系(A)和对称元素分布(B)

7.3　空间群

在了解二维空间群的概念之后,对空间群(三维空间群)的理解就相对容易了。三维空间的情况和二维的相比,要复杂许多。如前所述,二维空间的 10 种点群、5 种布拉维格子和 17 种二维空间群,在三维空间就分别增至 32 种点群、14 种布拉维格子和 230 种空间群。本节着重讨论空间群的基本概念及一些相关问题。

7.3.1　空间群的概念

在前面的章节叙述了晶体的宏观和微观对称元素。晶体外形的宏观对称包括了对称轴、对称面和对称心,其相应的对称操作只有旋转、反映和反伸,对称元素均交于一点(晶体的中心),并且在进行对称操作时至少该点是不变的。因此,宏观对称元素的集合也称为点群。晶体内部结构的对称被视为无限图形,除具有宏观对称元素之外,还出现了平移轴、滑移面、螺旋轴等包含平移操作的微观对称元素。所谓空间群(space group)就是晶体内部结构所有对称元素的集合。空间群共有 230 种,它是由费德洛夫于 1890 年和圣佛利斯于 1891 年分别独立推导出来的,故亦称为费德洛夫群或圣佛利斯群。230 种空间群简略形式的国际符号以及对应的点群符号列示在表 7-4 中。

对于晶体几何外形等有限图形,平移变换是不成立的,因而点群中所有对称元素只有方向

上的意义。对于晶体结构这种无限图形而言,其平移因素的意义表现在两个方面:

(1) 对任一晶体结构,总是有无限多方向不同的平移轴存在。平移轴使得晶体结构中的其他所有对称元素在空间必然呈周期性的重复。所以,空间群中的每一种对称元素,其数量都是无限的,它们不仅都有一定的方向,而且其中的每一个对称元素各自还有确定的位置,相互间可以借助于平移轴的作用而重复。

(2) 平移还可以与反映或旋转变换相结合,从而出现晶体外部对称上所不能存在的滑移面和螺旋轴等微观对称元素。所以,晶体结构中可能出现的对称元素的种类远多于晶体几何外形上可能存在的对称元素种类。从而,它们的组合——空间群的数目也将远多于点群数目,从32种点群增加为230种空间群(表7-4)。

表7-4 32种点群及其对应的230种空间群的简略国际符号

序号	点群	空间群
1	1	$P1$
2	$\bar{1}$	$P\bar{1}$
3~5	2	$P2$, $P2_1$, $C2$
6~9	m	Pm, Pc, Cm, Cc
10~15	$2/m$	$P2/m$, $P2_1/m$, $C2/m$, $P2/c$, $P2_1/c$, $C2/c$
16~24	222	$P222$, $P222_1$, $P2_12_12$, $P2_12_12_1$, $C222_1$, $C222$, $F222$, $I222$, $I2_12_12_1$
25~46	$mm2$	$Pmm2$, $Pmc2_1$, $Pcc2$, $Pma2$, $Pca2_1$, $Pnc2$, $Pmn2_1$, $Pba2$, $Pna2_1$, $Pnn2$, $Cmm2$, $Cmc2_1$, $Ccc2$, $Amm2$, $Abm2$, $Ama2$, $Aba2$, $Fmm2$, $Fdd2$, $Imm2$, $Iba2$, $Ima2$
47~74	mmm	$Pmmm$, $Pnnn$, $Pccm$, $Pban$, $Pmma$, $Pnna$, $Pmna$, $Pcca$, $Pbam$, $Pccn$, $Pbcm$, $Pnnm$, $Pmmn$, $Pbcn$, $Pbca$, $Pnma$, $Cmcm$, $Cmca$, $Cmmm$, $Cccm$, $Cmma$, $Ccca$, $Fmmm$, $Fddd$, $Immm$, $Ibam$, $Ibca$, $Imma$
75~80	4	$P4$, $P4_1$, $P4_2$, $P4_3$, $I4$, $I4_1$
81~82	$\bar{4}$	$P\bar{4}$, $I\bar{4}$
83~88	$4/m$	$P4/m$, $P4_2/m$, $P4/n$, $P4_2/n$, $I4/m$, $I4_1/a$
89~98	422	$P422$, $P42_12$, $P4_122$, $P4_12_12$, $P4_222$, $P4_22_12$, $P4_322$, $P4_32_12$, $I422$, $I4_122$
99~110	$4mm$	$P4mm$, $P4bm$, $P4_2cm$, $P4_2nm$, $P4cc$, $P4nc$, $P4_2mc$, $P4_2bc$, $I4mm$, $I4cm$, $I4_1md$, $I4_1cd$
111~122	$\bar{4}2m$	$P\bar{4}2m$, $P\bar{4}2c$, $P\bar{4}2_1m$, $P\bar{4}2_1c$, $P\bar{4}m2$, $P\bar{4}c2$, $P\bar{4}b2$, $P\bar{4}n2$, $I\bar{4}m2$, $I\bar{4}c2$, $I\bar{4}2m$, $I\bar{4}2d$
123~142	$4/mmm$	$P4/mmm$, $P4/mcc$, $P4/nbm$, $P4/nnc$, $P4/mbm$, $P4/mnc$, $P4/nmm$, $P4/ncc$, $P4_2/mmc$, $P4_2/mcm$, $P4_2/nbc$, $P4_2/nnm$, $P4_2/mbc$, $P4_2/mnm$, $P4_2/nmc$, $P4_2/ncm$, $I4/mmm$, $I4/mcm$, $I4_1/amd$, $I4_1/acd$
143~146	3	$P3$, $P3_1$, $P3_2$, $R3$
147~148	$\bar{3}$	$P\bar{3}$, $R\bar{3}$
149~155	32	$P312$, $P321$, $P3_112$, $P3_121$, $P3_212$, $P3_221$, $R32$
156~161	$3m$	$P3m1$, $P31m$, $P3c1$, $P31c$, $R3m$, $R3c$
162~167	$\bar{3}m$	$P\bar{3}1m$, $P\bar{3}1c$, $P\bar{3}m1$, $P\bar{3}c1$, $R\bar{3}m$, $R\bar{3}c$
168~173	6	$P6$, $P6_1$, $P6_5$, $P6_2$, $P6_4$, $P6_3$
174	$\bar{6}$	$P\bar{6}$
175~176	$6/m$	$P6/m$, $P6_3/m$

续表

序号	点群	空间群
177~182	622	$P622, P6_122, P6_522, P6_222, P6_422, P6_322$
183~186	$6mm$	$P6mm, P6cc, P6_3cm, P6_3mc$
187~190	$\bar{6}m2$	$P\bar{6}m2, P\bar{6}c2, P\bar{6}2m, P\bar{6}2c$
191~194	$6/mmm$	$P6/mmm, P6/mcc, P6_3/mcm, P6_3/mmc$
195~199	23	$P23, F23, I23, P2_13, I2_13$
200~206	$m3$	$Pm3, Pn3, Fm3, Fd3, Im3, Pa3, Ia3$
207~214	432	$P432, P4_232, F432, F4_132, I432, P4_332, P4_132, I4_132$
215~220	$\bar{4}3m$	$P\bar{4}3m, F\bar{4}3m, I\bar{4}3m, P\bar{4}3n, F\bar{4}3c, I\bar{4}3d$
221~230	$m3m$	$Pm3m, Pn3n, Pm3n, Pn3m, Fm3m, Fm3c, Fd3m, Fd3c, Im3m, Ia3d$

点群和空间群体现了晶体外形对称与内部结构对称的统一。空间群可看成是由两部分组成的：一部分是晶体结构中所有平移轴的集合，即所谓的平移群；另一部分就是与点群相对应的其他对称元素的集合，它们在空间的相互取向与点群中的情况完全一致，但每一方向上的同种对称元素，为数均无限，它们的相对位置由平移群来规定；此外，与相应的点群比较，这些对称元素可以仍然是对称面或对称轴，也可能已变成了滑移面或同轴次的螺旋轴。例如，对应晶体外形 L^4 的方向，在内部结构中可能有 $4, 4_1, 4_2$ 或 4_3。

7.3.2 空间群的符号

常用两种记号来表示空间群，即国际符号和圣佛利斯符号。国际符号的优点是能直观地看出空间格子类型以及对称元素的空间分布，但缺点是同一种空间群由于定向不同以及其他因素可以写成不同的形式。如第 62 号空间群，可以写为 $Pnma$，也可表达为 $Pbnm$，两者之间基矢的关系为 $(a, b, c)_{Pnma} = (c, a, b)_{Pbnm}$。圣佛利斯符号虽然不能看出格子类型和对称元素的空间分布，但每一圣佛利斯符号只与一种空间群相对应。习惯上两者并用，中间用"—"隔开，如 $D_{2h}^8 - Pcca$。

空间群的圣佛利斯符号构成很简单，只是在点群的圣佛利斯符号的右上角加上序号就可以了。这是因为属于同一点群的晶体可以分别隶属几个空间群。例如点群 $C_{2h} - 2/m$，可以分属 6 个空间群，其空间群的圣佛利斯符号就记为 $C_{2h}^1, C_{2h}^2, C_{2h}^3, C_{2h}^4, C_{2h}^5, C_{2h}^6$。

空间群的国际符号也包含了两个部分：前半部分是平移群的符号，即布拉维格子的符号，按格子类型的不同而分别用字母 $P, R, I, C(A, B), F$ 等表示（字母含义见 4.3 节）；后半部分则与其相应点群的符号基本相同，只是要将某些宏观对称元素的符号换成相应的微观对称元素的符号。空间群国际符号包含了点阵类型和对称元素及其分布等信息。以第 62 号空间群 $D_{2h}^{16} - Pnma$ 为例，其国际符号中的 P 代表原始格子，点群为斜方晶系的 mmm，由于在 [100] 方向有 n 滑移面、[010] 方向有对称面 m、[001] 方向上存在 a 滑移面，故而点群符号 mmm 换成了 nma。

需要特别指出的是点群的国际符号所指示的方向意义。一般点群符号是由不超过 3 个的字母记号构成，按顺序，且视晶系的不同，每个记号代表了各规定方向上的对称性轴（对称轴、倒转轴、螺旋轴），或与该方向垂直的对称性平面（对称面、滑移面）。当在同一个方向上同时有对称性轴和与之垂直的对称性平面存在，则写成分号的形式，如 $4/m$ 即代表该方向上有一 L^4、同时还有一个对称面与它垂直。各个晶系每个位置的记号所代表的方向,可参见表 7-5。如果晶体中与某一个位置相对应的方向上没有对称元素存在,则将该位空着,或用"1"来填补空缺。各晶系空间群国际符号中的方向性规定与点群相同。

表 7-5　点群国际符号中的方向性规定

晶系	3 个位所表示的方向(依次列出)					
	单胞中 3 个矢量表示			晶棱符号表示		
等轴	c	$a+b+c$	$a+b$	[001]	[111]	[110]
四方	c	a	$a+b$	[001]	[100]	[110]
斜方	a	b	c	[100]	[010]	[001]
单斜	b			[010]		
三斜	任意方向			任意方向		
三方和六方	c	a	$2a+b$	[001]	[100]	[210]

注:三方和六方晶系的晶棱符号表示是按三轴定向。

7.3.3　空间群的等效点系

等效点系(set of equivalent positions)是指晶体结构中由一原始点经空间群中所有对称元素的作用所推导出来的规则点系,或简单说是空间群中对称元素联系起来的一套点集。这些点所分布的空间位置称为等效位置(equivalent positions)。等效点系通常都只考虑在一个单位晶胞范围内的情况,用分数坐标或者单胞中点集的图形表示。空间群等效点系的意义与 32 种点群对应的 47 种单形的意义一样。单形是认识晶体外形的基础,而等效点系则是认识晶体结构中原子对称配置规律的基础。犹如单形可划分出一般形和特殊形那样,如果等效点与某对称元素存在特定配置关系(如平行、垂直),这样的等效点系称为特殊等效点系,否则为一般等效点系。一个空间群有一套一般点系以及若干套特殊点系,分别给予不同的记号,如用 $a,b,c,d,e,f,g,\cdots$ 等小写字母表示。对等效点系的描述包括重复点数,魏科夫(Wyckoff)符号、点位置上的对称性、点的坐标等内容。

重复点数就是单胞内含有的一般等效点系的等效点数目。点位置上的对称性是指该套等效点系的等效点所处位置上环境的对称性。至于等效点的坐标是指对一个单位晶胞内等效点的指标,它与前述的对空间格子中结点的指标方法基本相同,其坐标以轴单位(a,b,c)的系数形式给出。对可确定出坐标值的特殊点系,用分数、小数、0 或 1 来表示;对不能确定值的一般点系,则以 x,y,z 表示。关于 230 种空间群的符号、对称性、等效点系及其坐标,以及投影的对称性和可能出现的衍射等信息,在《晶体学国际表》(International Tables for Crystallography)中均可查到。

在具体的晶体结构中,质点(原子、离子或分子)只能按等效点的位置分布。一般情况下,每一种质点各自占据一组或几组等效位置,不同种的质点不能共同占据同一套等效位置。当一晶体的宏观对称、物理性质及化学成分等已知,且已确定了其晶胞参数、空间群而需解析晶体结构(即确定该晶体中各种质点的占位情况)或为了深入讨论晶体结构中质点的占位情况时,就必须应用等效点系的理论和知识。等效点系从几何方面解决了晶体结构中质点在空间分布的规律性问题。

例如方解石($CaCO_3$),其空间群为$R\bar{3}c$,单胞分子数$Z=6$,在单胞内含有30个原子。Ca、C和O原子分别占据三种等效位置:$6a$位置0,0,1/4;$6b$位置0,0,0;$18e$位置x,0,1/4 ($x=0.257$)。此处a,b,e为等效点系的魏科夫符号。虽然单胞内有30个原子,但只知道上述3个就足够了,其他27个原子的位置通过空间群对称元素的作用即可确定。这也说明,空间群的对称性使得原本复杂的事物描述起来如此简单。附录1"实习指导"中的"实习七"给出了金红石的空间群以及相关结构资料,可用来练习如何利用空间群给出的信息来解决晶体结构问题。

晶体空间群的资料都汇编在由晶体学国际协会出版的《晶体学国际表》A卷中。在《晶体学国际表》中,230种空间群从1~230是按顺序编号的。每一种空间群都有其特有的表达方式,通常是占两页的篇幅,提供的信息包含空间群和相应点群的序号和符号、对称元素和一般等效位置配置图、原点的对称性和通过原点的对称元素、不对称单元、等效点系等等。作为一个例子,这里给出第62号空间群$D_{2h}^{16}-Pnma$的等效点系列表(表7-6)以及一般等效点系配置和对称元素的投影(图7-10)。

表7-6 空间群$D_{2h}^{16}-Pnma$的等效点系

重复点数	魏科夫符号	点位置上的对称性	等效点的坐标
8	d		x,y,z; $\bar{x}+\frac{1}{2},\bar{y},z+\frac{1}{2}$; $\bar{x},y+\frac{1}{2},\bar{z}$; $x+\frac{1}{2},\bar{y}+\frac{1}{2},\bar{z}+\frac{1}{2}$; $\bar{x},\bar{y},\bar{z}$; $x+\frac{1}{2},y,\bar{z}+\frac{1}{2}$; $x,\bar{y}+\frac{1}{2},z$; $\bar{x}+\frac{1}{2},y+\frac{1}{2},z+\frac{1}{2}$
4	c	m	$x,\frac{1}{4},z$; $\bar{x}+\frac{1}{2},\frac{3}{4},z+\frac{1}{2}$; $\bar{x},\frac{3}{4},\bar{z}$; $x+\frac{1}{2},\frac{1}{4},\bar{z}+\frac{1}{2}$
4	b	$\bar{1}$	$0,0,\frac{1}{2}$; $\frac{1}{2},0,0$; $0,\frac{1}{2},\frac{1}{2}$; $\frac{1}{2},\frac{1}{2},0$
4	a	$\bar{1}$	$0,0,0$; $\frac{1}{2},0,\frac{1}{2}$; $0,\frac{1}{2},0$; $\frac{1}{2},\frac{1}{2},\frac{1}{2}$

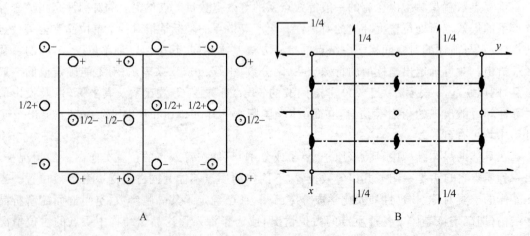

图7-10 空间群$D_{2h}^{16}-Pnma$的一般等效点系(A)和对称元素投影(B)

思 考 题

7-1 列表对比二维和三维空间中的对称元素、点群、晶系、点阵、空间群。

7-2 滑移线(g)与滑移面(a,b或c)之间的异同点是什么?

7-3 作图推导平面群 $p2mm$ 的对称元素和一般等效点系。列表给出单胞中一般位置的对称性和等效点的位置坐标。

7-4 图 7-11 是某一平面群的一般等效点系配置图,试根据此图确定含有什么对称元素,并在图中表示出来。

7-5 无论是宏观还是微观对称元素,其对称操作皆可视为空间点坐标的转换,因而也可以用矩阵的方式表达和计算(3.3 节给出了宏观对称操作的矩阵表达,在二维平面中这种表达可以有很大的简化)。试在图 7-11 中任意选择两点,给出它们之间对称操作的矩阵表达。

7-6 滑移面所包含的平移对称变换,其平移距离必须等于该方向行列结点间距的一半;而对于金刚石型滑移面 d 而言,其平移距离应是单位晶胞的面对角线或体对角线长度的 $\frac{1}{4}$,即 $\frac{1}{4}(a+b)$,$\frac{1}{4}(b+c)$,$\frac{1}{4}(a+c)$ 或 $\frac{1}{4}(a+b+c)$ 等。这两者间

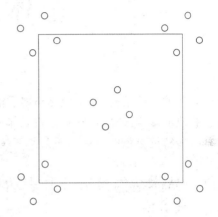

图 7-11　平面群的一般等效位置配置图

有无矛盾?由此推断,在具有 P 格子的晶体结构中能否有滑移面 d 存在?

7-7 解释下列空间群符号的含义:$Pm3m$,$I4/mcm$,$P6_3/mmn$,$R3c$,$Pbnm$。

7-8 已知某种晶体的晶格常数为 $a\neq b\neq c$,$\alpha=\beta=\gamma=90°$,有相同的原子排列在下列位置:

(0.29, 0.04, 0.22),(−0.29, −0.04, −0.22),
(0.79, 0.46, 0.28),(0.21, 0.54, 0.72),
(−0.29, 0.54, −0.22),(0.29, 0.46, 0.22),
(0.21, −0.04, 0.72),(0.79, 0.04, 0.28)。

试根据上述数据确定该晶体的空间群。

晶体结构及其变化

具体的晶体结构,是认识晶态物质的基础。在了解晶体物质组成基础上,只有再深入了解晶体物质的结构,才能理解和分析晶体的物理和化学性质,才能谈及应用。本章将讨论晶体结构的一些特征参数以及在不同条件下晶体结构的变化。

8.1 晶体结构参数及其表达

根据晶体结构周期性特点,在描述和表达一个晶体的结构时,主要是通过一些参数来体现的。这些参数以晶体学语言体现,主要包括晶体的对称性、晶胞参数、晶胞内包含的分子数、晶胞原子的坐标参数和热参数等,下面分别讨论。

1. 晶体的对称性

晶体的对称性由空间群来表达。空间群中包含了晶体所属的晶系、所有对称元素等基本信息。由于空间群包含了平移对称和点群对称两部分,所以一个晶体结构可以视为由原子构成的若干平移格子相互叠加而成,而同种原子的格子则是由点群联系起来。在晶体的 230 个空间群中,共分为 7 个晶系。晶系表达出晶体所具有的特征对称元素,而空间群表达了晶体所具有的全部微观对称元素。例如 NaCl 结构,其晶胞可视为由 Na^+ 构成立方面心格子和 Cl^- 构成的立方面心格子叠加而成。

2. 晶胞

晶胞是组成一个晶体的最基本单位。晶胞可以有多种划分方式,不同方式的晶胞,其形状、大小不同,当然其相应的原子坐标参数也不同,有时其微观对称元素的记号也不同。对一个具有一定空间点阵类型的晶体而言,由于在晶胞选定上有了一些约定(见 4.3 节),所以晶胞划分的结果基本是一致的。描述单位晶胞(也称为单胞)的参数为轴长 a,b,c 和轴角 α,β 和 γ (参见 4.4 节)。

3. 单胞分子数(Z)

单胞内的分子数常以记号"Z"表示。Z 的数值表示晶胞内含有的化学式的数量。由于晶体可以由原子组成,也可以由离子或分子组成,有时由两种不同的分子组成(例如有机晶体中常常包含溶剂分子),所以一般先写出晶体的化学式,代表晶体的组成,再用 Z 表示单胞中包含多少个化学式的数量。在实际计算中,需要考虑该晶胞与相邻晶胞共享原子的情况。如位于角顶上的原子为 8 个晶胞所共有,所以平均一个晶胞只占用该原子的 1/8。

4. 原子坐标

单位晶胞内的原子坐标(x,y,z),表示了该晶体所含原子(离子、分子)在单胞中的具体位置,其中的x,y,z是晶轴指向。原子坐标通常以表格的形式给出,在形式上表现为小于1的数。所以,知道坐标参数,那么原子或离子在单胞内的空间位置就可以很准确地确定。通过原子坐标,可以绘制立体结构图或在某平面上的投影图。原子坐标可以因为原点选择的不同而有所差异,但各个原子之间的相对值是不变的。

5. 原子的热参数

晶胞内原子的热参数,则是度量原子(离子)随温度在平衡位置做振动的参量,用以表征单胞内原子随温度变化时偏离原来位置的情况。原子在热振动时,由于各向异性使得原子变成椭球体的形状,通常是用6个各向异性的原子的振动振幅$U_{11},U_{22},U_{33},U_{12},U_{13},U_{23}$来描述。有时只考虑各向同性的热参数,此时热参数便简化为$B=8\pi^2\mu^2$,其中μ为等效的热运动振幅。

上述的晶系、空间群、晶胞参数、单胞内分子数以及原子坐标等,可以具体给出一个晶体结构的几何特征。通过这些数据,可绘制直观的晶体结构图,也可以进行一系列晶体学计算,如计算键长、键角、分子构型等。国际晶体学协会(the International Union of Crystallography, IUCr)在1991年制订了一种CIF(the Crystallographic Information File)格式的文件。作为国际晶体学电子文件交换的标准格式,CIF记录了一个晶体结构所含有的所有信息以及作者和数据来源等,这些信息可以直接由众多晶体学软件直接读取并进行相关的结构图绘制和计算。一些常见的晶体结构模拟、计算以及绘制相关结构图件的计算机软件大都支持该种格式的输入和输出。下面以钙钛矿为例,来说明一个CIF文件的基本内容,具体实例见表8-1。

表8-1 钙钛矿($CaTiO_3$)的CIF文件内容

条 目	内 容	含 义
COL	ICSD Collection Code 62149	ICSD数据编号
NAME	Calcium titanate	化学名称
MINR	Perovskite-synthetic at 1470 K,2.5 GPa	矿物名称
FORM	Ca (Ti O3) = Ca O3 Ti	化学式
TITL	Orthorhombic perovskite Ca Ti O3 and Cd Ti O3: structure and space group	来源文献题目
REF	Acta Crystallographica C (39,1983—)	数据来源期刊
	ACSCE 43 (1987) 1668—1674	卷、年份、页码
AUT	Sasaki S, Prewitt C T, Bass JD	作者
CELL	a=5.380(0) b=5.442(0) c=7.640(1) 90.0 90.0 90.0	晶胞参数及单胞
	V=223.7 D=4.03 Z=4	体积、密度、分子数
SGR	P b n m (62) -orthorhombic	空间群—晶系
CLAS	mmm (Hermann-Mauguin) — D2h (Schoenflies)	点群符号
ANX	ABX3	化合物类型
PARM	Atom__No OxStat Wyck —X— —Y— —Z—	
	Ca 1 2.000 4c −0.00676(7) 0.03602(6) 1/4	
	Ti 1 4.000 4b 0 1/2 0	原子坐标
	O 1 −2.000 4c 0.0714(3) 0.4838(2) 1/4	及其误差
	O 2 −2.000 8d 0.7108(2) 0.2888(2) 0.0371(2)	

续表

条目		内容						含义
TF	Atom	U(1,1)	U(2,2)	U(3,3)	U(1,2)	U(1,3)	U(2,3)	
	Ca 1	0.0077 (1)	0.0079 (1)	0.0077 (1)	−0.0013 (1)	0.0000	0.0000	
	Ti 1	0.0052 (1)	0.0049 (1)	0.0049 (1)	0.0002 (1)	0.0000 (1)	0.0002 (1)	温度因子及其误差
	O 1	0.0080 (5)	0.0084 (5)	0.0037 (4)	0.0001 (4)	0.0000	0.0000	
	O 2	0.0062 (3)	0.0050 (3)	0.0078 (3)	−0.0024 (2)	0.0009 (2)	−0.0006 (2)	
RVAL	0.023							R因子

对于一个具体的晶体结构,除了用上述的数据形式表达之外,往往用几何图形的方式来描述,这样的结果更加直观和清楚。能见到的通常有以下几种方式:显示结构中原子或离子的堆积情况、显示化学键的连接情况,以及显示配位多面体及其连接情况。图 8-1 表示的是一个单胞金刚石结构的立体图形,其中图 8-1A 表示的是 C 原子球的堆积,图 8-1B 是添加上了 C—C 共价键,图 8-1C 则是利用配位多面体的形式来表达金刚石的结构,而图 8-1D 则是综合了化学键、球体堆积和配位多面体的表达方式。

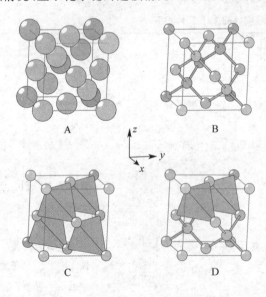

图 8-1 金刚石晶体结构的几种表达方式

一般而言,利用球体的堆积来表示结构似乎不太严格,因为原子或离子只有在单独存在时才呈现球形,如果再考虑热振动以及晶体内各向异性等因素,原子或离子不会保持球形的形态。而利用配位多面体来表达结构可以避免这种情况,同时可以囊括原子或离子周围的各向异性情况,更能反映晶体结构的实质,因而这种表达应用也越来越广泛。事实上,人们往往根据所强调的内容,侧重表达某些特性,可以将球体、多面体或化学键表达在同一图中。目前,计算机技术的发展以及相应晶体学软件的开发,使得晶体结构图的绘制是一个比较简单的事情,上述的各种表达也很容易实现。

8.2 固溶体、类质同像和型变(晶变)

8.2.1 固溶体的概念

固溶体(solid solution),亦称固体溶液,指的是在固态条件下,一种晶态组分内"溶解"了其他的晶态组分,由此所组成的、呈单一结晶相的均匀晶体。一般将含量高的组分看成是固态的溶剂,其他则为溶质。固溶体的概念和溶液的概念类似,只是前者是固体而已。最简单的固溶体的例子就是合金。两种晶体能以任意比例互相"溶解"并保持结构不变的固溶体,叫完全固溶体。显然,完全固溶体的溶质和溶剂应具有相同的结构类型和化学键。例如橄榄石$(Mg,Fe)_2SiO_4$,可以看成是镁橄榄石Mg_2SiO_4和铁橄榄石Fe_2SiO_4相互"溶解"而形成的一类完全固溶体。当溶剂晶体只能有限"溶解"溶质晶体时,此时的固溶体称为不完全固溶体。例如闪锌矿ZnS可以"溶解"不超过26%的FeS分子,形成ZnS-FeS不完全固溶体。

根据溶质在溶剂中所占据的结构位置,通常将固溶体分为两类:填隙固溶体(interstitial solid solution)和替换固溶体(substitution solid solution)。填隙固溶体是指,作为溶质晶体中的原子或者离子,充填在溶剂晶格内的间隙中所构成的固溶体。例如合金碳钢,就是C原子充填在金属铁组成的晶格之内的间隙中。替换固溶体则是指,溶质晶体的原子(离子)占据了溶剂晶体中对应的原子(离子)位置,就好像溶剂的质点被溶质的质点部分替代了一样。多数固溶体属于后面的这种类型,如上述的橄榄石就是典型的替换型固溶体。此外,还有一种称为缺位固溶体(omission solid solution)的类型,实际上这是替换固溶体的一种特殊情况,即在质点替代的时候,某些位置上并没有质点占据,而出现了空位。例如磁黄铁矿$Fe_{1-x}S$,其中Fe^{2+}的位置具有空位。

8.2.2 类质同像

在理解了固溶体的概念之后,就很容易理解晶体的类质同像(isomorphism)。类质同像,亦称同晶现象或同形现象,是指在确定的某种晶体的晶格中,本应全部由某种离子或原子占有的等效位置,一部分被性质相似的他种离子或原子所替代占有,共同结晶成均匀的、单一相的混合晶体(mixed crystal,即类质同像混晶),但不引起键性和晶体结构类型发生质变的现象。显然,类质同像是属于替代型的固溶体。类质同像替代的前后,虽然键性和晶体结构没有发生质变,但晶格常数一定会发生量的变化。如上述的ZnS-FeS不完全固溶体,当Fe^{2+}代替Zn^{2+}的量增加时,含铁闪锌矿的晶胞参数(a_0)将变大。类质同像是矿物学中一个普遍的现象,具有很广泛的实际意义。要注意的是,类质同像化学式的书写有一定规范,需要将构成类质同像的一组原子和离子写在小括号内,且用逗号隔开,按含量的高低顺序排列。如对于ZnS-FeS的类质同像,可写成$(Zn,Fe)S$,橄榄石则写成$(Mg,Fe)_2SiO_4$。

1. 类质同像的类型

类质同像类型的划分,可以从不同角度出发。如果根据类质同像替代的范围,可以划分出完全和不完全类质同像系列两类。前者指两种组分之间可以任意比例替代,形成连续的系列,相当于完全互溶的固溶体。其中两端的纯组分称为端元组分(end member),如橄榄石$(Mg,Fe)_2SiO_4$之端元组分分别是镁橄榄石Mg_2SiO_4和铁橄榄石Fe_2SiO_4。如果两种组分之间的替代只能在某有限的范围内,不能形成连续的系列,那么此时的类质同像就叫不完全类质同像,它相当于不完全固溶体。上述的(Zn,Fe)S便是一例,其中的FeS不可超过26%,否则就会导致晶体结构的改变。

如果从类质同像替代的离子电价是否相等的角度,则可以划分出等价类质同像(isovalent isomorphism)和异价类质同像(heterovalent isomorphism)两类。等价类质同像指的是替代的质点具有相等的电价,如前述橄榄石中的Mg^{2+}、Fe^{2+},含铁闪锌矿中的Zn^{2+}、Fe^{2+}之间的替代等。异价类质同像就是指相互替代质点的电价不等。如霓辉石(Na^+,Ca^{2+})(Fe^{3+},Fe^{2+})[Si_2O_6]中的Na^+、Ca^{2+}以及Fe^{3+}、Fe^{2+}之间的替代等。显然,在异价类质同像替代中,为了保持混晶的电中性,替代和被替代的离子电荷总量是相等的。如在霓辉石中,存在$Fe^{2+}+Ca^{2+} \leftarrow Fe^{3+}+Na^+$这样的替代,以保持电价平衡。保持替代前后电价平衡,可以是离子,也可以是空位。如磁黄铁矿中,有$3Fe^{2+} \leftarrow 2Fe^{3+}+\square$(这里"$\square$"代表空位)的替换,所以其化学式写成矿$Fe_{1-x}S$($x$的范围约为$0\sim0.17$)的形式。绿柱石($Be^{2+}$,$Cs^+$,$Li^+$)$_3Al_2$[$Si_6O_{18}$]中的类质同像替代是以$Be^{2+} \leftarrow Li^+ + Cs^+$方式进行,虽然电价保持了平衡,但$Cs^+$的半径很大(六次配位时,$Cs^+$的半径为1.67 Å,而$Li^+$的半径为0.76 Å),原来$Be^{2+}$的位置已经容纳不下,而是位于了结构孔道中。所以,绿柱石中的类质同像替代不是纯粹的替换固溶体,也包含了填隙固溶体。

2. 影响类质同像的因素

从类质同像的概念中可以知道,类质同像替代的发生不是任意的,它需要一定的条件。除了取决于代替质点本身的性质,如原子(离子)半径的大小、电价、离子类型、化学键性等内部原因外,还与外部条件,如形成替代时的温度、压力以及介质条件等有关。兹分别阐述如下。

(1)原子(离子)半径的影响。显然,要使得类质同像发生而又保持晶格稳定,那么相互替代的原子(离子)至少应是几何上相当的。事实上,经验表明,如果两种原子(离子或分子)的半径差值小于15%,那么它们之间的类质同像就可能发生。对于离子类型和电价相同的质点,它们之间的类质同像替代能力随着半径差别的减小而增加。若以r_1和r_2分别代表较大和较小的离子半径,则一般有:

$(r_1-r_2)/r_2 < 10\%\sim15\%$,一般形成完全类质同像系列;

$(r_1-r_2)/r_2 = (10\%\sim20\%)\sim25\%$,在高温下形成完全类质同像,温度下降时,固溶体发生离溶;

$(r_1-r_2)/r_2 > 20\%\sim25\%$,即使在高温下也只能形成不完全类质同像;而在低温时则不发生类质同像。

在异价类质同像的情况下,类质同像代替的能力主要取决于电荷的平衡,而离子半径大小的影响退居于次要地位。因此,对于异价类质同像替代,离子半径的限制不起主要作用。例如斜长石是钠长石Na^+[$AlSi_3O_8$]和钙长石Ca^{2+}[$Al_2Si_2O_8$]相互替代组成的完全固溶体,替代的形式为$Na^++Si^{4+} \leftarrow Ca^{2+}+Al^{3+}$。其中四次配位$Al^{3+}$和$Si^{4+}$的半径分别为0.39 Å和0.26 Å,两者差值高达50%,却仍可以发生类质同像替代。

(2)离子类型和化学键的影响。离子相互结合时的化学键与离子外层的电子构型有密切关系。惰性气体型离子在化合物中一般为离子键结合,它们常见于卤化物、氧化物和含氧盐中,而铜型离子在化合物中以共价键结合为主,它们常见于硫化物中。此两类离子的类型不同,化学键也不同,显然它们之间的类质同像替代就不易实现。如六次配位的Ca^{2+}和Hg^{2+},

半径分别为 1.00 Å 和 1.02 Å，半径相近且电价相同，但由于离子类型不同，化学键性差异较大，两者之间一般不出现类质同像替代。再如 Al^{3+}，在硅酸盐矿物中很常见，当以六次配位于周围的 O^{2-} 并以离子键结合时，常替代 Mg^{2+}、Fe^{2+}、Fe^{3+} 等，而在四次配位时，则通常只与 Si^{4+} 发生类质同像替代。如多硅白云母 $K(Al^{3+}, Mg^{2+}, Fe^{2+})_2(Al^{3+}, Si^{4+})Si_3O_{10}(OH, F)_2$，前面括号中的是六次配位，后面括号中的则是四次配位，两种替代均可以见到。这主要是由于键性差别的影响。

（3）温度的影响。在外部条件中，温度对晶体结构的影响是非常显著的。例如原子在晶格位置上的热振动会使其离开自身的平衡位置，当温度足够高时，还会导致晶体结构改变，甚至晶体结构解体而成为熔体。显然，温度对类质同像的影响也是很明显的，温度的增高有利于类质同像的产生。某些在常温下不能形成的类质同像，却在高温下可以形成；原来形成的不完全类质同像，在高温下可能形成完全的类质同像。而温度降低则将限制类质同像的范围，甚至可以使固溶体发生分离（这种由于温度降低而导致的单一结晶相固溶体分离成为两种结晶相的作用称为离溶，exsolution）。例如，钾长石 $K[AlSi_3O_8]$ 和钠长石 $Na[AlSi_3O_8]$ 在低温条件下只是有限的不完全固溶体（称为碱性长石），而在高温时（>1000℃）则形成完全的固溶体系列。而这种高温下形成的完全类质同像碱性长石，在温度降低时又会发生离溶，两者相互嵌生，形成所谓的条纹长石（见 6.3 节）。

（4）组分浓度的影响。在晶体形成过程中，如果一种组分的浓度过低，不足以形成本身独立的化合物晶体时，往往会以类质同像的形式进入到类似化合物相应的晶格中。例如磷灰石的化学式为 $Ca_5[PO_4]_3F$，从岩浆熔体中形成磷灰石要求熔体中的 CaO 和 P_2O_5 等的浓度符合一定的比例，若 P_2O_5 的浓度较大，而 CaO 的浓度相对不足，则 Sr、Ce 等元素就可以类质同像的方式补偿，代替 Ca 而进入磷灰石的晶格。因而磷灰石中常可聚集相当数量的稀有分散元素。又如磁铁矿 Fe_3O_4 中 $Fe^{2+} : Fe^{3+} = 1 : 2$，当岩浆中 $Fe^{2+} : Fe^{3+} > 1 : 2$，即 Fe_2O_3 的浓度过低，而 V_2O_3、TiO_2 的浓度又较高时，则后者可能进入晶格，形成钒钛磁铁矿 $Fe^{2+}(Fe^{3+}, V, Ti)_2O_4$。

在影响类质同像的诸因素中，上述四种的影响最为显著。当然，其他因素，诸如压力、电价、晶格特征等，也对类质同像有一定的影响。以压力的影响为例，一般而言，压力的影响与温度的影响相反，压力的增加会使得晶格趋于更加紧密，导致类质同像能力的降低或致使固溶体发生离溶。但目前人们对压力的认识远低于对温度的认识，压力对晶体结构变化和类质同像替代影响的机理是个复杂的问题，尚有很多待研究的地方。

3. 研究类质同像的意义

上面业已提及，类质同像是矿物中一个极为普遍的现象，它是引起矿物化学成分变化的一个主要原因。地壳中有许多丰度很低的元素，其本身不形成独立矿物，主要是以类质同像混入物的形式赋存于一定的矿物晶格中。例如铼（Re）元素，不以独立的矿物出现，而是经常以类质同像的方式替代 Mo 而赋存于辉钼矿中，Re 的提取基本上是来自辉钼矿的综合利用。所以，类质同像的研究有助于阐明矿床中元素赋存状态、寻找稀有分散元素、进行矿床的综合评价。同时由于类质同像的形成与矿物晶体生成的物理化学条件关系密切，因而类质同像的研究有助于了解成矿环境。如闪锌矿中铁含量的变化，反映了矿物形成条件的变化。此外，类质同像替代所引起的矿物化学成分的规律变化，也必然会导致矿物的一系列物理性质（如颜色、光泽、条痕、折光率、比重、硬度、熔点等等)的规律变化。系统地研究这些规律变化及其相互关系,有助于根据矿物物性的测定来确定矿物晶体组分的变化,乃至了解矿物晶体形成的物理化学条件变化等。

8.2.3 晶体的型变

类质同像的替代,只引起晶格常数或某些物理性质在量上的变化,晶体结构并不被破坏。但类质同像只能在一定条件下产生,超越这些条件的范围将引起晶体结构的改变(型变)而形成具有另一种结构类型的物质。将在化学式属于同一类型的化合物中,随着化学成分的规律变化,而引起晶体结构类型有规律变化的现象称为型变(或晶变)现象。

晶体结构中,类质同像替代原子(离子)的半径差别是引起型变的最主要原因。例如钙钛矿 $CaTiO_3$,Ca^{2+} 的半径为 1.00 Å,可以被 Sr^{2+}(半径为 1.18 Å)以类质同像的方式替代,且在常温常压下稳定存在。虽然两离子半径差异稍大(为 18%),但可以形成完全的类质同像系列,直至形成另外一个端元锶钛矿 $SrTiO_3$。写成通式,为 $Ca_{1-x}Sr_xTiO_3(0 \leqslant x \leqslant 1)$。在此完全类质同像系列中,随着 Sr 代替 Ca 的量逐渐增加,化合物的结构也发生了改变:在 $0 \leqslant x \leqslant 0.45$ 的范围内,固溶体 $Ca_{1-x}Sr_xTiO_3$ 是斜方晶系,空间群为 $Pbnm$;在 $0.45 \leqslant x \leqslant 0.65$ 范围内,结构转变为 $Cmcm$,仍属于斜方晶系;当 x 继续增加,在 $0.65 \leqslant x \leqslant 0.92$ 范围时,结构转变为四方晶系(空间群为 $I4/mcm$);当 $x > 0.92$ 的时候,则结构和锶钛矿端元的结构相同,为等轴晶系的 $Pm3m$ 结构。由于 $Ca^{2+} \leftarrow Sr^{2+}$ 的替代而导致上述的晶变,就是由于两者离子半径之间的差异所导致的,且这几种空间群之间很相近,存在子群和母群的关系。该例也说明,类质同像和型变现象体现了事物由量变到质变的规律。

8.3 晶体的相变

相(phase)是一个热力学概念,指的是物质(聚集态)内部宏观物理性质和化学性质均匀连续的部分。应用到晶体学中,相就是指具有稳定的化学组成和晶体结构的物质。晶体的相变(phase transition)指的是在化学组成不变的情况下,由于温度、压力以及其他化学或物理因素的影响,使得晶体结构或者其宏观物理化学性质发生改变的现象。晶体的相变是在固态条件下进行的,有可逆和不可逆之分。在有些文献中,相变一词的使用范围更宽泛一些,如上节提及的 $CaTiO_3$ 和 $SrTiO_3$ 之间的型变,也被称为相变,但这里只作狭义的理解。本节着重讨论晶体的结构相变类型以及不同类型相变的特点。

8.3.1 晶体相变的类型

晶体的基本性质之一是具有最小内能,稳定晶体结构内部的能量是最低的。从热力学角度,自然界所有的自发过程,都向着自由能(free energy)减小的方向进行。晶体相变的过程也不例外。一个体系或相的自由能(G)可表示为

$$G = H - TS \tag{8-1}$$

其中 T 为绝对温度,H 和 S 分别为体系或相的焓(enthalpy)和熵(enthopy)。那么自发过程中自由能的改变量(ΔG)可表达为

$$\Delta G = \Delta H - T\Delta S \tag{8-2}$$

式中，ΔH 和 ΔS 分别为焓变和熵变。

常见矿物晶体的热力学参数（ΔH，ΔS 等）可查阅专门书籍获得，因此利用式(8-2)可以判断晶体相的稳定态。例如，方解石和文石的化学组成均为 $CaCO_3$，在标准状态(25 ℃，1.013×10^5 Pa)下，方解石的 $\Delta G = -1234.697$ kJ/mol，文石的 $\Delta G = -1233.964$ kJ/mol。显然，朝自由能降低的方向，方解石更加稳定，这就是为什么自然界中的文石会转化为方解石的内在原因。

上述例子中，同种化学成分的物质，在不同的物理化学条件（温度、压力、介质）下形成不同晶体结构的现象，称为同质多像（polymorphism）。这些不同结构的晶体，称为该成分的同质多像变体，变体之间在固态条件下的相互转变，称为同质多像转变。

同质多像的每一种变体都有其稳定的热力学范围，也各具备自己特有的形态和物理性质。由于物理化学条件的改变，同质多像各变体之间的转变就可能发生，相应地其结构和物理性质将发生改变。如果转变前后晶体形态仍然保持原变体的形态，那么称之为副象（paraporphism），这也是判断是否发生同质多像转变的证据之一。同质多像转变可分为可逆的（双向的）和不可逆的（单向的）两种类型。如 α-石英 $\longleftrightarrow$ β-石英的转变是在 573 ℃时瞬时完成的，而且可逆；而 $CaCO_3$ 的斜方变体文石，在温度升高时转变为三方晶系的变体方解石，但温度降低则不再转变成文石，是不可逆的。由于同质多像转变与物理化学条件紧密相关，因此，可以用它推测矿物晶体形成的外界条件。

从热力学角度，通常根据相变时热力学函数特征，将相变分为两类，即一级相变（first order transition）和二级相变（second order transition）。一级相变的特点是，在相变临界点，相的自由能微商是不连续的，熵、焓和摩尔体积等函数出现跃变，其晶体结构也发生跃变。一级相变往往是缓慢而不可逆的，它伴随化学键的破坏和重建，相变前后变体之间的对称性没有必然联系。二级相变则是在相变临界点相的自由能微商连续变化，熵、焓和摩尔体积等函数以及物理化学性质也连续变化，不涉及化学键的破坏和重建，只是原子或离子的位置稍有改变。二级相变快速而可逆，通常变体之间的对称性存在某种"畸变"关系，或者相变前后的空间群存在某种母群和子群的关系。关于相变的理论描述，可参见朗道（Landau）理论，这是近年来才从统计物理学引入到晶体相变中来的新内容。

从相变的晶体结构变化上看，相变分为两类，即位移型相变（displacive phase transition）和重建型相变（reconstructive phase transition）。位移型相变指相变时原相中的化学键无须打破，只是结构中原子或离子的位置稍有移动，新相的结构与原相结构有某种畸变关系。而重建型相变则需要打破原相的化学键，原子或离子需进行重新组合，而使结构发生了重大变化。显然，重建型相变与一级相变相似，而位移型相变相当于二级相变。

8.3.2 温度导致的相变

晶体中原子的热运动（即在平衡位置上下振动）是晶体固有的性质。其振动的振幅是温度的函数。当温度足够高时，原子会离开其平衡位置发生相变，甚至可以导致晶体结构的解体而变成熔体。温度对相变的影响非常显著，一般体现在温度升高、新相的原子配位数减小、比重降低、对称性增高等方面。

温度导致相变的例子很多。例如钙钛矿 $CaTiO_3$，在常温常压下是斜方晶系晶体，结构为

$Pbnm$；随着温度的增加，在 1380 K 时，相变为另外一个斜方晶体相 $Cmcm$；温度继续增加至 1500 K，转变为四方晶系晶体，空间群为 $I4/mcm$；到 1580 K 时，则变成了等轴晶系的晶体，结构为 $Pm3m$。温度的增加使得对称性也在增加。图 8-2 是这几种结构沿 z 轴的投影，可以看出，随着温度的增加，使得 Ca^{2+}、O^{2-} 发生了微小的位移而表现为 TiO_6 八面体扭转，随着 TiO_6 八面体扭转的方向和程度的不同，从而渐次相变为 $Cmcm$，$I4/mcm$ 和 $Pm3m$。在此相变序列中，八面体扭转角度（减小）、Ca—O 键长（增加）以及晶胞参数（增加）的变化都是连续的，且这几种空间群之间存在着"畸变"的关系，也即 $Pbnm$，$Cmcm$ 和 $I4/mcm$ 皆是 $Pm3m$ 的子空间群。因此，该序列相变属于位移型相变。

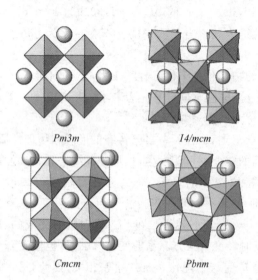

图 8-2　钙钛矿 $CaTiO_3$ 的不同结构相垂直 z 轴的投影

又如在 SiO_2 体系中，α 石英和 β 石英间的相转变是可逆的，其临界温度为 573 ℃。其中 α-石英的 Si—O—Si 键角为 144°（图 8-3A），当加温至 573℃ 相变为 β-石英时，O^{2-} 的位置发生了微小位移，使得硅氧四面体转动约 13°，从而使得 Si—O—Si 键角变为 180°（图 8-3B），对称性也从三方晶系的 $P3_12$ 转变为六方晶系的 $P6_42$。这是一种典型的可逆位移型相变。但比较 β 石英和 β-方石英（是 SiO_2 的另外一个高温同质多像变体，等轴晶系，其临界温度为 1470 ℃）的结构（图 8-4）就可以发现，两者之间不能通过 O^{2-} 的微小位移或硅氧四面体的转动而相互转化，而必须打破 Si—O 键重新组合方能实现。显然，这一相变属于不可逆的重建型相变。

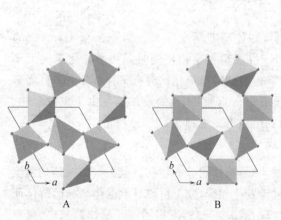

图 8-3　α-石英(A) 和 β-石英(B) 的晶体结构
菱形框为单胞范围

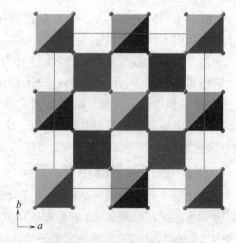

图 8-4　β-方石英的晶体结构
方形框为单胞范围

8.3.3 压力导致的相变

一般情况下,压力对相变的影响与温度的影响相反。但由于实验技术条件和研究程度较低,人们对压力的认识远远不及对温度的认识深刻。这里仅仅是提及一下这个重要且有待深入的课题。

一般而言,压力的增高会使得发生相变的温度上升。如常压下 α-石英和 β-石英的相变温度是 573℃;当压力增加至 0.2 GPa 时,相变临界温度增加到了 626℃;压力为 0.4 GPa 时,相变温度则为 679℃。压力的增加,一般会导致相变向低对称方向转变。如立方结构相的化合物 CsBr,在压力达到 53 GPa 时转变为四方晶系,其相变前后的体积仍是连续的,所以它也属于二级相变。这样的例子还有 $Al_2[SiO_5]$ 体系的同质多像变体等。图 8-5 是 $Al_2[SiO_5]$ 三种同质多像变体(红柱石、蓝晶石和矽线石)的 p-t 相图,三者各有其稳定的温度压力范围,并且结构、比重和离子配位数等各不相同。

但对有些物质而言,其相变时对称性的改变呈现复杂的趋势。例如,层状的钙钛矿型化合物 $Ca_3Mn_2O_7$,在常压下是四方对称,但随着压力的增加,在 1.3 GPa 左右时,发生对称性降低的相变,变

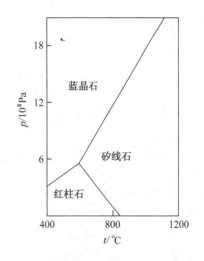

图 8-5 $Al_2[SiO_5]$ 三种同质多像变体的 p-t 相图

为斜方晶系;随着压力继续增加,在 9.5 GPa 左右时,再次发生相变,但此时的相变却向高对称方向变化,又变成了四方晶系。所以,关于压力对相变结构对称性的影响,还需要具体问题具体分析。

研究压力导致的相变具有很重要的意义。例如,地表温压条件下形成的一些矿物,在随着板片向地幔俯冲的过程中,由于要经受地球深部高温和高压的作用,这些矿物将会发生相变甚至分解,这就会大大影响地球深部的物质组成。因此,对晶体和矿物高压相变的研究,也是了解地幔物质组成、演化过程以及地幔性质的一个很重要的窗口。

8.3.4 有序-无序及其相变

有序-无序(order-disorder)现象是指:晶体结构中,在可以被两种或两种以上不同质点(原子、离子或空位)所占据的某种(或某几种)配位位置上,如果它们相互间的分布是任意的,即它们占据任何一个该等同位置的概率都是相同的,则这种结构称为无序结构(disordered structure);如果它们相互间的分布是有规律的,即两种原子和离子各自占据特定的位置,则这种结构称为有序结构(ordered structure),也称超结构(superstructure),这时所选取的晶胞称为超晶胞。有序和无序实际上是晶体的两种状态。

例如,合金 $AuCu_3$ 在 395℃ 以上是无序结构,Au 和 Cu 原子彼此任意地分布于立方面心晶胞的角顶和面心位置,统计上 Au 原子占据任一位置的概率为 1/4,而 Cu 为 3/4,空间群为 $Fm3m$(图 8-6A);但若将其缓慢冷却,Au 和 Cu 原子在晶胞中的位置便发生分化,Au 原子只

占据晶胞的角顶,而 Cu 原子占据晶胞面的中心(图 8-6B),两者分占两套等效位置,且空间群变为了 $Pm3m$。

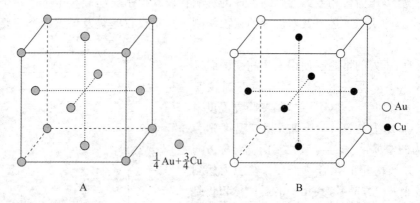

图 8-6 $AuCu_3$ 的高温无序结构(A)和低温有序结构(B)

再考察黄铜矿($CuFeS_2$)的例子。在高温(550 ℃以上)时,黄铜矿具有闪锌矿(ZnS)型结构,即阳离子 Zn 占据立方晶胞的角顶和面心,阴离子 S 呈四次配位,相间地分布于 1/8 晶胞的中心。对高温黄铜矿而言,Cu 和 Fe 离子在原来 Zn 离子所占据的位置上彼此任意地分布,阴离子 S 的位置不变(图 8-7),空间群为 $F\bar{4}3m$,晶胞参数 $a_0 = 5.29$ Å;但如果它的形成温度在 550 ℃以下,则 Cu 和 Fe 离子将规律地相间分布,从而破坏立方对称,形成犹如两个闪锌矿晶胞沿 z 轴重叠而成的四方晶胞(图 8-8),空间群则降低为四方晶系的 $I\bar{4}2d$,且晶胞参数也发生改变,为 $a_0 = 5.24$ Å,$c_0 = 10.30$ Å。从这个实例可以看出,晶体结构从无序转变为有序,可能使晶胞扩大,对称性一般也会降低,自然,其相应的物理性质也会产生某些变化。

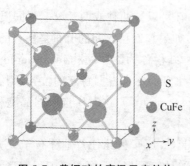

图 8-7 黄铜矿的高温无序结构

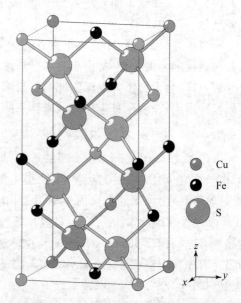

图 8-8 黄铜矿的低温有序结构

从有序态本身而言，可以分为长程有序和短程有序两大类。前者指结构中有关原子之间的有序排布一直延伸到整个晶体范围的有序；后者指原子间的有序排布只限于晶体中局部范围内的有序。

无序和有序是两个极端状态，在两者之间存在过渡状态，或称之为部分有序，即部分质点占据特定的位置，而另一部分质点则是在任意的位置上。结构有序的程度可用有序度(degree of order)来衡量和计算，是用来表征不同质点在同种配位位置中排布有序程度的参数。有序度的计算随晶体结构和研究内容的差异可能有所不同。下面以长石中 Al 和 Si 的有序-无序分布来说明这些问题。

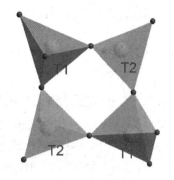

图 8-9　钾长石中的四连环
$T1$ 和 $T2$ 代表不同的等效位置

钾长石($KAlSi_3O_8$)中 Si 和 Al 均占据四面体位置(T 位)，其中 Si∶Al=3∶1。在单胞内 16 个 T 位中，Al 占据其中的 4 个，而 Si 占据 12 个。即在由 T 位组成的四连环中，Al 只能占据其中的一个 T 位。四连环的 T 位有两种不同的等效位置，$T1$ 和 $T2$，它们相间分布(图 8-9)。设 t_1 和 t_2 分别代表 Al 在 $T1$ 和 $T2$ 位置的占位概率，则恒有

$$2t_1 + 2t_2 = 1 \tag{8-3}$$

根据此占位情况，可以得到完全无序、完全有序和部分有序的结构。完全无序的时候，$t_1=t_2=0.25$，四连环中每一个 T 位都是化学等同的，即每一 T 位含有 0.25 个 Al 和 0.75 个 Si，高温透长石便是这样的结构，对称性也最高，为单斜晶系的 $C2/m$。完全有序的时候，只能允许 Al 向一个 T 位(例如 $T1$)集中，这样 2 个 $T1$ 位就分化成 2 个非等同点位，如果用 $T1(o)$ 和 $T1(m)$ 以及 $T2(o)$ 和 $T2(m)$ 来重新标记这 4 个 T 位的话，那么，完全有序时 Al 就占据 $T1(o)$ 位，其他 3 个点位 $T1(m)$，$T2(o)$ 和 $T2(m)$ 就被 Si 占据。显然有序的结果使得对称性降低，对应具体的长石为最大微斜长石，它属于三斜晶系。最大微斜长石中，占位率 $t_1(o)=1$，$t_1(m)=t_2(o)=t_2(m)=0$。如果占位率出现如下关系：

$$t_1(o) > t_1(m) > t_2(o) = t_2(m) \tag{8-4}$$

则结构属于部分有序的范畴，中间微斜长石就属于这样的结构。当然，有序程度就可根据占位率来衡量了。有人还提出了一个描述长石有序度的公式：

$$S = \frac{\sum_{i=1}^{4} |0.25 - t_i|}{1.5} \tag{8-5}$$

其中 S 为长石有序度，t_i 为第 i 种 T 位上含 Al 的百分数。读者可以根据式(8-5)，自己验算上述高温透长石和最大微斜长石的有序度分别为 0 和 1。

有序-无序之间的相互转化也取决于外界物理化学条件的改变，如温度、压力、时间等等。从上面的论述中不难看出，有序无序之间的转化，实际上也是一种相变。伴随有序度的不同，有序-无序态晶体的物理性质也可产生连续的变化。因此，确定晶体结构的有序、无序，可以直接测定质点的分布，如通过 X 射线衍射、电子衍射、红外等谱学研究方法，也可以通过测定其物理性质，间接地推断有序-无序的情况，如光学性质、热参数测定等。矿物(如长石、辉石、角

闪石等)的有序度的研究,已成为矿物学和理论岩石学的重要课题之一。此外,有序度的研究,对材料的微观结构和性质的确定,也具有很重要的实际意义。

8.4 多型和多体

8.4.1 多型的概念及其特点

多型(polytype)是指由同种化学成分所构成的晶体,当其晶体结构中的结构单位层相同,但结构单位层之间的堆垛顺序或重复方式不同时,而形成的结构上不同的变体。多型出现在广义的层状结构晶体中,同种物质的不同多型只是说明在结构层的堆积顺序上有所不同,也就是说,多型的各个变体仅以堆积层的重复周期不同相区别,从这个角度,也可以说多型就是一维的同质多像。

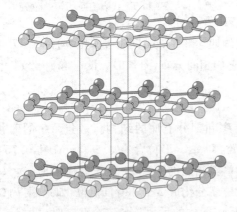

图 8-10 $2H$ 多型石墨的结构

结构单位层是构成层状结构晶体以及多型的基本单元。它可以是单独的原子面,如石墨中的单位层就是以六方环状的碳原子构成的面所代表的。沿 z 轴堆垛时,如果周期为两层一重复,那么就是 $2H$ 多型石墨(图 8-10);如果周期是三层,则是 $3R$ 多型石墨。更多的情况下,结构单位层是以多原子(离子)构成的有一定厚度的结构层。如云母中的结构层,就是以上下两层硅氧四面体夹一层八面体构成的。

从几何角度考虑,在平行结构单位层内,同一物质的各多型晶胞一般是对应相等的,或者存在简单的几何关系;但在垂直结构单位层方向上,各个多型的单胞高度是单位层高度的整数倍,此数值也同时反映了多型结构的重复周期和重复层数。如上述石墨的 $2H$ 和 $3R$ 多型,其重复层数分别为 2 和 3,沿堆垛方向单胞高度 c_0 分别是 6.70 Å 和 10.05 Å,恰好是一个周期(3.35 Å)的 2 倍和 3 倍。显然,这是由于石墨内部的结构单位层都是相同的,仅仅是由于层的堆积顺序不同而造成的。同时,由于层的堆积顺序不同,还导致了结构的对称性——空间群也不相同。但是由于单位层的相似性,多型之间在外形和物理性质方面表现的差异性却不明显。目前所知的重复层数最多的多型是 α-SiC(moissanite,是一种金刚石的代用品)的一种,达 594 层,周期约为 150 nm。

在矿物学中,通常把多型的不同变体仍看成是同一个矿物种。书写时,在矿物种名之后加上相应的多型符号,中间用横线相连。如石墨的 $2H$ 多型和 $3R$ 多型,可分别书写为石墨-$2H$ 和石墨-$3R$。表示多型的符号有多种,这里采用的多型符号是目前国际上常用的形式,它由一个数字和一个字母组成。前面的数字表示多型变体单位晶胞内结构单位层的数目,即重复层数,后面的大写斜体字母指示多型变体所属的晶系。如果有两个或两个以上的变体属于同一个晶系,而且有相等的重复层数时,则在字母右下角再加下标以资区别,如白云母-$2M_1$、白云母-$2M_2$ 等。斜体字母的含义为:C—等轴晶系、Q 或 T_t—四方晶系、H—六方晶系、T—三方晶系原始格子、R—菱面体格子、O 或 Or—斜方晶系、M—单斜晶系、A 或 Tc—三斜晶系。

对于不同多型的产生,可以归因于多种原因,诸如热力学因素、晶格振动、晶体生长时的位错和堆垛层错等因素。多型现象在许多人工合成的晶体中和具有层状结构的矿物中都广泛被发现,是层状结构晶体的一种普遍现象。因此,对物质多型的研究,在晶体学、矿物学、固体物理学、冶金学和一些材料科学领域中,无论在理论上还是在实用上都具有重要的意义。

8.4.2 多体的概念

矿物的多体性(polysomatism)是指,由两种(或两种以上)性质不同的结晶学模块(module),按不同比例或堆垛顺序而构筑的结构和化学组成上不相同的晶体的特性。所谓结晶学模块,是一相对独立的化学单元,具有稳定的化学组成和结构特征。作为一个完整的理论体系,多体的概念是由 J. B. Thompson 于 1970 年提出的。

自 20 世纪 70 年代以来,利用高分辨电镜,人们对链状硅酸盐矿物(辉石和闪石类)和层状硅酸盐矿物(云母类)晶体结构中的相似性有了更加深刻的认识,并提出用辉石结构模块和云母结构模块来构筑这类矿物结构的设想。根据这个设想,以一定方式连接这些模块,那么就可构筑其他层状和链状硅酸盐的结构。如直闪石的结构可以看成是一个辉石(P)和一个云母(M)模块构筑而成。这种设想也从实验结果中得到了证实。例如,镁川石(jimthompsonite)的三链结构,便可解释为由两个 M 模块和一个 P 模块构筑的(如图 8-11)。其中的 M 模块和 P 模块就是多体(polysome),它们共同构筑了一个多体系列(polysomatic series)。

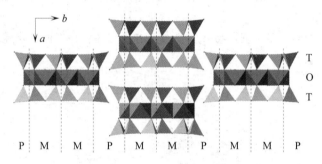

图 8-11 镁川石的三链结构

所谓的云辉闪石(biopyriboles)类矿物就是基于上述的认识重新定义的,它是指在结构中含有云母、辉石和角闪石结构模块的硅酸盐矿物。如闪川石(chesterite),可以看成是一个双链和一个三链结构的组合,构筑其结构的模块为 MMP·MP。也有根据多体理论预测但尚未发现的结构,如单链和双链的结构组合,它的构筑模块应该为 MP·P。

多体理论和结晶学模块的划分,在晶体化学理论方面有独特的贡献。它不仅把多体作为一个有机的整体来考虑,并揭示看起来结构和化学组成不一致矿物之间的内在联系,而且在系统了解已知多体的基础上,还可以预测和发现新化合物的化学式、晶体结构和物理化学性质等。

思 考 题

8-1 晶体学 CIF 文件包含了众多的结构数据信息。对晶体结构图的绘制而言,哪些结构数据是必需的?请予以说明。

8-2　表 8-1 给出了钙钛矿（$CaTiO_3$）的 CIF 文件。试利用表中给出的数据，绘制其晶体结构在 xy 平面上的投影。

8-3　举例说明固溶体和类质同像这两个概念的差别。

8-4　一个二元完全类质同像系列，其端元组分是等结构的，如镁橄榄石 $Mg_2[SiO_4]$ 和铁橄榄石 $Fe_2[SiO_4]$ 类质同像，两者结构均为 $Pbnm$。而在钙钛矿 $CaTiO_3$ 和锶钛矿 $SrTiO_3$ 之间，Ca^{2+} 和 Sr^{2+} 也可以相互替代，且存在连续的 $CaTiO_3$-$SrTiO_3$ 固溶体，但前者的结构为 $Pbnm$，而后者的结构却为 $Pm3m$。如何解释这两种不同的现象？

8-5　在晶体相变的定义中，晶体结构或者其宏观物理化学性质发生改变均是相变的标志。请给出几个晶体相变的具体实例。

8-6　对于钙钛矿 $CaTiO_3$ 而言，一般认为，$CaTiO_3$ 的低压相为斜方晶系的 $Pbnm$ 结构，而在高压条件下则变为等轴晶系的 $Pm3m$。你认为压力是如何影响 $CaTiO_3$ 的结构的？（提示：比较两种结构的差异，从质点的位移方面讨论结构的变化）

8-7　实验和理论都已经证实，在地球深部的高温高压环境下，一些在地表稳定的矿物可以相变为其高压相而稳定存在。如链状结构的辉石（Mg,Fe）SiO_3，在地球深部则变为钙钛矿型结构。从这个方面，谈谈对高压研究意义的认识。另外，再列举出其他类似的高压相变的例子。

8-8　有序-无序相变是一类典型的相变，受温度的影响比较明显。一般情况下，温度高趋向无序，温度低则有利于有序。8.3.4 节给出的 $AuCu_3$ 和黄铜矿（$CuFeS_2$）都是如此。如何理解这样的现象？

8-9　试对比一般所指的同质多像现象与有序-无序现象及多型性三者的主要异同。

晶体化学基础

任一晶体都具有一定的化学组成和内部结构。研究晶体的结构与晶体的化学组成及其性质之间的相互关系和规律的分支学科,称为晶体化学。化学组成是构成矿物晶体的物质内容,而内部结构是使该晶体在一定条件下得以稳定存在的形式。两者之间的关系是内容与形式的关系,存在着相互依存、相互制约的有机联系,并且是决定晶体外部形态和各项物理性质的内在依据。这就是本章所要讨论的基本问题。

在本章中,将分别阐述组成矿物晶体的质点(原子、离子和分子)本身具有的某些特性,进而讨论它们在组成晶体结构时的相互作用和规律,其中包括:离子类型、离子和原子的半径、离子或原子相互结合时的堆积方式和配位形式、键和晶格类型等等。

9.1 原子结构和元素周期表

从本质上说,晶体的结构、物理性质以及化学性质等都和其组成原子的原子结构有关,而原子结构则与原子核外的电子状态,尤其是外层电子状态有关。因此,讨论晶体,就不能回避原子的结构问题。从目前的科学认识来看,原子是由运动着的粒子组成的复杂的微观体系,它由带正电的原子核和绕核运动的带负电的电子组成。原子核是由数量不等的带正电荷的质子和不带电荷的中子构成的,这些粒子的基本物理参数如表 9-1 所示。

表 9-1 质子、中子和电子的基本物理常数

粒子	符号	质量/g	电荷量(静电单位)	相对电荷
质子	p	1.673×10^{-24}	4.803×10^{-10}	$+1$
中子	n	1.675×10^{-24}	0	0
电子	e	9.109×10^{-28}	4.803×10^{-10}	-1

原子的直径约在 10^{-8} cm 数量级,原子核的直径仅仅为 $10^{-12} \sim 10^{-13}$ cm 左右,但原子的质量却几乎都集中在原子核上,电子的质量仅仅为原子核质量的 1/1836,但它却占据了几乎整个原子空间。在原子序数为 Z 的原子中,原子核正电荷相当于核外 Z 个电子的负电荷,核外电子围绕着原子核做圆周运动,晶体结构基元键合时,原子的核外电子起着重要的作用。

9.1.1 原子核外电子运动状态

早期的原子结构模型是玻尔(Bohr)在 1913 年提出的,其结构犹如行星的模型。这是在

量子论基础之上发展起来的。主要要点为：

（1）原子中电子以圆形轨道围绕原子核运动，只能沿一些许可的轨道，不能有任意的轨道。许可的轨道由在其上运动的电子的角动量来限制。角动量 mvr 只能取下式的值：

$$L = mvr = \frac{nh}{2\pi} \quad (n=1,2,3,\cdots) \tag{9-1}$$

式中，m 为电子质量；r 为圆形轨道半径；v 为电子运动速度；h 为普朗克常数；n 为从1开始的正整数，叫量子数。所以说，电子运动的轨道是由 n 所限制的一系列轨道。

（2）许可轨道都是稳定轨道，在许可轨道上运动的电子，不会放出或吸收能量。电子辐射或吸收能量，表示稳定轨道间存在电子跃迁。

（3）稳定态电子运动遵循牛顿运动定律。

（4）在许可轨道上运动的电子具有一定的能量，电子跃迁的能量差服从下列关系：

$$E_2 - E_1 = h\nu \tag{9-2}$$

根据此原子结构模型和牛顿运动学定律，电子总能量可表达为

$$E = -\frac{2\pi^2 m Z^2 e^4}{n^2 h^2} \tag{9-3}$$

其中 Z 为原子序数；n 为量子数，取整数值；m 为质量。此式说明电子运动的轨道和能量取决于 n。对于氢原子，其量子数 $n=1$，最靠近原子核，轨道半径小，能量也最低。电子的能量也叫能级，原子（以及离子和分子）最低能级叫基态。此时，氢原子的基态半径（或称 Bohr 半径）为 0.529Å，基态能量为 -13.6eV，基态电子运动速度为 $\sqrt{5}\times 10^6$ m/s。随着 n 的增大，轨道半径就越大，同时能量也就越高。

1916年，电子运动的椭圆形轨道的概念被引入，从而玻尔的圆形轨道模型就成为这个修正模型的一个特例。因此，描述电子的运动状态也引入了更多的参数。除了上述的量子数 n（称为主量子数）外，还有用来描述轨道椭圆度的角量子数 l，描述电子轨道空间取向的磁量子数 m，以及描述电子自身旋转运动的自旋量子数 s 等。

对于电子的粒子性，其满足牛顿运动学定律，即电子的质量 m 与其速度 v 的乘积为电子所具有的动量 p，即 $p=mv$。而对于波动性的电子，和光子一样，则遵守 $p=h/\lambda$ 的规律，这里 λ 为电子表现波动时的波长。电子的粒子性与波动性（即波粒二象性）可通过下式联系起来：

$$mv = \frac{h}{\lambda} \tag{9-4}$$

式子的左边 mv 为粒子的动量，它是描写粒子性的量；右边的波长是描写波动性的量。

实物粒子运动所表现的波叫德布罗意波。平常物体只看到粒子性，看不到波动性，是因为波长太短，没有仪器能测出。由于电子运动具有波动性，因此描写电子的运动就要用描写波的方法去反映它的规律。对于一个在空间传播的波，只能问这个波在何时何地点的振动大小或强度如何，而不能问波在什么位置，因为它处在所传播的整个空间。以一定速度运动的电子，它们的运动不服从牛顿力学，因此不能知道它的准确位置，只能知道它在某地点出现的概率。

利用量子力学的理论可以描述物质的微粒运动状态。用量子力学解决粒子的运动，首先是写下基本的波函数——薛定谔（Schrödinger）方程，解方程求波函数，再由波函数求出相应的能量。

9.1.2 量子数和轨道

在解氢原子的薛定谔方程时,可得到 3 个描述电子运动状态的量子数:n,l 和 m。这 3 个量子数本来是对合理解的限制参数,但通过和经典力学中的物理量对比,就可以确定它们的物理意义。它们之间的取值范围和关系为

$n=1,2,3,\cdots$

$l=0,1,2,\cdots,(n-1)$

$m=0,\pm1,\pm2,\pm3,\cdots,\pm l$

n 称为主量子数,它决定体系的能量,也表示电子在空间运动时所占据的有效体积。通常用大写字母 K,L,M,N 等主层符号来表示其轨道;l 称为角量子数,它决定体系的角动量和电子云形状,同时也标志着轨道的分层数(亚层轨道),一般用小写字母 s,p,d,f 等来表示;m 是磁量子数,它决定电子云的方向和轨道角动量在磁场方向的分量。量子数所表征的电子运动轨道列示在表 9-2 中。

由量子数 n,l 和 m 所描述的是电子轨道运动的状态,所以薛定谔方程解出来的是电子轨道运动的波函数。电子除了轨道运动外,还存在自旋运动,此运动也受一量子数限制,叫自旋量子数 s,其绝对值只允许为 $1/2$,它标志着电子的自旋方向相反的运动状态。每一个特定的原子轨道都可以用一套量子数 n,l 和 m 来描述。例如,对 $n=2,l=1$ 和 $m=0$,就知道它是 L 层上的 p 轨道,写作 $2p$。

表 9-2 量子数 (n,l,m) 所表征的原子轨道

主层			亚层			磁量子数(m)
主量子数(n)	壳层符号	轨道数	角量子数(l)	轨道符号	轨道数	
1	K	1	0	$1s$	1	0
2	L	4	0	$2s$	1	0
			1	$2p$	3	$-1,0,+1$
3	M	9	0	$3s$	1	0
			1	$3p$	3	$-1,0,+1$
			2	$3d$	5	$-2,-1,0,+1,+2$
4	N	16	0	$4s$	1	0
			1	$4p$	3	$-1,0,+1$
			2	$4d$	5	$-2,-1,0,+1,+2$
			3	$4f$	7	$-3,-2,-1,0,+1,+2,+3$
...	...	...	...	...	...	...

9.1.3 原子的能级和原子的电子构型

前文提及主量子数 n 决定体系的能量,那是氢原子的结论的推广。实际上,在体系能量表达式[式(9-3)]中还含有原子序数 Z 项。随着原子序数增加,核外电子也增多,此时会产生所谓的屏蔽效应和穿透效应,从而导致轨道能量与理论预测不一致的现象。总的来说,多电子原子系统中原子轨道的能级主要取决于主量子数 n,一般主量子数越大,能级越高,即

$$E_1 < E_2 < E_3 < \cdots$$

如果主量子数相同,则轨道能级决定于角量子数 l,即

$$E_{ns} < E_{np} < E_{nd} < E_{nf} < \cdots$$

但当 $n=3$ 以后,由于屏蔽效应对外层轨道能级次序的影响,使得能量次序有颠倒的现象,如 $E_{3d} > E_{4s}$,$E_{4d} > E_{5s}$,$E_{4f} > E_{5p}$ 等。从理论和实验的结果,可以归纳一个适合于大多数原子的能级次序,为

$$E_{1s} < E_{2s} < E_{2p} < E_{3s} < E_{3p} < E_{4s} < E_{3d} < E_{4p} < E_{5s} < E_{4d} < \cdots$$

已经确定了在原子内电子的许可轨道和它们的能级,那么电子在这些轨道上是如何分布的呢?从原子的光谱和元素性质的周期性变化来看,电子是按照一定规律进入各个能级轨道的。这种规律不能从薛定谔方程得到,而是实验的结果。核外电子在各个轨道的排布遵循以下三条规则:

(1) 能量最低原理。电子在许可轨道上的排布是按照能级从低到高顺序填入的,在不违背泡利不相容原理(下一条规则)前提下,电子排布尽可能使体系能量最低。

(2) 泡利(Pouli)不相容原理。同一原子的同一个轨道上最多只能为两个自旋方向相反的或者成对的电子所占据。

(3) 洪德(Hund)定则。在主量子数 n 相同的 p,d,$\cdots$ 等能级相等的轨道中,电子尽可能占据不同的轨道,且自旋相互平行。但在一定角量子数 l 的轨道上,全充满(p^6,d^{10},f^{14})、半充满(p^3,d^5,f^7)和全空(p^0,d^0,f^0)轨道的状态也是稳定的,这可作为洪德定则的特例。

根据上述规则,不难写出所有元素的电子构型来。例如,对 Zn 原子($Z=30$),就可以写成:

$1s$ (↑↓) $2s$ (↑↓) $2p$ (↑↓, ↑↓, ↑↓) $3s$ (↑↓) $3p$ (↑↓, ↑↓, ↑↓) $3d$ (↑↓, ↑↓, ↑↓, ↑↓, ↑↓) $4s$ (↑↓)

表 9-3 给出了周期表中的第一和第二周期 10 种元素的电子构型。

表 9-3 第一、第二周期元素电子构型

元素	原子轨道					电子构型
	$1s$	$2s$	$2p$			
H	↑					$1s^1$
He	↑↓					$1s^2$
Li	↑↓	↑				$1s^2\ 2s^1$
Be	↑↓	↑↓				$1s^2\ 2s^2$
B	↑↓	↑↓	↑			$1s^2\ 2s^2\ 2p^1$
C	↑↓	↑↓	↑	↑		$1s^2\ 2s^2\ 2p^2$
N	↑↓	↑↓	↑	↑	↑	$1s^2\ 2s^2\ 2p^3$
O	↑↓	↑↓	↑↓	↑	↑	$1s^2\ 2s^2\ 2p^4$
F	↑↓	↑↓	↑↓	↑↓	↑	$1s^2\ 2s^2\ 2p^5$
Ne	↑↓	↑↓	↑↓	↑↓	↑↓	$1s^2\ 2s^2\ 2p^6$

9.1.4 原子的电子构型和周期表

元素的性质随原子序数的增加呈周期性变化,根据其变化规律排成了元素周期表。在了

解了原子内电子层结构后,可以看出这种规律性正是原子结构有规则变化的结果。先考察电子构型与周期表之间的关系,然后再讨论元素性质变化与电子层的关系。

第一周期有两种元素 H 和 He,它们的电子都占据 $1s$ 轨道。$1s$ 轨道正好要两个电子排满,而主量子数 $n=1$ 时只有一个 $1s$ 轨道,$1s$ 自成一组,所以第一周期只有两种元素。

第二周期从 Li 开始排布 $n=2$ 电子层,它有 $2s$ 和 $2p$ 共 4 个轨道,共需 8 个电子才能排满,所以第二周期共有 8 种元素。最后一个元素将 4 个轨道排满,为稀有气体 Ne。

第三周期排布 $n=3$ 的电子层,$n=3$ 时有 $3s$,$3p$ 和 $3d$ 共 9 个轨道。但 $3d$ 能级高于 $4s$,它属于上面一个能级组。这一周期只将 $3s$ 和 $3p$ 轨道排满为止,共需 8 个电子,所以第三周期也是 8 种元素。

第四周期从第 19 号元素 K 开始排 $n=4$ 的轨道,这一能级组包括 $4s$,$4p$ 和 $3d$ 共 9 个轨道。当 20 号元素 Ca 原子排满 $4s$ 后,从 21 号元素 Sc 起开始排 $3d$,待 $3d$ 排满后再排 $4p$。填充这 9 个轨道共需 18 个电子,所以第四周期共有 18 种元素。第五周期情况与第四周期相似,电子填入 $5s$,$4d$,$5p$ 九个轨道,所以第五周期也有 18 种元素。

第六周期从电子填入 $6s$ 开始,顺序排 $5d$,$4f$,$6p$,共 16 个轨道,需 32 个电子才能排满,所以第六周期共有 32 种元素。其中电子填充 $4f$ 的元素为镧系元素,放在周期表的下方。从理论上看,第七周期也应有 32 种元素,其中排 $5f$ 轨道的元素为锕系元素,也放在周期表的下方。从 95 号元素镅(Am)开始及以后的元素都是人造元素。再往后尚不清楚,所以第七周期为未完成周期。

综合上述,可归纳为如下几点:

(1) 元素所处的周期号数,等于电子的最高主量子数 n。也可以说周期号数等于元素的原子电子层数。

(2) 每一周期所含的元素数等于排满相应的能级组中的轨道所需的电子数。

(3) 每一周期的最后一个元素——稀有气体的最外层电子数都是 8(第一周期除外)。因此,常将 8 电子外层作为原子的稳定结构。

至今自然界元素和人造元素共达 114 种,并且还在不断地研究制造新元素。以后的元素,原子核较重,具有放射性,稳定性差,有的存在时间很短。现在,人们正在研究这样一个问题:即元素的数目究竟可能有多少? 当然不能立即作出明确的回答。不过有人从理论上分析,预言了第七周期以后的情况。例如用量子数来推测,如果第七周期和第六周期一样,也是 32 种元素,那么第八、九周期可能各有 50 种元素。当然,随着电子数的增加,原子将变得更为复杂,那么上述简单理论就不一定完全适用。随着科学的发展,今后人们将会制造出更多的新元素。

下面讨论族的划分和电子层结构的关系。周期表按纵行分为若干族,共有 9 个族,除零族(惰性气体)和Ⅷ族外,Ⅰ~Ⅶ族又分主副族。主副族的划分来源于短形式周期表的划分。当人们认识了原子结构后,将周期表改成现在的长形式周期表,保留了主副族的名称。主族用符号 A 标志,如ⅠA,ⅡA,…,ⅦA 等;副族用 B 标志,如ⅠB,ⅡB,…,ⅦB 等。

主族元素原子的最外层电子数与所属的族号相同,如碱金属最外层电子数为 1(ns^1),属ⅠA 族;ⅦA 族卤素原子的最外层电子数都是 7($ns^2 np^5$)。ⅠB 族(铜族)和ⅡB 族(锌族)元素的原子最外层电子数分别为 1 和 2,与族号相同。ⅢB~ⅦB 族的族号等于最外层 s 电子数加上次外层 d 电子数。Ⅷ族和零族另当别论。

各区元素在一般周期表中均已标明，如图 9-1。将周期表分为碱金属、碱土金属、金属、过渡金属、稀土、非金属、卤素和惰性气体等区域。在讨论元素及其化合物时，有时也将元素分为主族元素、过渡元素、镧系和锕系元素四类。

原子序数 1；元素符号 H；相对原子质量 1.01

IA	IIA	IIIB	IVB	VB	VIB	VIIB	VIII	VIII	VIII	IB	IIB	IIIA	IVA	VA	VIA	VIIA	0
1 H 1.008																	2 He 4.003
3 Li 6.941	4 Be 9.012											5 B 10.811	6 C 12.011	7 N 14.007	8 O 15.999	9 F 18.998	10 Ne 20.18
11 Na 22.99	12 Mg 24.305											13 Al 26.982	14 Si 28.086	15 P 30.974	16 S 32.066	17 Cl 35.453	18 Ar 39.948
19 K 39.098	20 Ca 40.078	21 Sc 44.956	22 Ti 47.88	23 V 50.942	24 Cr 51.996	25 Mn 54.938	26 Fe 55.847	27 Co 58.933	28 Ni 58.693	29 Cu 63.546	30 Zn 65.39	31 Ga 69.723	32 Ge 72.61	33 As 74.922	34 Se 78.96	35 Br 79.904	36 Kr 83.8
37 Rb 85.468	38 Sr 87.620	39 Y 88.906	40 Zr 91.224	41 Nb 92.906	42 Mo 95.94	43 Tc (97.91)	44 Ru 101.07	45 Rh 102.91	46 Pd 106.42	47 Ag 107.87	48 Cd 112.41	49 In 114.82	50 Sn 118.71	51 Sb 121.76	52 Te 127.6	53 I 126.9	54 Xe 131.29
55 Cs 132.91	56 Ba 137.33	57~71 镧系	72 Hf 179.49	73 Ta 180.95	74 W 183.84	75 Re 186.21	76 Os 190.23	77 Ir 192.22	78 Pt 195.08	79 Au 196.97	80 Hg 200.59	81 Tl 204.38	82 Pb 207.2	83 Bi 208.98	84 Po (209)	85 At (210)	86 Rn (222)
87 Fr (223)	88 Ra (226)	89~103 锕系	104 Rf (261.1)	105 Db (262.1)	106 Sg (263.1)	107 Bh (264)	108 Hs (265.1)	109 Mt (268)	110 Uun (269)	111 Uuu (272)	112 Uub (277)						

镧系	57 La 138.91	58 Ce 140.12	59 Pr 140.91	60 Nd 144.24	61 Pm (144.9)	62 Sm 150.36	63 Eu 151.97	64 Gd 157.25	65 Tb 158.93	66 Dy 162.5	67 Ho 164.93	68 Er 167.26	69 Tm 168.93	70 Yb 173.04	71 Lu 174.97
锕系	89 Ac (227)	90 Th 232.04	91 Pa 231.04	92 U 238.03	93 Np (237)	94 Pu (244.1)	95 Am (243.1)	96 Cm (247.1)	97 Bk (247.1)	98 Cf (251.1)	99 Es (252.1)	100 Fm (257.1)	101 Md (258.1)	102 No (259.1)	103 Lr (260)

图 9-1　元素周期表

9.2　原子半径和离子半径

原子获得电子即为阴离子，失去外层电子就为阳离子。无论原子或离子都是由原子核和核外电子组成的。原子和离子半径是晶体化学中的一项基本数据。按量子力学的观点，人们不可能确切知道核外电子的运动状况（即同时知道电子的运动速度和位置），但可以描述电子运动时的概率分布密度（即电子云）。如果将电子云的分布空间（体积）视为球形的话，则球的半径就是原子或离子的半径，这种理论上推引的半径叫理论半径。

对离子而言，根据离子最外层的电子构型，可以划分出三种基本类型，分别为：

1. 惰性气体型离子

这类离子最外层电子层结构与惰性气体的最外层电子层结构相似，即具有 8(s^2 p^6)或 2(s^2)个电子数。此类离子的半径较大，极化性能小，容易和氧结合形成氧化物或含氧盐特别是硅酸盐，形成大部分的造岩矿物。此类元素称为“亲氧元素”或“亲石元素”。

2. 铜型离子

其最外层电子层结构与铜离子的相似，即具有 18 个电子(s^2 p^6 d^{10})的铜型结构，最外层电子数为 18 或者 18＋2。一般而言，这类离子半径较小，极化能力强，容易和 S^{2-} 结合形成硫化物等多数金属矿物晶体。所以此类元素也称为"亲硫元素"或者"亲铜元素"。

3. 过渡型离子

离子的最外电子层具有 8～18 个电子的过渡型结构。周期表中这些元素居于惰性气体型和铜型离子之间的过渡位置,其离子半径和极化性质也介于两者之间。

在实际晶体结构中,呈格子状排列的原子或离子之间常保持一定的距离,也即各自占据一个确定的空间(通常视为球形),因此人们还可以通过实验的方法度量原子或离子半径。这种以键长数据为基础,由实验方法得到的原子或离子半径称为原子或离子的有效半径。对应于不同的化学键,也有离子半径、共价半径及金属原子半径的区别。同种元素的两个原子以共价单键结合时,其核间距的一半称为该原子的共价半径。通常未加特别说明的原子半径即指原子的共价半径;在金属单质晶格中,两相邻原子核间距离的一半称为该原子的金属半径;当两原子间仅存在范德华力的作用时,相邻两原子核间距的一半就称为范德华半径。显然,具体的原子或离子半径不是一个固定的数值,它与原子或离子在晶体结构中所处的环境(如配位数、价态、化学键、电子自旋状态等)有关。元素的原子半径和共价半径见图 9-2。元素的离子半径(有效半径)见表 9-4,这是一组非常经典的半径数据,详细标明了不同元素的离子半径以及受离子价态、配位数、电子自旋态等因素影响的半径数据。

图 9-2 元素的原子半径和共价半径

表 9-4 元素的离子半径[1]

元素	价态	配位数	有效半径/Å	元素	价态	配位数	有效半径/Å	元素	价态	配位数	有效半径/Å
Ac	+3	VI	1.22	Bi	+3	V	0.96	Cl	−1	VI	1.81
Ag	+1	II	0.67			VI	1.03		+5	III	0.12
		IV	1.00			VIII	1.17		+7	IV	0.08
		V	1.09		+5	VI	0.76			VI	0.27
		VI	1.15	Bk	+3	VI	0.96	Cm	+3	VI	0.97
		VII	1.22		+4	VI	0.83		+4	VI	0.85
		VIII	1.28			VIII	0.93			VIII	0.95
	+2	VI	0.94	Br	−1	VI	1.96	Co	+2	IV HS[2]	0.58
	+3	VI	0.75		+3	IV	0.59			V	0.67
Al	+3	IV	0.39		+5	III	0.31			VI LS[3]	0.65
		V	0.48		+7	IV	0.25			VI HS	0.745
		VI	0.535			VI	0.39			VIII	0.90
Am	+2	VII	1.21	C	+4	III	−0.08		+3	VI LS	0.545
		VIII	1.26			IV	0.15			VI HS	0.61
		IX	1.31			VI	0.16		+4	IV	0.40
	+3	VI	0.975	Ca	+2	VI	1.00			VI HS	0.53
		VIII	1.09			VII	1.06	Cr	+2	IV LS	0.73
	+4	VI	0.85			VIII	1.12			IV HS	0.80
		VIII	0.95			IX	1.18		+3	VI	0.615
As	+3	VI	0.58			X	1.23		+4	IV	0.41
	+5	IV	0.335			XII	1.34			VI	0.55
		VI	0.46	Cd	+2	IV	0.78		+5	IV	0.345
At	+7	VI	0.62			V	0.87			VI	0.49
Au	+1	VI	1.37			VI	0.95			VIII	0.57
	+3	VI	0.85			VII	1.03		+6	IV	0.26
	+5	VI	0.57			VIII	1.10			VI	0.44
B	+3	III	0.01			XII	1.31	Cs	+1	VI	1.67
		IV	0.11	Ce	+3	VI	1.01			VIII	1.74
		VI	0.27			VII	1.07			IX	1.78
Ba	+2	VI	1.35			VIII	1.143			X	1.81
		VII	1.38			IX	1.196			XI	1.85
		VIII	1.42			X	1.25			XII	1.88
		IX	1.47			XII	1.34	Cu	+1	II	0.46
		X	1.52		+4	VI	0.87			IV	0.60
		XI	1.57			VIII	0.97			VI	0.77
		XII	1.61			X	1.07		+2	IV	0.57
Be	+2	III	0.16			XII	1.14			V	0.65
		IV	0.27	Cf	+3	VI	0.95			VI	0.73
		VI	0.45		+4	VI	0.821		+3	VI LS	0.54
						VIII	0.92				

[1] 根据 Shannon,1976。
[2],[3] 表中 HS 代表高自旋,LS 代表低自旋。

续表

元素	价态	配位数	有效半径/Å	元素	价态	配位数	有效半径/Å	元素	价态	配位数	有效半径/Å
Dy	+2	VI	1.07	Gd	+3	VI	0.938	La	+3	VI	1.032
		VII	1.13			VII	1.00			VII	1.10
		VIII	1.19			VIII	1.053			VIII	1.16
	+3	VI	0.912			IX	1.107			IX	1.216
		VII	0.97	Ge	+2	VI	0.73			X	1.27
		VIII	1.027		+4	IV	0.39			XII	1.36
		IX	1.083			VI	0.53	Li	+1	IV	0.59
Er	+3	VI	0.890	H	+1	I	−0.38			VI	0.76
		VII	0.945			III	−0.18			VIII	0.92
		VIII	1.004	Hf	+4	IV	0.58	Lu	+3	VI	0.861
		IX	1.062			VI	0.71			VIII	0.977
Eu	+2	VI	1.17			VII	0.76			IX	1.032
		VII	1.20			VIII	0.83	Mg	+2	IV	0.57
		VIII	1.25	Hg	+1	III	0.97			V	0.66
		IX	1.30			VI	1.19			VI	0.72
		X	1.35		+2	II	0.69			VIII	0.89
	+3	VI	0.947			IV	0.96	Mn	+2	IV HS	0.66
		VII	1.01			VI	1.02			V HS	0.75
		VIII	1.066			VIII	1.14			VI LS	0.67
		IX	1.120	Ho	+3	VI	0.901			VI HS	0.83
F	−1	II	1.285			VIII	1.015			VII HS	0.90
		III	1.30			IX	1.072			VIII	0.96
		IV	1.31			X	1.12		+3	V	0.58
		VI	1.33	I	−1	VI	2.20			VI LS	0.58
	+7	VI	0.08		+5	III	0.44			VI HS	0.645
Fe	+2	IV HS	0.63			VI	0.95		+4	IV	0.39
		VI LS	0.61		+7	IV	0.42			VI	0.53
		VI HS	0.78			VI	0.53		+5	IV	0.33
		VIII HS	0.92	In	+3	IV	0.62		+6	IV	0.255
	+3	IV HS	0.49			VI	0.80		+7	IV	0.25
		V	0.58			VIII	0.92			VI	0.46
		VI LS	0.55	Ir	+3	VI	0.68	Mo	+3	VI	0.69
		VI HS	0.645		+4	VI	0.625		+4	VI	0.65
		VIII HS	0.78		+5	VI	0.57		+5	IV	0.46
	+4	VI	0.585	K	+1	IV	1.37			VI	0.61
	+6	IV	0.25			VI	1.38			IV	0.41
Fr	+1	VI	1.80			VII	1.46		+6	V	0.50
Ga	+3	IV	0.47			VIII	1.51			VI	0.59
		V	0.55			IX	1.55			VII	0.73
		VI	0.62			X	1.59				
						XII	1.64				

续表

元素	价态	配位数	有效半径/Å	元素	价态	配位数	有效半径/Å	元素	价态	配位数	有效半径/Å
N	−3	IV	1.46	OH	−1	II	1.32	Pr	+3	VI	0.99
	+3	VI	0.16			III	1.34			VIII	1.126
	+5	III	−0.104			IV	1.35			IX	1.179
		VI	0.13			VI	1.37		+4	VI	0.85
Na	+1	IV	0.99	Os	+4	VI	0.63			VIII	0.96
		V	1.00		+5	VI	0.575	Pt	+2	VI	0.80
		VI	1.02		+6	V	0.49		+4	VI	0.625
		VII	1.12			VI	0.545		+5	VI	0.57
		VIII	1.18		+7	VI	0.525	Pu	+3	VI	1.00
		IX	1.24		+8	IV	0.39		+4	VI	0.86
		XII	1.39	P	+3	VI	0.44			VIII	0.96
Nb	+3	VI	0.72			IV	0.17		+5	VI	0.74
	+4	VI	0.68		+5	V	0.29		+6	VI	0.71
		VIII	0.79			VI	0.38	Ra	+2	VIII	1.48
	+5	IV	0.48	Pa	+3	VI	1.04			XII	1.70
		VI	0.64		+4	VI	0.90	Rb	+1	VI	1.52
		VII	0.69			VIII	1.01			VII	1.56
		VIII	0.74			VI	0.78			VIII	1.61
Nd	+2	VIII	1.29		+5	VIII	0.91			IX	1.63
		IX	1.35			IX	0.95			X	1.66
	+3	VI	0.983	Pb	+2	IV	0.98			XI	1.69
		VIII	1.109			VI	1.19			XII	1.72
		IX	1.163			VII	1.23			XIV	1.83
		XII	1.27			VIII	1.29	Re	+4	VI	0.63
Ni	+2	IV	0.55			IX	1.35		+5	VI	0.58
		V	0.63			X	1.40		+6	VI	0.55
		VI	0.69			XI	1.45		+7	IV	0.38
	+3	VI LS	0.56			XII	1.49			VI	0.53
		VI HS	0.60		+4	IV	0.65	Rh	+3	VI	0.665
	+4	VI LS	0.48			V	0.73		+4	VI	0.60
No	+2	VI	1.1			VI	0.775		+5	VI	0.55
Np	+2	VI	1.10			VIII	0.94	Ru	+3	VI	0.68
	+3	VI	1.01	Pd	+1	II	0.59		+4	VI	0.62
	+4	VI	0.87		+2	VI	0.86		+5	VI	0.565
		VIII	0.98		+3	VI	0.76		+7	IV	0.38
	+5	VI	0.75		+4	VI	0.615		+8	IV	0.36
	+6	VI	0.72	Pm	+3	VI	0.97	S	−2	VI	1.84
	+7	VI	0.71			VIII	1.093		+4	VI	0.37
O	−2	II	1.35			IX	1.144		+6	IV	0.12
		III	1.36	Po	+4	VI	0.94			VI	0.29
		IV	1.38			VIII	1.08				
		VI	1.40		+6	VI	0.67				
		VIII	1.42								

续表

元素	价态	配位数	有效半径/Å	元素	价态	配位数	有效半径/Å	元素	价态	配位数	有效半径/Å
Sb	+3	IV	0.76	Tc	+4	VI	0.645	U	+6	II	0.45
		V	0.80		+5	VI	0.60			IV	0.52
		VI	0.76		+7	IV	0.37			VI	0.73
	+5	VI	0.60			VI	0.56			VII	0.81
Sc	+3	VI	0.745	Te	−2	VI	2.21			VIII	0.86
		VIII	0.870		+4	III	0.52	V	+2	VI	0.79
Se	−2	VI	1.98			IV	0.66		+3	VI	0.640
	+4	VI	0.50			VI	0.97		+4	V	0.53
	+6	IV	0.28		+6	IV	0.43			VI	0.58
		VI	0.42			VI	0.56			VIII	0.72
Si	+4	IV	0.26	Th	+4	VI	0.94		+5	IV	0.355
		VI	0.40			VIII	1.05			V	0.46
Sm	+2	VII	1.22			IX	1.09			VI	0.54
		VIII	1.27			X	1.13	W	+4	VI	0.66
		IX	1.32			XI	1.18		+5	VI	0.62
	+3	VI	0.958			XII	1.21		+6	IV	0.42
		VII	1.02	Ti	+2	VI	0.86			V	0.51
		VIII	1.079		+3	VI	0.67			VI	0.60
		IX	1.132		+4	IV	0.42	Xe	+8	IV	0.40
		XII	1.24			V	0.51			VI	0.48
Sn	+4	IV	0.55			VI	0.605	Y	+3	VI	0.90
		V	0.62			VIII	0.74			VII	0.96
		VI	0.69	Tl	+1	VI	1.50			VIII	1.019
		VII	0.75			VIII	1.59			IX	1.075
		VIII	0.81			XII	1.70	Yb	+2	VI	1.02
Sr	+2	VI	1.18		+3	IV	0.75			VII	1.08
		VII	1.21			VI	0.889			VIII	1.14
		VIII	1.26			VIII	0.98		+3	VI	0.868
		IX	1.31	Tm	+2	VI	1.03			VII	0.925
		X	1.36			VII	1.09			VIII	0.985
		XII	1.44			VI	0.880			IX	1.042
Ta	+3	VI	0.72		+3	VIII	0.994	Zn	+2	IV	0.60
	+4	VI	0.68			IX	1.052			V	0.68
		VI	0.64		+3	VI	1.025			VI	0.74
	+5	VII	0.69			VI	0.89			VIII	0.90
		VIII	0.74			VII	0.95	Zr	+4	IV	0.59
Tb	+3	VI	0.923	U	+4	VIII	1.00			V	0.66
		VII	0.98			IX	1.05			VI	0.72
		VIII	1.040			XII	1.17			VII	0.78
		IX	1.095		+5	VI	0.76			VIII	0.84
	+4	VI	0.76			VII	0.84			IX	0.89
		VIII	0.88								

总结起来，各种原子和离子半径有如下基本规律：

（1）对于同种元素的原子半径，其共价半径总是小于金属半径。

（2）对于同种元素的离子半径，阳离子的半径总是小于该元素的原子半径，且价态愈高，半径愈小；而阴离子的半径总是大于该元素的原子半径，且负价愈高，半径愈大。当氧化态相同时，离子半径随配位数的增高而增大。

（3）对于同一族元素，原子和离子半径随元素周期数的增加而增大；对同一周期的元素，原子半径和阳离子半径随原子序数的增加而减小；而从周期表左上方到右下方的对角线方向上，阳离子的半径彼此近于相等。

（4）在镧系和锕系元素中，元素的阳离子半径随原子序数增加而略有减小，即所谓的镧系收缩和锕系收缩。且因受镧系收缩的影响，镧系以后的诸元素与同族中的上面一个元素相比，半径差很小。

（5）一般情况下，阳离子半径都小于阴离子半径。大多数阳离子半径在 0.5～1.2 Å 的范围内，而阴离子半径则在 1.2～2.2 Å 之间。

离子半径和原子半径在晶体化学研究方面具有很重要的意义。半径的大小，特别是相对大小对晶体结构中质点的排列方式影响很大。弄清并熟悉这些数据及其变化规律，对于理解和阐明矿物晶体结构类型的变化、晶体化学组成的变异以及有关物理性质的变化等都是非常重要的。

9.3 密堆积原理

原子和离子具有一定的有效半径，因而都可看成是具有一定大小的球体。同时，金属键和离子键都没有方向性和饱和性，因而，从几何角度来看，金属原子之间或者离子之间的相互结合，在形式上也可视为球体间的相互堆积。金属原子或离子相互结合时，要求彼此间的引力和斥力达到平衡，使得彼此之间互相靠近而占有最小的空间，以便体系能量在最低状态。这在球体堆积中就相当于要求球体间相互作最紧密堆积。所以，研究球体的密堆积将有助于理解具体矿物的晶体结构。本节主要考虑等大球的最紧密堆积情况，这也是最简单的紧密堆积，然后简单提及非等大球体的密堆积情况。

9.3.1 等大球的六方和立方密堆积

等大球体在一维方向（直线）上作最紧密排列时，必然是球体之间紧密相连，形成串珠状的长链。在二维平面内作最紧密排列时，则只有一种形式，如图 9-3A。如果标定中心球体为 A 的话，此时每个球与周围的 6 个球相邻接触，每 3 个彼此相邻接触的球体之间存在呈弧线三角形的空隙，其中半数空隙的尖角指向图的下方（此种空隙中心的位置标记为 B），另半数空隙的尖角指向上方（标记为 C），两种空隙相间分布。

当两层最紧密排列的球体上下紧密叠置时，便形成球体在三维空间的最紧密堆积。此时，上层中的每一个球体均与下层中的 3 个球体相邻接触，只有置于下层球的三角形空隙位置上才是最紧密的。在图 9-3B 中，上层球的中心都落在尖角向下的三角形空隙 B 上。由于落在空隙 B 处和 C 处结果是相同的，因此，两层球体的堆积方式也只有这样一种。

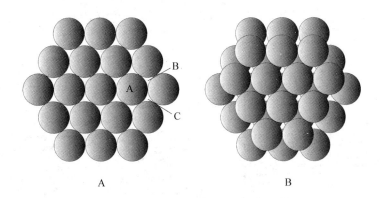

图 9-3　等大球密堆积的排列形式
A——一层等大球；B—两层等大球

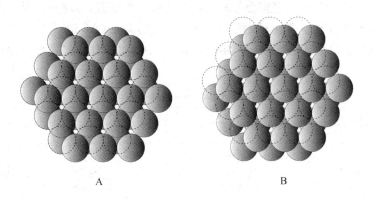

图 9-4　三层等大球密堆积时的两种排列形式

当继续堆积第三层球体时，就将有两种根本不同的堆积方式：一种是第三层球体落在未穿透两层的空隙 A 的位置上，当垂直于紧密排列层观察时，此时第三层球的位置正好与第一层球体的位置重叠，即重复第一层球的位置（图 9-4A）；另一种方式是第三层球覆于第一层和第二层球体重叠的三角形空隙之上，即不重复第一、二层球的位置（图 9-4B）。

上述的前一种堆积方式，它是每两层就重复一次。再继续堆积时，第四层则可与第二层的位置重复，第五层又与第三层重复，如此堆积，可以用 ABAB…… 的顺序来表示。其球体在空间的分布与空间格子中的六方格子相对应，因此，这种最紧密堆积方式称为六方最紧密堆积（hexagonal closet packing，缩写为 hcp），其最紧密排列层平行于(0001)，如图 9-5 所示。上述的后一种堆积方式则是每三层重复一次，当堆积第四层时，与第一层重复，以后第五层则与第二层重复，第六层又与第三层重复，如此等等，它可表示为 ABCABC…… 的顺序。其球体在空间的分布与空间格子中的立方面心格子相一致，因此这种最紧密堆积方式称为立方最紧密堆积（cubic closest packing，缩写为 ccp），其最紧密排列层平行于(111)，如图 9-6 所示。

上述的立方和六方最紧密堆积是两种最基本的最紧密堆积方式，在金属和材料学中也称为 A1 和 A3 型密堆积。除了上述的两种最紧密堆积外，还存在四层一重复（如 ABAC……）、

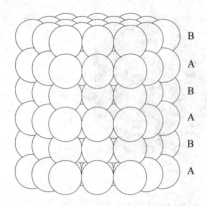 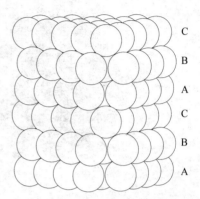

图 9-5　等大球的六方最紧密堆积　　　　　图 9-6　等大球的立方最紧密堆积

五层一重复(如 ABCAC……)等多种形式。虽然从数学角度看,堆垛形式是无限多的,但均可看成是 hcp 和 ccp 的组合。常见的密堆积类型还有立方体心(A2 型)和四面体型(金刚石型或 A4 型)的密堆积,它们不属于"最紧密"堆积。不同典型密堆积的符号、配位数、空间利用率等特征见表 9-5。

表 9-5　几种典型密堆积类型特征

名称	符号	单位球数	球心位置坐标	配位数	空间利用率	堆积矢量	对应晶体
立方密堆积	A1	4	$0, 0, 0$；$0, \frac{1}{2}, \frac{1}{2}$；$\frac{1}{2}, 0, \frac{1}{2}$；$\frac{1}{2}, \frac{1}{2}, 0$	12	74.05%	[111]	Cu、Au、Pt
立方体心密堆积	A2	2	$0,0,0$；$\frac{1}{2},\frac{1}{2},\frac{1}{2}$	8	68.02%	[111]	α-Fe、W、Mo
六方密堆积	A3	2	$0,0,0$；$\frac{2}{3},\frac{1}{3},\frac{1}{2}$	12	74.05%	[001]	Os、Mg、Zn
四面体型(金刚石型)密堆积	A4	8	$0, 0, 0$；$\frac{1}{2}, \frac{1}{2}, 0$；$\frac{1}{2}, 0, \frac{1}{2}$；$0, \frac{1}{2}, \frac{1}{2}$；$\frac{1}{4}, \frac{1}{4}, \frac{1}{4}$；$\frac{3}{4}, \frac{3}{4}, \frac{1}{4}$；$\frac{3}{4}, \frac{1}{4}, \frac{3}{4}$；$\frac{1}{4}, \frac{3}{4}, \frac{3}{4}$	4	34.01%	[111]	金刚石

9.3.2　等大球密堆积的空隙

在等大球体的最紧密堆积中,球体间仍有空隙存在。按照空隙周围球体的分布情况,可将空隙分成四面体空隙与八面体空隙两种类型。一类是处于 4 个球体包围之中的空隙,此 4 个球体中心之连线恰好连成一个四面体的形状,故称为四面体空隙(tetrahedral void)。另一类是八面体空隙(octahedral void),处于 6 个球体包围之中,此 6 个球体中心之连线恰好连成一个八面体的形状。两者的几何特点见图 9-7。

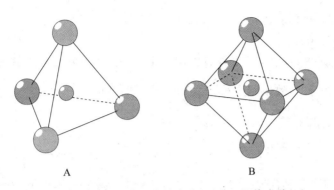

图 9-7 最紧密堆积中四面体空隙(A)和八面体空隙(B)

那么在等大球密堆积中有多少四面体和八面体空隙呢？在单层密堆积情况下，一个球与 6 个其他球相毗邻，每个球周围有 6 个弧形三角形空隙，由于每 3 个球才能构成一个三角形空隙，这样平均下来每个球只有两个空隙。故在单层堆积情况下，三角形空隙的数目是球的 2 倍。在两层及更多层数堆积时连接组成空隙球体的中心，就可得到四面体和八面体空隙。无论是六方 ABAB……，或是立方 ABCABC……形式的密堆积，球体周围的四面体空隙和八面体空隙的数目都是相同的，但空隙分布情况却有差别，如图 9-8 所示。即每一个球体周围有 8 个四面体空隙和 6 个八面体空隙。由于每 4 个球构成一个四面体空隙，每 6 个球构成一个八面体空隙，因此，当有 n 个等大球体作最紧密堆积时，就必定有 n 个八面体空隙与 $2n$ 个四面体空隙。

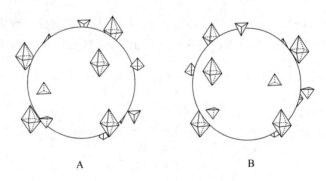

图 9-8 六方(A)和立方(B)最紧密堆积中四面体空隙和八面体空隙的分布

9.3.3 等大球密堆积的空间利用率

构成晶体的原子、离子或分子在整个晶体空间中占有的体积百分比叫空间利用率(t)。这个概念可以表达原子、离子或分子在晶体结构中堆积的紧密程度。设密堆积的单胞体积为 V_0，原子(离子)半径为 r，单胞中的分子数为 Z，则空间利用率 t 为

$$t = \left(Z \cdot \frac{4}{3}\pi r^3\right)/V_0 \tag{9-5}$$

下面考察一下 A1～A4 型密堆积的空间利用率的情况。根据表 9-5 中球体的位置坐标，不难绘制出各种密堆积的立体图形。

(1) A1 型(立方)密堆积的结构如图 9-9 所示，其单胞的分子数为 $Z=4$。由于密堆积是

沿[111]方向进行的,故单胞边长为 $a=2\sqrt{2}r$。所以有 $V_0=a^3=(2\sqrt{2}r)^3=16\sqrt{2}r^3$。将 V_0 带入式(9-5),得 $t=74.05\%$。

(2) A2型(立方体心)密堆积的结构如图9-10所示,其单胞的分子数为 $Z=2$。其密堆积也是沿[111]方向进行的,故单胞边长 $a=\dfrac{4}{\sqrt{3}}r$。所以单胞体积 $V_0=a^3=\dfrac{64}{\sqrt{27}}r^3$。将 V_0 带入式(9-5),得 $t=68.02\%$。

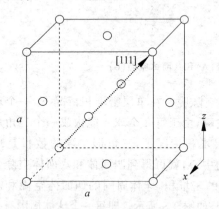

图9-9　A1型密堆积的单胞

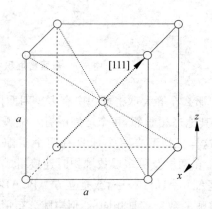

图9-10　A2型密堆积的单胞

(3) A3型(六方)密堆积的结构如图9-11所示,其单胞的分子数为 $Z=2$。由于其密堆积是沿[0001]方向进行的,故单胞边长 $a=2r$。如果设单胞高度为 c,由于六方密堆积中恒有 $c=\dfrac{2}{3}\sqrt{6}a$,所以单胞体积 $V_0=a\cdot\dfrac{\sqrt{3}}{2}a\cdot c=8\sqrt{2}r^3$。将 V_0 带入式(9-5),得 $t=74.05\%$。

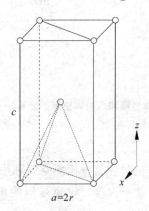

图9-11　A3型密堆积的单胞

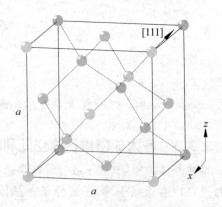

图9-12　A4型密堆积的单胞

(4) A4型(四面体型)密堆积的结构如图9-12所示。其单胞的分子数为 $Z=8$。由于其密堆积是沿[111]方向进行的,故单胞边长 $a=\dfrac{8}{\sqrt{3}}r$。单胞体积 $V_0=a^3=\dfrac{512}{3\sqrt{3}}r^3$。将 V_0 带入式

(9-5),得 $t=34.01\%$。

上述数据反映了不同密堆积时的空间利用率,同时也反映了不同密堆积时空隙的大小。可见,尽管都属于密堆积,但它们之间的差别还是比较大的。

9.3.4 密堆积的空间群

单层圆球作最紧密堆积时,在其弧形三角形空隙处的对称性为 $3m$,而垂直于球心处的对称性为 $6mm$。在进行最紧密堆积过程中,必然将第二层圆球放在第一层圆球的三角形空隙上。为了达到最紧密堆积的目的,放置第三层、第四层、…… 时也是如此。依此类推,不管堆积了多少层,整个最紧密堆积至少有 $3m$ 的对称性。除了三层最紧密堆积(具有 4 个 3 次轴的面心立方)外,具有 $3m$ 对称性的点群共有 5 种,即 $6/mmm$,$6mm$,$3m$,$\bar{3}m$ 和 $\bar{6}m2$。与此 5 种点群同形的空间群共有 24 种,即

$3m$： $\underline{P3m1}$, $P3c1$, $P31m$, $P31c$, $\underline{R3m}$, $R3c$

$\bar{3}m$： $P\bar{3}1m$, $P\bar{3}1c$, $\underline{P\bar{3}m1}$, $P\bar{3}c1$, $\underline{R\bar{3}m}$, $R\bar{3}c$

$\bar{6}m2$： $\underline{P\bar{6}m2}$, $P\bar{6}c2$, $P\bar{6}2m$, $P\bar{6}2c$

$6mm$： $P6mm$, $P6cc$, $P6_3cm$, $\underline{P6_3mc}$

$6/mmm$： $P6/mmm$, $P6/mcc$, $\underline{P6_3/mmc}$, $P6_3/mcm$

其中具有 $3m$ 对称性的空间群共有 7 种(上述标有下划线的),再加上立方面心密堆积的 $Fm3m$,总共有 8 种空间群,分别为

$$P3m1, R3m, P\bar{3}m1, R\bar{3}m, P\bar{6}m2, P6_3mc, P6_3/mmc, Fm3m$$

需要说明的是,在与 $6/mmm$ 同形的 4 个空间群中,$P6/mmm$ 和 $P6_3/mmc$ 都有 $3m$ 对称性,在密堆积为单层的时候为 6 次轴,但在多层堆积的时候不可能再有 6 次对称。因此 $P6/mmm$ 不是密堆积的空间群,而 $P6_3/mmc$ 是六方密堆积 ABAB…… 的空间群。

上述 8 个空间群中,$P\bar{3}m1$,$P\bar{6}m2$,$P6_3/mmc$ 和 $Fm3m$ 在密堆积到 8 层的时候才出现,$P3m1$ 和 $R\bar{3}m$ 是在堆积 9 层时才出现,$P6_3mc$ 是在 12 层的时候才出现,而 $R3m$ 空间群直到 21 层的时候才可能出现。

9.3.5 不等大球体堆积

在不等大球体进行堆积时,球体有大有小。此时可以看成是较大的一种球体成等大球体密堆积,而较小的球体,视其本身的大小,可充填在密堆积的八面体空隙或四面体空隙中。例如石盐(NaCl)的结构中,Cl^- 的半径为 1.81 Å,而 Na^+ 的半径为 1.02 Å,可视为 Cl^- 作立方最紧密堆积,Na^+ 充填所有八面体空隙。

如果四面体或八面体空隙容纳不下较小的球体,那么当小球充填空隙后,就会将包围空隙的阴离子略微撑开一些,以完成不等大球体的密堆积。此时,大球的堆积方式将会有所改变,只能是近似的最紧密堆积,甚至会出现某种变形。例如,金红石(TiO_2)的结构(图 9-13)中,较大的 O^{2-} 只是作近似的六方最紧密堆积,而 Ti^{4+} 充填畸变了的八面体空隙(即与 Ti^{4+} 连接的 6 个 Ti—O 键长是不全相等的)。

一些离子结构的化合物,常可以视为阴离子作最紧密堆积、阳离子充填空隙的不等大球体堆积的结构。

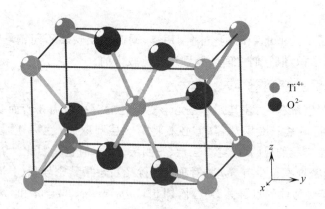

图 9-13 金红石的晶体结构

9.4 配位数和配位多面体

在晶体结构中,一个原子或离子总是按某种方式与周围的原子或异号离子相邻结合。原子间或异号离子间的这种相互配置关系,便是所谓的配位(coordination)关系,它可以用配位数和配位多面体来描述。

一个原子或离子的配位数(coordination number,缩写为 CN)是指,晶体结构中,在该原子或离子的周围,与它直接相邻结合的原子个数或所有异号离子的个数。而配位多面体(coordination polyhedron)是指,在晶体结构中,与某一个阳离子(或中心原子)成配位关系而相邻结合的各个阴离子(或周围的原子),它们的中心连线所构成的多面体。阳离子(或中心原子)即位于配位多面体的中心,与它配位的各个阴离子(或配位原子)的中心则位于配位多面体的角顶上。例如在石盐(NaCl)的结构中,每个 Na^+ 的周围都有 6 个 Cl^- 与之相接触,Na^+ 的配位数即为 6,连接这 6 个 Cl^- 中心,便构成八面体,这就是 Na^+ 的配位多面体。Na^+ 位于八面体的中心,而 Cl^- 则位于八面体的 6 个角顶上。

在晶体结构中,配位数的大小是由多种因素决定的。视结构中化学键的类型,最重要的影响因素有质点的相对大小、堆积的紧密程度等等。

对金属晶体而言,同一种元素的原子以纯金属键结合并成最紧密堆积时,每个原子都与周围的 12 个原子相接触,显然,此时每个原子都具有最高的配位数 12。如自然铜、自然金等 A1 型密堆积;如果金属原子不作最紧密堆积,则配位数就要减低,如 α-Fe 的结构,是 A2 型的立方体心格子形式的堆积,其配位数为 8。

对共价晶体而言,同一种元素的原子以共价键相结合时,由于共价键具有方向性和饱和性,所以与之相接触的原子的数目仅取决于成键的个数,其配位数不受球体最紧密堆积规律的支配。如金刚石(C)中碳原子形成 4 个共价键,配位数为 4;而石墨(C)中碳原子形成 3 个共价键,配位数则为 3。

对离子晶体而言,其阳离子的配位数则主要决定于阴阳离子半径的相对大小。表 9-6 列出了典型的阴、阳离子半径比与阳离子的配位数及其理想的配位多面体的几何形状。表中的各种比值,是在假定离子具有固定半径的条件下,用几何方法计算出来的。其数值是指示各种配位数的稳定边界。今以配位数为 6 的情况说明如下。

表 9-6 离子晶体中阴、阳离子半径比与阳离子的配位数、配位多面体之间的关系

r_c/r_a	0～0.155	0.155～0.225	0.225～0.414	0.414～0.732	0.732～1	1	
阳离子配位数	2	3	4	6	8	12	
多面体的形状	哑铃状	等边三角形	四面体	八面体	立方体	立方八面体(立方最紧密堆积)	反立方八面体(六方最紧密堆积)
实例		方解石 $CaCO_3$	闪锌矿 ZnS	石盐 NaCl	萤石 CaF_2	自然金 Au	自然锇 Os

注:r_c,r_a 分别代表阳离子和阴离子的半径。

图 9-14 表示一个配位八面体的横截面,位于配位多面体中心的阳离子充填于被分布在八面体顶角上的 6 个阴离子围成的八面体空隙中,并与周围的 6 个阴离子均紧密接触。由图中的直角三角形 ABC 可以算出:$r_c/r_a=\sqrt{2}-1=0.414$。此值应是阳离子作为六次配位的下限值。如果 $r_c/r_a<0.414$,就表明阳离子过小,不能同时与周围的 6 个阴离子都紧密接触,阳离子有可能在其中移动,这样的结构显然是不稳定的。要保持阴、阳离子间紧密接触,该阳离子只能存在于较八面体空隙为小的四面体空隙中。由此可见,作为六次配位的下限值 0.414,同时也是四次配位的上限值。同理,表中的其他值也是用类似的方法计算的。

表 9-6 所指示的配位多面体都是几何上规则的正多面体。其中配位数为 12 的配位多面体,即立方八面体和反立方八面体,均很少见,如图 9-15。在实际晶体结构中,由于阴离子的密堆积往往有多种形式的畸变,或者谈不上是密堆积,或者是由于其他键的存在,都可以导致配位多面体形式的变化。例如,同样配位数为 5,但配位多面体可以是四方单锥,也可以是三方双锥。所以用多面体来表征结构中质点间的相互配置要比用配位数更能明确表达结构的涵义。此外,即便是正多面体,也可以有一定的畸变。如金红石的结构(图 9-13)中 Ti^{4+} 的配位八面体就不是正八面体,而是沿二次轴方向稍微压扁了的变形八面体。但习惯上仍归之于八面体配位。

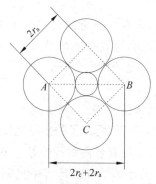

图 9-14 计算配位数为 6 时半径比值的几何图解

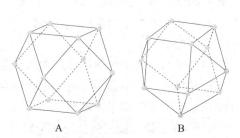

图 9-15 12 配位的立方八面体(A)和反立方八面体(B)的几何形状

要说明一点,晶体是在一定的温度、压力及介质成分等外界因素条件下形成的,因此,结构中原子或离子的配位数必然也要受影响。一般而言,同一种离子在高温下形成的结构中常呈现较低的配位数;而在低温下形成时则呈现较高的配位数。如 Al^{3+} 可有四次和六次两种配位数,在高温下形成的长石等矿物中呈四次配位,而在低温下形成的高岭石等黏土矿物中则呈六次配位。这意味着配位数有随温度升高而减小的倾向。对于压力来说,配位数则随压力增加而增大。例如,辉石($Mg_2Si_2O_6$)在低压条件下形成时,其 Mg^{2+} 为六次配位,Si^{4+} 为四次配位;而在地幔下部的高压条件下,则结构转变为钙钛矿型的结构——其中的 Mg^{2+} 为十二次配位,Si^{4+} 为六次配位。

9.5 化学键和晶格类型

晶体结构中的原子(离子、分子)相互之间必须以一定的作用力相维系才能使它们处于平衡位置,而形成稳定的格子构造。原子之间的这种维系力,称为键。当原子之间通过化学结合力相维系时,一般就称为形成了化学键。但由于各原子得失电子的能力(电负性)不同,因而在相互作用时可以形成不同的化学键。典型的化学键有三种:离子键、共价键和金属键。另外,在分子之间还普遍存在着范德华力,这是一种非化学性的,且较弱的相互吸引作用,为和上述典型化学键相区别,通常称为范德华键或分子键。另外,在某些化合物中,氢原子还能与分子内或其他分子中的某些原子之间形成氢键,可以视之为介于典型化学键和分子键之间的一种键型。值得注意的是,晶体中的化学键往往都或多或少具有过渡性质,即便像通常被认为是具有典型离子键的 NaCl 晶体中,据测定仍含有少量的共价键成分。

晶体的键性不仅是决定晶体结构的重要因素,而且也直接影响着晶体的物理性质。具有不同化学键的晶体,在晶体结构和物理性质上都有很大的差异。反之,各种晶体,其内部质点间的键性相同时,在结构特征和物理性质方面常常表现出一系列的共同性。因此,通常根据晶体中占主导地位的键的类型,将晶体结构划分为不同的晶格类型。本节主要讨论上述的各种键型及其对应的晶格特征和相关的问题。

9.5.1 离子键和离子晶体

由静电引力(库仑引力)作用,正负离子之间相互吸引,但在足够近的时候产生排斥力,当达平衡状态的时候,便是离子键。离子键无方向性,无饱和性,电负性差值较大。离子键强度是用晶格能这个参数来表征的,定义为 1 mol 正负离子从相互分离的气态合成 1 mol 离子晶体时所释放的能量。

以离子键为主要键性的晶体称为离子晶体。在离子晶体的晶格中,离子间的相互配置方式,一方面取决于阳、阴离子的电价是否相等,另一方面取决于阳、阴离子的半径比值。通常阴离子呈最紧密或近于最紧密堆积,阳离子充填其中的空隙,并具有较高的配位数。1928 年,鲍林(Pauling)在总结大量实验数据的基础上,归纳和推引出关于离子晶体的五条规则。这些规则在晶体化学中具重要的指导意义,也称为鲍林法则,它们是:

(1)围绕阳离子形成一个阴离子配位多面体,阴阳离子间距取决于它们的半径和,配位数取决于其半径比(参见 9.4 节)。

(2) 在一个稳定的离子晶格中,每一阴离子的电价等于或近乎等于与其相邻的阳离子至该阴离子的各静电键强度(S)的总和。所谓阳离子至阴离子的静电键强度(S)是指阳离子的电荷(Z)与其配位数(CN)之比。例如,硅酸盐中,Si^{4+} 和 O^{2-} 成四面体配位时,Si—O 的静电键强度为 $4/4=1$。如果两个硅氧四面体共角顶连接,则有一个 O^{2-} 与两个 Si^{4+} 配位。所以,O^{2-} 的电价与两个 Si—O 的静电键强度是相等的。这符合鲍林法则,也是稳定的结构。但如果是两个 AlO_4 四面体共角顶,由于两个 Al—O 的静电键强度为 $2 \times (3/4)$,则不符合鲍林法则,也是不稳定的结构。

(3) 在晶体结构中,当配位多面体共棱特别是共面时,会降低结构的稳定性。对于高电价、低配位数的阳离子来说,这个效应尤为明显。这是因为配位多面体共棱和共面时,与其共角顶时相比,其中心阳离子距离变小,斥力增加,从而稳定性降低。如两个配位四面体共角顶、共棱和共面相连时,其中心阳离子间的距离之比为 1:0.58:0.33;而配位八面体则为 1:0.71:0.58。所以在实际晶体中,共棱相连的配位八面体少见(如金红石的 TiO_6 八面体),共面的配位四面体几乎尚未发现。

(4) 在含有多种阳离子的晶体结构中,电价高、配位数低的阳离子倾向于互不直接相连。这一法则实际上是第三法则的推论。

(5) 在晶体结构中,晶体化学上不同的结构组元的种数倾向于最小限度。这条法则意味着,在一种晶体结构中,化学上相同的离子应该尽可能地具有等同的排列位置。例如镁橄榄石 $Mg_2[SiO_4]$,其结构中 O^{2-} 呈六方密堆积,在每个 O^{2-} 周围既有四面体空隙也有八面体空隙。阳离子 Mg^{2+} 既可充填上述两种空隙之中的一种,也可同时充填两种空隙。但事实上,Si^{4+} 只充填于四面体空隙,而 Mg^{2+} 只充填八面体空隙。它们之间只按特定的方式排列且贯穿于整个晶体。

离子晶格中,质点间的电子密度很小,对光的吸收较少,易使光通过,从而导致晶体在物理性质上表现为低的折射率和反射率、透明或半透明、具非金属光泽和不导电(但熔融或溶解后可以导电)等特征。由于离子键的键强比较大,所以晶体的膨胀系数较小。但因为离子键强度与电价的乘积成正比,与半径之和成反比,因此,晶体的机械稳定性、硬度和熔点等有很大的变化范围。

9.5.2 共价键和共价晶体

共价键的形成是由于原子在相互靠近时,原子轨道相互重叠,变成分子轨道,原子核之间的电子云密度增加,电子云同时受到两核的吸引,因而使体系的能量降低。这种以共用电子对的方式所成的键叫共价键。典型的共价键原子的外层电子构型为 8 或 18 个电子,其电子云是相互交叠的,电负性差值较小。共价键具有方向性和饱和性,其本质远比离子键复杂,需要用一些量子力学理论、键价理论或分子轨道理论等进行解释。

在共价晶体中,由于共价键的方向性和饱和性,一般难以呈最紧密堆积,配位数也较低。共价晶体中既无自由电子,又无离子,故一般为绝缘体;共价晶体对光具有较大折射系数及较大的吸收系数;由于共价键强度很大,因而共价晶体很坚固,熔点和硬度也比较高;当共价晶体中仅含有成双的电子时,这些晶体便不具有磁力矩,是抗磁性的,为磁场所排斥。金刚石是典型的共价晶体,尽管其中的 C 原子排列并不紧密(空间利用率仅 34.01%),但由于坚强的键力,使得它是迄今发现的自然界中硬度最高的晶体。

9.5.3 金属键和金属晶体

在金属晶体中,金属原子失去其外层价电子而成为金属阳离子,阳离子如刚性球体般排列在晶体中,电离下来的电子可在整个晶体范围内在阳离子堆积的空隙中"自由"地运行,称为自由电子。阳离子之间固然相互排斥,但运动的自由电子能吸引晶体中所有的阳离子,把它们紧紧地"结合"在一起,形成的键就称为金属键。解释金属晶体和金属键的性质,一般是采用经典的"自由电子理论"和建立在量子力学之上的"能带理论"。

金属晶体与离子晶体的不同之处在于:离子晶体中有阴阳两种离子,而在金属晶体中却只有阳离子,而阴离子的作用被自由电子所代替。金属键也不同于共价键,金属中的自由电子并不像共价键那样仅被某些固定原子所占有,而是属于整个晶体中所有原子的,只不过在一瞬间围绕某一原子运动而已。

根据上面的描述可以看出,金属键没有方向性和饱和性,所以,金属离子有排列方式简单、重复周期短、配位数大和密度高等特征,其格子可看成是等大球密堆积而成。由于金属键是作用在整个晶体中的,故虽然阳离子堆积层发生错动,但不至断裂。因此,金属一般有较好的延展性和可塑性。还由于自由电子几乎可以吸收所有波长的可见光,随即又发射出来,因而使金属具有通常所说的金属光泽且一般是不透明的。自由电子的弥散,也就导致了金属晶体具有很高的电导率与热导率。

9.5.4 分子键和分子晶体

惰性气体以及一些共价键构成的分子均可以形成分子晶体。在这些物质的聚集态中,分子与分子间存在着一种较弱的吸引力。如气体分子能够凝聚成液体和固体,主要依靠这种分子间的作用力。这种分子间的作用力就是范德华力,其形成的键就称为分子键或范德华键。分子键没有方向性和饱和性,这种键的键能大约只有几十个千焦/摩尔。与离子键、共价键和金属键相比(这三种类型的化学键较强,键能约为125.4~543.4 kJ/mol),其键能要低1~2个数量级。

对于分子键本质的认识,也是在量子力学的基础上发展并逐步深入的。由于分子键键力较弱,它不会引起晶体内部原子电子运动状态的实质性改变。范德华力主要由三种力构成,分别为静电力、诱导力和色散力。静电力也叫取向力,指的是发生在极性分子之间的吸引力;诱导力指的是极性分子和非极性分子之间的吸引作用,因为非极性分子受极性分子偶极矩电场的影响,也会发生极化作用;色散力可以看成是分子之间的瞬间偶极矩产生的吸引力。

通过分子间作用力而形成的晶体称为分子晶体。由于分子键极弱,因此,分子晶体一般具有如下基本性质:低熔点、低硬度、大的热膨胀系数和大的压缩、高的折射率和透明度、低的导电率以及可以溶解于非极性溶剂等。分子晶体的光学和电学性质是和晶格内分子的性质相适应的,这些特点都与分子键的特点有联系。

9.5.5 氢键和氢键型晶体

氢键是指有氢原子参与成键的一种特殊的化学键。它具有方向性和饱和性,性质介于共价键和分子键之间,氢键的大小一般在41.8 kJ/mol以下,与分子键的数量级相当。

由于氢键的这些特点,它对氢键分子的性质可产生显著的影响。因为氢键的键能小,它的形成和破坏所需要的能量也不大,所以特别容易在常温下引起反应与变化。例如,对于具有氢键结构的蛋白质来说,温度变化对其结构和性能有着十分灵敏的影响,这是因为氢键发生了变化的缘故。氢键对物质的各种物理化学性质,诸如熔点、沸点、熔化热、气化热、蒸气压、溶解度、粘度、表面张力、密度、pH、偶极矩、介电常数、居里温度、光谱振动频率等都有较大影响。

氢键晶体主要存在于一些有机化合物中,在矿物中只有冰和草酸铵石等个别晶体属氢键型晶格。但含有氢键的矿物晶体却比较常见,如氢氧化物、层状硅酸盐矿物以及一些含水的矿物等,均有氢键的存在。

此外,在含有氢键的化合物中,如果将氘(D)代替氢(H),则可构成所谓的氘键。一些非线性光学晶体(如 KD_2PO_4)与 KH_2PO_4 的不同之处就在于后者的 H 被 D 原子所置换,使其氢键变成了氘键,使得晶体的电光系数增大、半波电压降低。又如,硫酸三甘肽(TGS)晶体是目前应用最广的热释电晶体,但缺点之一就是居里温度较低。如果将 TGS 晶体中的 H 原子用 D 原子置换,就可提高该晶体的居里点,从原来的 49℃ 提高到 62℃ 左右,这样就可提高该晶体的应用范围。

最后还需要指出的是,在一些矿物的晶体结构中,基本上只存在某一种单一的键力。如 NaCl 晶体结构中只有离子键,金刚石只有共价键,自然金只有金属键,惰性气体只有分子键等等。把只有一种键型结合而成的化合物,称为单键型化合物。除具有单键型的晶体外,尚有许多晶体中包含着多键型或处于中间过渡状态,例如存在于离子键与共价键之间、金属键与共价键之间的化学键等,也还有许多晶体的化学键很难区分是属于何种键型。要想在键型间划分出鲜明的界限是比较困难的,属于此类键型的键均称为中间型键或称为混合键。

例如,闪锌矿 ZnS(图 9-16),若将这种晶体完全看成是由 Zn^{2+} 与 S^{2-} 通过离子键结合而成,是欠妥当的。根据 Zn^{2+} 与 S^{2-} 的半径之比(0.48),阳离子的配位数应该为 6,但实际上,无论是 Zn 原子或 S 原子都是以四面体配位的,其配位数均为 4。原子间距的明显缩短是因为 Zn 原子与 S 原子之间共用了电子对的结果。4 个共用电子对分别朝向四面体顶角方向,而形成 4 个共价键。这样,其键型应该既不纯属于离子键,也不纯属于共价键。只有把它当做介于离子键与共价键之间的中间型键才更为妥当。离子键与共价键共存于同一晶体,可用离子极化来解释。由于离子极化的结果,正、负离子的电子云相互穿插,从而形成了离子键与共价键的中间过渡状态。

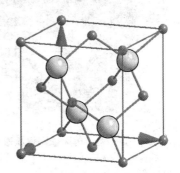

图 9-16 闪锌矿的晶体结构
大球为 S^{2-},小球为 Zn^{2+}

又如石墨(C),是一例典型的共价键和金属键的混合键。石墨晶体属于层状结构,在其晶体结构中(见图 8-10),在碳原子层内,C—C 间最短距离为 1.42 Å,而层与层间距为 3.14 Å。石墨层内具有良好的导电性,这证明有自由电子存在。但在垂直于层面的方向上,它是一种非导体。这是由于在层内碳原子之间存在着共价键与金属键之间的中间型键,但在层与层之间,则依靠分子键相连。所以层面间距很大,沿层面(0001)方向有很好的解理性,并易滑动。在垂直于层面方向上表现出具有很大的热胀系数和压缩率等。

对于中间型键的晶格类型的划分,主要依据该晶体中究竟以何种键型占主导地位来定。占主导地位的键型所表现出的物理化学性质,就足以说明该晶体属于何种键型。例如在方解石晶体结构中,Ca^{2+}与CO_3^{2-}间以离子键为主,在CO_3^{2-}内则是共价键。由于方解石的一系列主要性质都是由于Ca^{2+}与CO_3^{2-}之间的键性所决定的,故方解石晶体仍归属于离子晶体。

思 考 题

9-1 一个质子的质量约$1.7×10^{-24}$g,电子的质量与之相比可以忽略不计。试计算氢分子要以多大的速度运动才能表现出波长为10 nm的波。

9-2 写出下列各原子和离子的电子层结构,并指出其未成对电子数。括号内的数字为原子序数。

$$P(15)、Ca(20)、V(23)、Gd(64)、Re(75)$$
$$Ti^{3+}(22)、Mn^{2+}(25)、Ga^{2+}(31)、Tb^{4+}(65)、Pt^{2+}(78)$$

9-3 对于同种元素而言,一般阳离子半径总是小于原子半径,且正电价越高,半径就越小;而阴离子半径则总是大于原子半径,且负电价越高,半径就越大。但是否有可能出现其高价阳离子的有效半径反而大于低价阳离子的例外情况?原因何在?

9-4 两层等大球密堆积时其方式只有一种,如图9-17。试问,该图形中作最小重复的基本周期是什么?画出其点阵构造图形。这是一个二维结构,还是三维结构?

图9-17 两层等大球密堆积形式

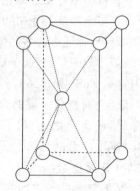

图9-18 A3型密堆积单胞

9-5 当有n个等大球体作最紧密堆积时,必定有n个八面体空隙与$2n$个四面体空隙。计算单层等大球密堆积时每个球所均摊的弧形三角形空隙的数目。

9-6 与A1和A3型密堆积(如Au、Os)相比,A4型密堆积(如金刚石)的空间利用率仅为34.01%(前两者为74.05%),换言之,其堆积的紧密程度远低于前两者。但为什么金刚石的硬度却远大于金属Au和Os?

9-7 在9.3.3节业已提及,等大球A3型(六方)密堆积中恒有$c=\frac{2}{3}\sqrt{6}a$,其中c和a为单胞的轴单位。试参考密堆积图形,证明这一点。(提示:参考图9-18,根据A3型密堆积空隙数目和形状来考虑。此轴率$c/a=\frac{2}{3}\sqrt{6}$在金相学中是很有用的常数)

9-8 半径为r的等大球进行密堆积,若球体围成正三角形空隙、四面体空隙、立方体空隙时,分别计算空隙中心至顶点的距离。

9-9 若以八面体中相对角顶间的距离为1,试计算当两个配位八面体以① 共角顶,② 共棱,③ 共面连接时,其两个中心阳离子间的最大距离分别是多少?

9-10 离子晶体中,配位数和配位多面体之间有大致的对应关系,如表 9-6 所示。但表中给出的都是正多面体。从几何角度,配位数为 4,6,8 和 12 的配位多面体还可能有其他的形状。请给出这几种配位多面体其他形状的图形来。

9-11 已知共价键具有饱和性和方向性的特点,而离子键则没有。但为什么在一个离子晶格中,每种离子都各有有限的配位数和特定取向的配位多面体连接方式?

9-12 典型的化学键有三种:离子键、共价键和金属键,此外,还有范德华键(分子键)和氢键等。试从键性特征分析具有上述键型晶体的物理性质特点。

9-13 明确单键型、多键型和中间键型化合物的含义,并各列举若干实例。

10

晶体物理学基础

晶体物理学是研究晶体各种物理性质及其与晶体化学组成、结构和晶体形成条件之间关系的科学。早在远古时代,人们就知道利用高硬度的燧石来制作石器;我国四大发明之一指南针是利用磁铁矿的磁性来制作的;19世纪中叶偏光显微镜的使用也是从方解石具有高双折射的特点而开始的。上述的硬度、磁性和双折射等,皆属于晶体的物理性质。而近数十年来,随着科学技术的进步和需求的增加,晶体物理性质的研究和利用到达了一个新的阶段。由光、声、电、热、磁、力等原因引起的晶体的各种物理效应已经广泛应用于国防、科技和生活的各个方面。可见,晶体的物理性质及其应用已经和人类的活动密不可分了。

晶体的物理性质是晶体的化学组成和微观结构的宏观体现,因此,前面章节介绍的晶体的对称、结构等相关知识是了解晶体物理性质的基础。本章着重介绍晶体的物理性质及相关知识,一则为了更深入理解晶体物理性质的本质,二则为探索新型的晶体材料提供必要的基础知识。本章首先引入物理性质的张量表达方式,然后对一些重要的物理性质(具有可张量表达的),包括电学、力学、磁学和热膨胀性进行较基础性的讨论。

10.1 晶体物理性质的张量表示

描述物质的宏观物理性质涉及一些物理量。有些物理量(如质量、体积、密度等),其数值

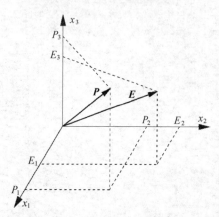

图10-1 晶体中电场强度(E)与
电极化强度(P)具有不同的方向

与测量的方向无关,这样的量没有方向性,称为各向同性量,也称为标量。以密度为例,由于材料不均匀,密度可能会在不同点有不同的数值,即密度为点坐标(x_1, x_2, x_3)的函数,但各点的数值仍然是与方向无关的。有些物理量(如电场强度 E、电极化强度 P 等),其值不仅有一定大小,而且还具有一定的方向性。这些有方向性的物理量,在直角坐标系中可用3个分量(如 E_1, E_2, E_3 和 P_1, P_2, P_3 等)数值的大小来表示出其方向性,其中每个分量仍是点坐标的函数,这类量被称为矢量。如果某物理量既具有一定量值,又具有一定的方向性,且在直角坐标系中,它们已不能只由3个分量,而必须由更多分量的组合才能描述,那么这样的物

理量就可以用张量来描述(实际上,标量和矢量可以视为张量的特例)。例如,如果某种材料受到不均匀电场的作用,材料本身又不均匀,则各点的电场强度和电极化强度可能既有不同的方向,也有不同的数值。再例如,晶体中的电极化率 χ 就是一个张量,由于晶体的各向异性,在某点的电极化强度 P 并不与该点的电场强度 E 有相同的方向,如图 10-1 所示。在坐标系中,它们之间的关系可写成如下形式:

$$P_1 = \varepsilon_0(\chi_{11}E_1 + \chi_{12}E_2 + \chi_{13}E_3)$$
$$P_2 = \varepsilon_0(\chi_{21}E_1 + \chi_{22}E_2 + \chi_{23}E_3) \quad (10\text{-}1)$$
$$P_3 = \varepsilon_0(\chi_{31}E_1 + \chi_{32}E_2 + \chi_{33}E_3)$$

若用矩阵表示,则写成

$$\begin{pmatrix} P_1 \\ P_2 \\ P_3 \end{pmatrix} = \varepsilon_0 \begin{pmatrix} \chi_{11} & \chi_{12} & \chi_{13} \\ \chi_{21} & \chi_{22} & \chi_{23} \\ \chi_{31} & \chi_{32} & \chi_{33} \end{pmatrix} \begin{pmatrix} E_1 \\ E_2 \\ E_3 \end{pmatrix} \quad (10\text{-}2)$$

因此,有

$$[\chi_{ij}] = \begin{pmatrix} \chi_{11} & \chi_{12} & \chi_{13} \\ \chi_{21} & \chi_{22} & \chi_{23} \\ \chi_{31} & \chi_{32} & \chi_{33} \end{pmatrix} \quad (10\text{-}3)$$

由于这些既有一定数值,又有方向的物理量在直角坐标系中具有的分量及分量下标的数目都不同,故而被称为不同阶的张量。表 10-1 表示了一些常见物理量的张量的表示法及阶数和在直角坐标系中的分量数目。表中,张量用 T 加方括号表示,如 $[T]$。如果为高阶张量,则加下标,以示区别。一般而言,一个三维空间的张量是 3^m 个数有序集合的总称,m 为该张量的阶数。张量的阶数与张量分量的下标数相等。显然,上例的电极化率 χ 为二阶张量。从表 10-1 中还可以看出,标量和矢量也属于张量的范畴,只是它们的阶数分别为 0 和 1。

表 10-1 张量的表示法及示例的物理量

张量表示及名称	阶数(m)	分量数(3^m)	物理量
$[T]$,标量,零阶张量	0	$3^0 = 1$	质量、温度、密度、热容
$[T_i]$,矢量,一阶张量	1	$3^1 = 3$	电场强度、电极化强度、温度梯度
$[T_{ij}]$,二阶张量	2	$3^2 = 9$	介电系数、电极化率、应力、应变
$[T_{ijk}]$,三阶张量	3	$3^3 = 27$	压电模量、线性电光系数
$[T_{ijkl}]$,四阶张量	4	$3^4 = 81$	弹性系数、二次电光系数

张量的关系式也可使用简便的书写方法,如上例的二阶张量电极化率就可以写成

$$P_i = \chi_{ij} E_j \quad (i, j = 1, 2, 3) \quad (10\text{-}4)$$

式(10-4)与式(10-1)或(10-2)等效。将二阶张量写成一般形式,则为

$$P_i = T_{ij} E_j \quad (i, j = 1, 2, 3) \quad (10\text{-}5)$$

由于多数晶体具有各向异性,那么使用张量来描述晶体的物理性质,既能反映性质的数值

特征,也能体现其方向特性来。对于各向同性的等轴晶系晶体的某些物理性,也需要用张量来表达,因为尽管晶体的对称性高,但这些物理性质还是各向异性的。例如均质体的弹性系数、光弹系数等就由多于一个的数值来共同确定的。因此,对于具体晶体的具体物理性质,应该利用张量,并根据晶体的对称性作具体的讨论。

10.2 晶体宏观物理性质和晶体的对称性

毫无疑问,晶体的物理性质是与晶体的微观结构密切相关的;反过来说,晶体的对称性必然影响物理性质的对称性,后者指的是晶体同一物理性质在不同方向上规律重复的性质。为了研究晶体的对称与其物理性质的对称是如何联系的,首先引入晶体物理中的一个基本准则,这个准则称为诺依曼(Neumann)原则,它可表述如下:晶体的任一物理性质所拥有的对称元素,必须包含晶体所属点群的对称元素。也就是说,晶体的物理性质可以而且经常具有比晶体更高的对称性。例如,四方晶系 $4mm$ 点群的晶体铌酸锶钡是一种光学晶体,其光学性质可以用一个以四次轴为光轴的旋转椭球体来表达,此椭球体包含点群 $4mm$ 所有的对称元素,即四次轴和 4 个对称面,但同时椭球体还具有对称心等 $4mm$ 不具有的对称元素。

晶体的物理性质可以用张量表示,所以,讨论晶体本身对称性对物理性质的影响就可简化晶体对称性对张量的影响。

在晶体的 32 种对称组合(点群)中,具有对称心的点群共有 11 种,其他不具有对称心的 21 种点群中,又可以分"极性"和"非极性"两类,如表 10-2。这里将"极性"理解为具有惟一的、不能借助晶体中存在的对称元素而倒反的方向。从这个角度,从中心对称和极性两个方面,来讨论晶体的对称性与用张量表示的晶体物理性质之间的关系。对称心的对称变换矩阵可参见式(3-4),它作用于晶体,同样也作用于晶体的物理性质。

表 10-2　晶体点群分类

11 种具有对称心的点群		$\bar{1}, 2/m, 4/m, \bar{3}, \bar{3}m, 6/m, m3, mmm, 4/mmm, 6/mmm, m3m$
21 种没有对称心的点群	极性(10 种)	$1, 2, 3, 4, 6, m, mm2, 3m, 4mm, 6mm$
	非极性(11 种)	$222, \bar{4}, \bar{6}, 23, 432, \bar{4}3m, 422, \bar{4}2m, 32, 622, \bar{6}m2$

对于一阶张量(矢量)而言,它具有很强的方向性,其描述的所有物理性质都是极性的,因而只有具有极性点群的晶体才具有这些性质。例如,描述晶体的热释电效应的方程为

$$\Delta \boldsymbol{P}_i = p_i \Delta T \tag{10-6}$$

式中,ΔT 为晶体温度的微量变化;$\Delta \boldsymbol{P}_i$ 为极化矢量的改变;p_i 为晶体的热释电系数,这显然是具有极性的物理量。根据诺依曼原则,只有 10 种极性晶体(表 10-2),才可能具有热释电效应。

凡是二阶和四阶张量描述的物理性质,都是中心对称的,所有晶体都具有这种性质。证明这一点很简单,在二阶张量方程式 $\boldsymbol{P}_i = \boldsymbol{T}_{ij} \boldsymbol{q}_j$ 中,将 $\boldsymbol{P}$ 和 $\boldsymbol{q}$ 改变到相反方向上去,则 $\boldsymbol{P}_i$ 和 $\boldsymbol{q}_j$ 的全部分量的符号都要改变,但 $\boldsymbol{T}_{ij}$ 的符号不变,仍然满足这个方程。因此,由张量 $\boldsymbol{T}_{ij}$ 代表的性

质的值并没有变化。四阶张量的情形可以完全类似地加以证明。二阶和四阶张量的这一性质，与晶体是否具有对称心无关。也就是说，所有32种点群的晶体，都可以具有用二阶和四阶张量描述的性质(其分量不全为零)，这并不违背诺依曼原则。

凡用三阶张量描述的所有性质，都不是中心对称的，因而只有无对称心的晶体才具有这些性质。可以用类似的方法证明这个结论，因为假设三阶张量具有中心对称，则通过对称心的坐标变换矩阵作用，会得到矛盾的结论。根据诺依曼原则，晶体物理性质的对称元素应当包含晶体的对称元素。因此，凡是具有对称心的11种点群的晶体，不可能具有用三阶张量描述的物理性质。只有无对称心的20种点群(由于具有点群432的晶体对称性高，是个例外)的晶体才能具有这些物理性质，如压电效应、线性电光效应等。

综上所述，物理性质可以具有一定的固有对称，这种对称和晶体具有何种对称无关。但是，根据诺依曼原则，在给定的晶体中，晶体物理性质的对称性应该包含该晶体的所有对称元素。对任何晶体，只有在其对称元素包括在所研究的晶体物理性质的对称性之内时，该晶体才可能具有该物理性质。

10.3 晶体的电学性质

如果从导电性能的角度来考察晶体的电学性质，一般可将晶体区分为电介质晶体、导电晶体、半导体和超导体等。电介质材料既有晶体，也有非晶体，还包括气体、液体等。电介质的特征是以感应极化而不是传导的方式来传递电的作用和影响，这也是电介质材料与导电材料的最基本的区别。本节只讨论电介质晶体的电学性质，包括介电性、热释电性、压电性和铁电性。这些性质是通过外界作用(包括电场、温度、应力等等)和由之引起晶体的电极化之间的相互关系来描述的，涉及从一阶张量到四阶张量。

介电性质用介电张量，即二阶极性张量来描述，因此，所有32种点群的晶体都可具有介电性质。描述压电效应的压电模量是三阶极性张量，故只有非中心对称晶体才可能是压电晶体。热释电系数是矢量，只有极性晶体才可成为热释电晶体。同时由于热释电晶体中的分子具有自发极化的性质，当在外电场作用下，其中那些自发极化方向会随之改变的晶体呈现出铁电性，这种具有铁电性的晶体称为铁电晶体。

10.3.1 晶体的介电性质

将原来不带电的介电晶体置于电场中，在其内部和表面会感生出一定的电荷，这种现象称为电极化现象。其定义为：单位体积内的感生电矩(或电偶极矩)的矢量和。当介质中的电场强度 E 不太强时，介质中的电极化强度 P 与电场强度 E 成线性关系，可写成

$$P = \varepsilon_0 \chi E \tag{10-7}$$

式中 ε_0 为真空介电常数，其值为 8.854×10^{-12} C·V^{-1}·m^{-1}；χ 称为介质的电极化率。

从微观上来看，电极化过程是由于组成介质中的分子或原子(离子)内的电矩在电场作用下发生变化，从而形成了宏观上的电极化强度矢量 P。这种微观过程也简称为分子的极化。分子的极化大致可以归结为下述三种来源：电子的位移极化(P_e)、离子的位移极化(P_a)和固有电矩的取向极化(P_d)，其相应的电极化率分别写为 χ_e、χ_a 和 χ_d。那么，电介质晶体的总极化强

度则是三项之和,写为 $P=P_e+P_a+P_d$ 或者 $\chi=\chi_e+\chi_a+\chi_d$。上述三种极化的贡献并不是任何情况下都相同的,它们的贡献大小实际上是交变电场频率的函数。

在晶体中,极化强度矢量 P 和电场强度 E 有不同的方向,所以其间的线性关系写为

$$P_i = \varepsilon_0 \chi_{ij} E_j (i, j, k = 1, 2, 3) \tag{10-8}$$

其中的 χ_{ij} 为一 3×3 矩阵,组成电极化率张量。由于 P 和 E 方向不同,使得电位移矢量 D 也和 E 有不同的方向。在晶体中,这三者关系的表达如图 10-2 所示。从定量关系上,有

$$D_i = \varepsilon_0 E_i + P_i = \varepsilon_0 (\delta_{ij} + \chi_{ij}) E_j \tag{10-9}$$

令式中小括号中的量用 $[\varepsilon_{ij}]$ 代替,则上式简化为

$$D_i = \varepsilon_0 \varepsilon_{ij} E_j \tag{10-10}$$

式中 ε_0 为真空介电常数,ε_{ij} 为介电系数张量。可以证明,电极化率 χ_{ij} 和介电系数 ε_{ij} 都是二阶对称极张量,因此,所有晶体都有这些性质。但由于晶体对称性的不同,不同晶系晶体的独立分量也不同。三斜晶系的 $[\chi_{ij}]$ 张量和 $[\varepsilon_{ij}]$ 张量只有 6 个独立分量,其他晶系的独立分量数目更应减少。通常,各类晶体在静电场和交变电场下的介电性质,用主轴方向上的主极化率和主介电系数来描述,它们是晶体的重要参数。如三方晶系石英晶体在室温下的介电系数为 4.52,4.52 和 4.64(平行于 x,y 和 z 轴方向)。

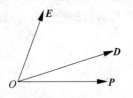

图 10-2 晶体中 E,P 和 D 的关系示意图

10.3.2 晶体的压电性质

当某些电介质晶体在外力作用下发生形变时,它的某些表面上会出现电荷积累,若一面为正电荷,则另一相对的面将出现负电荷,这种现象称为正压电效应。具有正压电效应的晶体称为压电晶体。同样,也发现了逆压电效应,即电场作用于晶体时,晶体将发生应变(电致伸缩效应)。晶体的压电效应首先是在水晶上发现的,其他晶体如酒石酸钾钠(KNT)、磷酸二氢钾(KDP)、钛酸钡($BaTiO_3$)等均是压电晶体。

电致伸缩效应和压电效应都是所谓的机电耦合效应,是交叉的效应,而非纯力学或纯电学的效应。但它们之间又有所不同。压电效应是电场和应变之间的线性关系,是在电场不太强条件下的一级近似效应;而电致伸缩则为电场的平方效应,在电场很强时才会察觉出来。此外,描述这两个效应所使用的张量阶数不同:压电效应只是非中心对称的晶体中才可能有的性质,可用三阶张量描述;而电致伸缩效应却是所有晶体都可能具有,用四阶张量来描述。

图 10-3 为石英产生压电效应的示意图,可以看出,沿二次轴方向(y 轴方向)施加压力,可出现正负电荷分布的现象。这是因为沿二次轴施加压力时,石英内部正负电荷分离,发生电矩极化从而产生表面电荷。可以理解为,当沿二

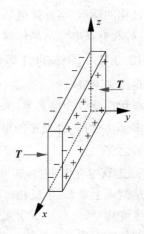

图 10-3 水晶的正压电效应示意图

次轴方向（y 轴方向）施加张力的时候，正负电荷分布正好和图 10-3 表示的相反。

当施加的应力不大时，晶体的电极化强度 P（矢量）和所施加应力 T_{jk}（二阶张量）成线性关系，写成

$$P_i = dT_{jk} \tag{10-11}$$

式中比例系数 d 称为压电模量，其物理意义为单位应力所产生的电极化强度。由于 d 联系着一个一阶极张量和一个二阶极张量，所以 d 为一个三阶张量。改写上式为

$$P_i = d_{ijk}T_{jk} \quad (i, j, k = 1, 2, 3) \tag{10-12}$$

此式的物理意义是：设对晶体作用的应力为 $[T_{jk}]$，晶体中产生的电极化强度的每个分量 P_i 与 $[T_{jk}]$ 的全部分量成线性关系。

压电性只发生在无对称心、具有极性轴的各类点群晶体（如石英）中。除此以外，在非中心对称点群中还有一种点群也不具有压电性，这就是 432 点群，这是因为该点群的对称性高而导致其压电模量的全部分量都为零的缘故。

10.3.3 晶体的热释电性质

当温度变化时，有些晶体（如电气石）会产生电极化，或某些晶体原有自发极化的极化强度会发生变化。如果温度升高时，晶体中出现沿某方向的极化增强；温度下降时，沿该方向的极化将减弱甚至发生反向极化。这种现象称为热释电现象或热释电效应，具有这种效应的晶体称为热释电晶体。

当整个晶体内温度发生均匀较小的改变时，晶体电极化强度的变化 ΔP 与温度变化 ΔT 成线性关系，热释电效应可写成式(10-6)，即

$$\Delta P_i = p_i \Delta T$$

其中 p_i 为晶体的热释电系数。由于式中 ΔT 是标量，电极化强度为一阶张量（矢量），显然热释电系数也是一阶张量。前面已经说明，具有对称心的晶体中不存在一阶张量表征的物理量，所以，具有热释电性质的晶体一定是非中心对称的。但由于只有极性类晶体才能具有用矢量描述的物理性质，因此，可以产生热释电效应的只可能是 10 种非中心对称的极性点群晶体 1，2，3，4，6，m，$mm2$，$3m$，$4mm$ 和 $6mm$。受对称性影响，在这 10 种点群中，由热释电所产生的极化应沿以下的方向发生：对三斜晶系点群 1，其方向性无限制；对单斜晶系点群（2，m），沿二次轴或者在对称面内任意方向；对斜方晶系点群 $mm2$，沿二次轴方向；对三、四和六方晶系点群（3，4，6，$3m$，$4mm$ 和 $6mm$），则沿高次轴方向。

热释电晶体和压电晶体共同的特点是均具有极性轴，不同点在于热释电晶体的极性轴是单向的，而压电晶体的极性轴可以是单向，也可以不是单向。如压电晶体石英，其点群为 32，其中的三次轴可由垂直于它的二次轴的作用而成反方向，故而不是单向的极性轴，不具有热释电性；而热释电晶体电气石，其点群为 $3m$，其对称面 m 对三次轴不起作用，所以仍然是单向的极性轴，不可能具有压电性。

10.3.4 晶体的铁电性质

铁电晶体的定义为：在外电场作用下，自发极化的方向可以逆转或重新取向的热释电晶体。显然，铁电晶体是热释电晶体中的一类，一定是非心的极性晶体，其他的则为非铁电晶体。由于热释电晶体都属于极性晶体，因此区分其中何者是铁电体、何者是非铁电体就不能从晶

的结构出发。例如，电气石和六方晶系的硫化镉就是热释电晶体而不是铁电体，而钛酸钡就是铁电体。两者的区分，往往是通过实验，观察其是否具有铁电性来判断。而在压电晶体中，则根据晶体是否属于极性点群就可区分热释电和非热释电晶体。

从铁电晶体形成机制方面，可将铁电晶体可分为有序-无序型和位移型铁电体两大类。前者的例子如磷酸二氢钾（KDP）等含氢键的化合物，是由于有序化而呈现的铁电性；后者例子如钛酸钡（$BaTiO_3$）等钙钛矿型结构晶体，是由于位移型相变而导致的铁电性。

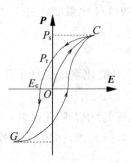

图 10-4 热释电晶体的电滞回路示意图

判定一个热释电晶体是否具有铁电性主要依据两个物理性质：电滞回路和居里温度 T_C。电滞回路是如图 10-4 所示的表征 *P-E* 关系的曲线（非铁电晶体的 *P-E* 关系是直线），随外电场的改变，电极化强度按照图中箭头指示的方向改变。图中的 C 点和 G 点为正向和反向电场的极化强度饱和点。而 P_s、P_r 和 E_c 分别称为饱和极化强度、剩余极化强度和矫顽场，它们是衡量铁电性晶体的物理参数。

通常把具有铁电性时的晶体结构状态称为晶体的铁电相，而把不具有铁电性的相结构状态称为晶体的顺电相。实验证明，一个晶体只在一定的温度范围内才具有铁电性。由铁电相变化到顺电相的温度称为居里温度 T_C。不同的晶体具有不同的相转变情况，有些晶体只有一个铁电相而无顺电相，这是因为当温度升高还未达到相变温度时，晶体已经熔解或分解，这样的晶体没有居里温度；有的晶体虽然可以有多个铁电相，但只有铁电-顺电相转变的温度才叫居里温度。例如，随温度变化 $BaTiO_3$ 有三个铁电相和一个顺电相，分别为：$-80℃$ 以下的 $3m$ 对称铁电相、$-80\sim 0℃$ 的 $mm2$ 对称铁电相、$0\sim 120℃$ 的 $4mm$ 铁电相以及 $120℃$ 以上的 $m3m$ 顺电相。只有 $120℃$ 的相变温度才叫居里温度。

目前发现具有铁电性的晶体材料已有 1000 多种。现代技术中，声-热-电-光-磁-力等性质的交叉效应在铁电晶体中普遍存在，这些效应的应用涉及信息存贮、图像显示、声光器件等领域。

10.4 晶体的力学性质

晶体的力学性质是指晶体受外力作用产生形变的效应。它涉及范围很广，如解理、硬度、弹性形变和范性形变等。这里只介绍用张量描述的力学性质，包括应力、应变和弹性等基本概念及其与晶体对称性的关系。这些概念对于理解压电性质、热力学性质以及晶体中结合力的本质极其重要。

10.4.1 应力与应力张量

如果物体受到外界作用，或物体内任一部分以一定的力作用于其相邻部分时，这个物体即处于受力状态。考察一下处于受力状态的物体内的一个体积单元，在这个体积单元上作用着两种类型的力：一种力是作用于整个体积单元的力，其数值与单元的体积成正比，称为彻体力（如重力）；另一种是体积单元周围的物体部分作用于体积单元表面的力，其数值与单元表面的面积成正比，这种力称为应力或内应力。对于晶体而言，其内部的质点总是处于平衡状态的，如果受到外力的作用则会破坏这种平衡，同时也产生质点恢复到原来平衡位置的力，这样的应力也称内应力，其微观本质是一种弹性恢复力。

假定一个晶体受到均匀应力，其内部的一个单位立方体（棱平行于 x_1，x_2 和 x_3 轴，如图 10-5）所受的力经过每个面而传递到立方体内部。作用在每一个面上的力，都可以分解成三个分量。考察前三个面，如果用 $\boldsymbol{\sigma}_{ij}$ 表示沿 x_i 正方向作用在垂直于 x_j 的面上的力的分量，那么有

$$\boldsymbol{\sigma}_{ij} = \begin{bmatrix} \sigma_{11} & \sigma_{12} & \sigma_{13} \\ \sigma_{21} & \sigma_{22} & \sigma_{23} \\ \sigma_{31} & \sigma_{32} & \sigma_{33} \end{bmatrix} \quad (10\text{-}13)$$

由于应力是均匀的，经过背面三个面作用在立方体上的力，应与图 10-5 所示的力大小相等，方向相反。其中 σ_{11}，σ_{22}，σ_{33} 称为应力的正交分量（正应力），且数值为正时，表示张力（拉力），为负值时，表示压力。其他分量，如 σ_{12}，σ_{21} 等，称为应力的切向分量（切应力）。

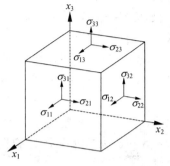

图 10-5 应力分解的图示

可以证明应力张量 $[\boldsymbol{\sigma}_{ij}]$ 为二阶张量，但它与一般描述晶体物理性质的二阶张量（如电导率、电极化率等）等的二阶张量不同，后者与晶体的对称性一致。而应力张量以及下节叙述的应变张量则不完全受对称性限制，其取向则是任意的，无论对各向同性体（如玻璃）或各向异性体（晶体）都是如此。因此，应力张量并不描述晶体的某种性质，其含义接近于作用在晶体上的力。

10.4.2 应变和应变张量

物体发生形变有两层含义：一是指物体中各质点的位置发生了位移；二是物体内各质点之间的相对位置必须发生变化，即有相对的位移。只有质点间的相对位移存在时才能说该物体发生了形变。晶体的应变就是用来描述晶体内部质点之间相对位移的参量。

晶体内部的三维应变可以表示为

$$\Delta \boldsymbol{u}_i = \boldsymbol{e}_{ij} \Delta \boldsymbol{x}_j \quad (i, j = 1, 2, 3) \quad (10\text{-}14)$$

此式表达了在外部作用下，晶体内部质点的相对位移 $\Delta \boldsymbol{u}_i$ 随质点坐标改变量 $\Delta \boldsymbol{x}_j$ 的关系。由于 $\Delta \boldsymbol{u}_i$ 和 $\Delta \boldsymbol{x}_j$ 都是矢量，所以 e_{ij} 为一个二阶张量。$[e_{ij}]$ 描述了两部分内容：一部分是物体刚性的转动，属于反对称张量；另外一部分是真正意义上的应变，是对称张量。按照张量理论，任何一个二阶张量都可表示为对称张量与反对称张量之和。因此，可以分解为 $e_{ij} = S_{ij} + w_{ij}$。在描述应变时，可以把晶体形变中表示刚体的平移和转动所引起的位移部分分离出去，由应变所引起的部分，用后一项 w_{ij} 来表示。据此，晶体的应变可写成

$$\boldsymbol{u}_i = \boldsymbol{S}_{ij} \boldsymbol{x}_j \quad (i, j = 1, 2, 3) \quad (10\text{-}15)$$

这样，S_{ij} 就把由应变所引起的位移和该点的位矢联系了起来，$[S_{ij}]$ 就是应变张量。

同应力张量 $[\boldsymbol{\sigma}_{ij}]$ 一样，晶体的应变张量 $[S_{ij}]$ 描述的不是晶体本身的某种性质，而是对某种作用的反应，不一定要受到晶体对称性的制约（除非作用本身与之相一致）。例如，如果温度（标量）的作用而引起晶体的应变，那么这种作用是没有方向性的，此时的应变则必须与晶体的对称性相一致。

10.4.3 晶体的弹性和范性性质

晶体是具有格子构造的固体，在没有形变时，其内部的质点排列处于平衡状态。在外应力作用下，晶体质点间发生相对位移，使晶体产生形变，质点间的平衡状态受到破坏，此时，晶体内就相应出现了使晶体恢复到原来平衡状态的内应力。如果晶体形变引起的内应力在外应力作用停止后，能使晶体中发生位移的质点重新回到原来的平衡位置，则这种性质称为晶体的弹性；如果不能再回到原来的平衡位置上去（即形变永远不能消除），这种性质称为晶体的范性。这种达到范性形变的应力极限值称为弹性限度。

晶体的弹性是以晶体中应力与应变之间的关系来定义的一种性质。弹性形变服从胡克（Hooke）定律，即在弹性限度内，应力与应变成正比：

$$S = \lambda \sigma \tag{10-16}$$

式中，S 为应变，σ 为应力，λ 称为弹性顺服常数（或简称弹性常数），$c = 1/\lambda$ 则称为杨氏模量。由于 S 和 σ 为二阶张量，故弹性顺服常数需要用四阶张量来描述。所以，胡克定律的一般表达式可以为

$$S_{ij} = \lambda_{ijkl} \sigma_{kl} \text{ 或 } \sigma_{ij} = c_{ijkl} S_{kl} \quad (i,j,k,l = 1,2,3) \tag{10-17}$$

其中，λ_{ijkl} 为弹性顺服常数，c_{ijkl} 为杨氏模量。

弹性的实质是：在弹性限度内，外力作用使得晶体内部质点间或结构基元间的键发生形变，当外力取消后，则恢复到原来位置。如图 10-6 所示的是当外应力 σ 作用于晶格时发生的一类形变。

如果对物体施加超过弹性限度的应力，在应力撤消之后，物体不再恢复原来的形状，从而产生范性形变。范性形变是不可逆的。就晶体物质而言，范性形变主要有两种形式，即滑移和机械双晶。

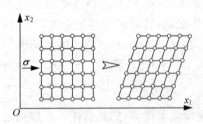

图 10-6　晶体的弹性形变示意图

滑移是指晶体的一部分相对于另一部分的相对移动，而且晶体的体积保持不变。一般而言，晶体是沿一定的晶体学平面和方向进行滑移，相应的平面称为滑移面，滑移前进的方向称为滑移方向。需要指出，这里说的滑移面与晶体微观对称元素的滑移面是两个概念，后者指的是平移和反映的复合对称操作（详见 7.1 节）。

滑移形变的另一个重要特点是滑移的距离必然是晶体内部重复周期的整数倍，这是因为在范性形变后，组成晶体的质点仍然必须要处于平衡位置，即处在晶格的结点上，晶格的大小和形状并不改变，这一点与弹性形变有明显的区别。图 10-7 表示了一种在外力（σ）作用下晶体发生滑移形变的情形。

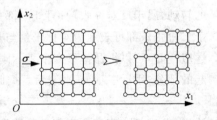

图 10-7　晶体的滑移形变示意图

一般说来，密堆积面为滑移面，而密堆积方向为滑移方向，这是因为面网密度越大，面间距也越大，面与面之间的相互作用力也就越弱，因此更容易产生滑移，而密堆积方向的晶格距离最短，因此移动一个晶格距离所要求的能量就越小，于是也就最容易沿此方向滑移。

机械双晶,是从双晶成因上区别的一种双晶类型。晶体形成后,由于机械应力而导致晶体产生双晶,这样形成的双晶就是机械双晶。机械双晶的形成过程是在外力的作用下,组成晶体的质点相对于某一面网发生相对位移,在外力撤消后,晶体两部分以该面网为一镜面,即所谓的双晶面。在机械双晶中,质点的位移距离与该质点到双晶面的距离成正比,而且不一定等于晶格常数的整数倍,这一点就与滑移有本质的区别。如图10-8所示,外力(σ)作用形成机械双晶,镜面 m 使得上下晶格可以反映重合。

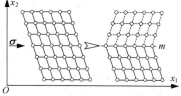

图 10-8　机械双晶形成示意图

10.5　晶体的磁学性质

物质的磁性是指物质能被永久磁铁或电磁铁吸引或排斥的性质,是一种宏观的物理性质。物质的磁性来源于其内部原子或离子的轨道磁矩和自旋磁矩的相互作用以及这些磁矩对外磁场响应的特性,可依据原子或离子的电子结构和量子力学理论来解释。

与晶体磁性相关的物理量主要有磁化强度(M)、磁化率(χ)和磁导率(μ)等。磁化强度是单位体积内的磁矩总和,由于磁矩直接表征了磁性的大小(磁矩越大则物质的磁性越强),且磁矩只与晶体本身有关,与外磁场无关,所以磁化强度是物质本身的特性。磁化率(χ)描述的是在外磁场作用下晶体的磁化强度,表达为单位磁场下晶体的磁化强度。如果外加磁场为 H,则有 $\chi=M/H$。磁导率(μ)是表征磁性晶体传导或通过磁力线的能力,表示为

$$\mu = \mu_0(1+\chi) \tag{10-18}$$

其中 $\mu_0 = 4\pi \times 10^{-7} \mathrm{H/m}$,为真空中的磁导率。

利用上述的几个磁性物理量可以将磁性晶体划分为如下几类:

1. 抗磁性晶体

这类晶体的磁化率一般小于零,典型数值 $\approx -10^{-7}$,其磁化强度和磁导率一般也为负值。简单的绝缘体以及大约一半的简单金属都是抗磁性晶体,如方解石、石盐、自然银、自然铋等。

2. 顺磁性晶体

它们的磁化率一般为小的正值,顺磁晶体的磁性与温度 T 的关系密切(呈反比例关系),$\chi = \mu_0 C/T$,称为居里定律,式中 C 为常数。顺磁性晶体的 M 和 μ 一般也为正值。此类晶体的特征是无论是否有外磁场作用,顺磁晶体内部都存在磁矩。在没有外加磁场作用时,顺磁晶体的原子做不规则振动,磁矩排列不规则,宏观上不表现出磁性来;当外磁场作用时,内部原子的磁矩则规则取向,从而表现出磁性,但磁性很弱。显然,温度的增加会导致原子不规则振动的加剧,降低其顺磁性。常见的晶体如角闪石、辉石、电气石等,都是顺磁性晶体。

3. 铁磁性晶体

其磁化率一般为特别大的正数,一般室温下 χ 可达 $\sim 10^3$ 数量级,磁导率和磁化强度大于零。在某个临界温度 T_C(或称居里温度)以下,即使没有外加磁场,其本身也会出现自发的磁化强度。但在 T_C 以上,它则变为顺磁体。此外,如果在 T_C 以下,晶体的 μ 和 M 没有铁磁晶体那么大;在

T_C 以上,其特性逐渐变得像顺磁体,则称之为亚铁磁体,以示与铁磁体的区别。Fe、Co、Ni 及其合金,磁铁矿和磁黄铁矿等晶体,都是铁磁体和亚铁磁体物质。

4. 反铁磁性晶体

这类物质的 χ 是小的正数,μ 近似等于 1,$M=0$。这类物质内部含有不同类型的磁畴,同一种磁畴内电子磁矩同向排列且具有一定的磁化强度,与另外一种磁畴的磁化强度相同,但排列方向相反,故而宏观表现为 $M=0$。在温度低于某一温度 T_N 时,其磁化率与外磁场的取向有关;在高于 T_N 时,内部磁畴的分布趋向无序,其行为类似顺磁体,此时磁化率随温度的变化关系为

$$\chi = \frac{\mu_0 C}{T+T_N} \tag{10-19}$$

其中 T_N 称为奈耳温度。MnO、NiO 等晶体都是反铁磁性晶体。

磁化强度(M)是一阶张量,而磁化率(χ)和磁导率(μ)是二阶张量,在外磁场 H 作用下,三者之间有密切的关系,可写为

$$\boldsymbol{M}_i = \mu_0(\boldsymbol{\delta}_{ij}+\boldsymbol{\chi}_{ij})\boldsymbol{H}_i \quad (i,j=1,2,3) \tag{10-20}$$

10.6 晶体的热膨胀性

由于温度变化在晶体内部引起应变,称为晶体的热膨胀性。显然,这种应变可以用应变张量 $[S_{ij}]$ 来描述。如果整个晶体内均匀地发生相同的微小温度变化 ΔT,从而引起晶体的形变也是均匀的,且与 ΔT 成正比,即

$$S_{ij} = \alpha_{ij} \Delta T \tag{10-21}$$

式中,α_{ij} 称为热膨胀系数。由于 $[S_{ij}]$ 是二阶对称张量,ΔT 为标量,则 $[\alpha_{ij}]$ 也为二阶对称张量。沿主轴方向的热膨胀系数 α_{11},α_{22} 和 α_{33} 称为主热膨胀系数,这在描述晶体热膨胀时是常用的物理参数。从本质上说,晶体的热膨胀性是由于晶格热振动的非简谐性引起了晶体内部质点之间的位置发生变化的结果。大多数晶体都是热胀冷缩的,即主热膨胀系数均为正值,但在少数晶体中,某些系数却是负值,如方解石、绿柱石及一些磷酸盐晶体等。显然,晶体的对称性对热膨胀系数有比较明显的影响。一些常见晶体主热膨胀系数的测量值见表 10-3。

表 10-3 一些常见晶体的主热膨胀系数

晶体	晶系	主热膨胀系数/10^{-6}℃			测试温度/℃
		α_{11}	α_{22}	α_{33}	
石膏	单斜	116	42	29	40
文石	斜方	35	17	10	40
红宝石	三方	4.78		5.31	—
石英	三方	13		8	室温
方解石	三方	−5.6		25	40
金红石	四方	7.1		9.2	40
金刚石	等轴		0.89		室温
石盐	等轴		40		室温

思 考 题

10-1 晶体的对称性不仅体现在宏观外形上,也同样体现在其物理性质上。例如,具有二次对称轴的晶体,沿任一给定的方向测其热导率,而后将晶体绕其二次轴旋转 $180°$,再测其热导率,两次结果一定相同。也就是说,晶体的对称性对其物理性质是有一定制约的。试证明:具有对称心的晶体不可能有一阶张量(矢量)。(提示:利用对称心的对称操作矩阵)

10-2 由于对称性对矢量的制约作用,使得只有以下 10 种点群的晶体才可能具有矢量性质的物理量:$1,2,3,4,6,m,mm2,3m,4mm$ 和 $6mm$。讨论对称轴 2 和 6 对晶体矢量物理量的影响。

10-3 已知某种 $\bar{4}2m$ 点群晶体在晶体学坐标系中的相对介电常数张量为

$$[\varepsilon_{ij}] = \begin{pmatrix} 89 & 0 & 0 \\ 0 & 89 & 0 \\ 0 & 0 & 173 \end{pmatrix}$$

求在围绕 z 轴旋转 $45°$ 后的坐标系中,新的张量表达式如何?

10-4 晶体的压电效应和热释电效应都是很有用的电学性质。请列举出此类效应在实际生活中的具体实例。

10-5 居里温度的涵义是什么? 到达居里温度点,铁电晶体将发生相变,但铁电晶体也可以有其他的相变温度。试问这两者有什么不同?

10-6 应力张量是二阶张量,其一般表达式见式(10-13)。如果切应力分量为零,在如下的几种情况下,用图示的方式表达晶体受力的情况。

$$(1)\ \boldsymbol{\sigma} = \begin{pmatrix} \sigma_1 & 0 & 0 \\ 0 & \sigma_2 & 0 \\ 0 & 0 & \sigma_3 \end{pmatrix}; (2)\ \boldsymbol{\sigma} = \begin{pmatrix} \sigma & 0 & 0 \\ 0 & -\sigma & 0 \\ 0 & 0 & 0 \end{pmatrix}; (3)\ \boldsymbol{\sigma} = \begin{pmatrix} 0 & 0 & 0 \\ 0 & 0 & 0 \\ 0 & 0 & -\sigma \end{pmatrix}。$$

10-7 晶体的应变也是一二阶张量。当主应变之一为零时,则简化为平面应变。在 x_1x_2 平面内晶体的形状如图 10-9 所示,问经过应变张量作用后,其形状应该变成什么样的?

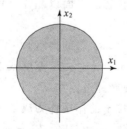

图 10-9 平面应变示意图

10-8 晶体范性形变的表现形式之一是机械双晶。反过来说,晶体的双晶是由晶体的范性形变造成的。此说法对不对? 为什么?

ns
11

晶体的形成和晶体的缺陷

和其他物体一样,晶体也都有着自己的发生、成长和变化的历史。从这个意义上说,晶体可以视为一种有生命的物体。了解和研究晶体发生和成长的规律是认识晶体的一个重要方面。在自然界的平衡环境中,大多数晶体的形成及其生长和变化经历了漫长的地质历史。但是在实验室人工条件下,晶体形成和生长的时间尺度就可以大大地缩短。这固然是人工条件下改变了晶体的生长环境,但也和晶体本身的原因不无相关。此外,晶体形成的时候,其内部并不像理论上那么完美无瑕,而是几乎所有的晶体内部都存在这样或那样的缺陷,而晶体的缺陷却恰好是某些晶体能得以利用的原因。所以,认识和研究晶体的形成过程以及晶体生长过程中的一些现象,是晶体学的一个基本内容。

11.1 晶核的形成

晶体的生长也是一个从小到大的过程。一般认为,在一个合适的介质条件下,晶体生长有3个阶段:首先是介质达到过饱和、过冷却阶段;其次是成核阶段,即晶核形成阶段;最后是晶体的生长阶段。晶核是晶体的萌芽状态。下面以晶体从液相中的生长情况为例,来描述一下晶核的形成过程。

在某种介质体系中,过饱和、过冷却状态的出现,并不意味着整个体系的同时结晶。体系内各处首先出现瞬时的微细结晶粒子。这时由于温度或浓度的局部变化,外部撞击,或一些杂质粒子的影响,都会导致体系中出现局部过饱和度、过冷却度较高的区域,使结晶粒子的大小达到临界值以上。这种形成结晶微粒子的作用称为成核作用。介质体系内的质点同时进入不稳定状态而形成新相,称为均匀成核作用;在体系内,只是某些局部的区域首先形成新相的核,称为不均匀成核作用。

均匀成核是指在一个体系内,各处的成核概率相等,这要克服相当大的表面能势垒,即需要相当大的过冷却度才能成核。非均匀成核过程是由于体系中已经存在某种不均匀性,例如悬浮的杂质微粒,容器壁上凹凸不平等,它们都有效地降低了表面能成核时的势垒,优先在这些具有不均匀性的地点形成晶核。因此在过冷却度很小时亦能局部地成核。

在单位时间内,单位体积中所形成的核的数目称成核速度。它决定于物质的过饱和度或过冷却度。过饱和度和过冷却度越高,成核速度越大。成核速度还与介质的粘度有关,粘度大会阻碍物质的扩散,降低成核速度。

11.2 晶体形成的方式

晶体的形成,实际上是物质相态改变的一种结果。如在含 NaCl 的溶液中,Na 和 Cl 以离子的形式存在,并不存在石盐(NaCl);但当水分蒸发、溶液过饱和时,NaCl 晶体就要从溶液中结晶出来,此时溶液中 Na^+ 和 Cl^- 的浓度自然会降低。

从晶体的形成方式上,主要分为以下三种:

1. 由气相转变为晶体

一种气体处于它的过饱和蒸气压或过冷却温度条件下,直接由气相转变为晶体。生活中最典型的例子是冰,如冬季玻璃窗上的冰花就是由空气中的水蒸气直接结晶的结果。又如火山口附近分布的自然硫、硅华等晶体,它们都是在火山喷发或者热汽泉喷发过程中,由喷出的气体受冷却或气体间相互发生反应而形成的。自然界这种方式形成的晶体不多见。

2. 由液相转变为晶体

这种相变可有自熔体直接结晶和自溶液直接结晶两种情况。前者是在过冷却条件下转变成晶体,如岩浆和工业上各式铸锭、钢锭的结晶等;后者为溶液溶质结晶,即溶液处于过饱和状态时的结晶,如各种热液矿床中的矿物结晶和内陆湖泊以及泻湖中的石膏、岩盐等盐类矿物的形成等。

3. 由固相转变为晶体

这种相变亦可有两种方式:

(1) 在同一温度、压力条件下,某物质的非晶质体向晶质体转化。因为与结晶相比,非晶质体具有较大的自由能,所以它可以自发地向自由能较小的晶质体转变。如火山玻璃经过脱玻化后形成细小的长石和石英等。

(2) 由一种结晶相转变为另一种结晶相。这种相变,即通常所谓的同质多像转变。这是由于环境改变造成的结果,如高温下 α-石英转变为 β-石英、高压下钾长石($KAlSi_3O_8$)变为锰钡矿结构的晶体等(同质多像转变请参见 8.3 节)。

11.3 晶体生长的理论模型

如上所述,产生晶体的先决条件是液(熔)体或气体首先必须达到过饱和或过冷却状态,这样才可使原来在液(熔)体或气体中做无序运动的质点按空间格子规律,自发地连接成体积达一定大小的,但实际上仍然是极其微小的微晶颗粒,即晶核。晶核形成后,晶体便以它为中心持续生长。如何生长?最终的生长形态取决于哪些条件?这就是晶体生长理论所要涉及的问题。涉及晶体生长理论的主要模型有以下几个,大都是基于从液相转变为晶体的形成方式。现简述如下。

11.3.1 科塞尔-斯特兰斯基模型

这一理论模型的原理,可用图 11-1 所示的情况来简要说明。

设图 11-1 是一个具有简单立方晶格的晶核,当晶体围绕该晶核生长时,介质中质点粘附到晶核表面上的去处。在最简单的情况下,可以有三种不同的位置,即三面凹角(A)、二面凹角(B)和一般位置(C)。由图可以看出：A、B、C 三处的一个质点分别受着格子上的 3 个、2 个和 1 个最邻近质点的吸引，即该质点在不同位置上所受引力的大小是不相同的。因此，介质中的质点去占领 A、B、C 位置时，必须要释放出与各处引力相适应的能量，才能取得在该处"定居"下来的稳定能。显然，质点取得稳定能最大的地方是三面凹角(A)的位置，故质点优先进入这个位置。但质点进入这一位置后，三面凹角并不因此而消失，只不过是向前移动了一个位置。如此逐步前移，一直到沿 A 前进的整个质点列都被占据后，三面凹角方始消失。如果晶体继续生长，此时质点将进入一个二面凹角的位置(B)。质点一旦进入此位置后，立

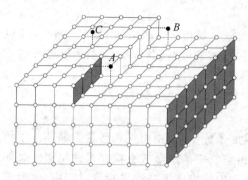

图 11-1　晶体生长的科塞尔-斯特兰斯基模型

即便导致三面凹角的再次出现。这样，必然重复上一生长程序，一直到该质点列又全部被占据后，三面凹角再次消失。如此，一个质点列一个质点列地反复成长，直到下一层的质点面网被新构成的质点面网完全覆盖为止。此时，如在其上再生长一个质点面网，则质点将只能进入一个任意的一般位置(C)。当质点一旦在这个位置上"定居"下来，立即就形成一个二面凹角，接着便是三面凹角，于是新的一层质点面网便又在前一个质点面网的基础上开始发育起来。由此，不难得出：晶体的生长是质点面网一层接一层地不断向外平行移动的结果。这就是科塞尔-斯特兰斯基模型的基本原理。这个模型可以解释一些生长现象。例如，晶体常生长成为面平、棱直的多面体形态等。此外，在晶体的表面或者断面上，还经常能出现一些生长现象，如生长条纹、条带等，这也可由该理论很好地解释，因为在晶体生长的过程中，环境可能有所变化，不同时期生成的晶体在物性(颜色)和成分等方面可能有细微的变化，因而导致规则的生长纹出现。

然而，实际晶体生长过程并非完全按照二维层生长的机制进行。研究表明，上述理论与从气相或过饱和度很低的溶液中人工晶体生长实验的事实相矛盾。因为当晶体的一层面网生长完成之后，再在其上开始生长新的面网时有很大的困难，其原因是已良好的面网对溶液中质点的引力较小，不易克服质点的热振动使质点就位。因此，在过饱和度或过冷却度较低的情况下，晶体的生长就需要用其他的生长机制加以解释。实验也证明，在低的过饱和度条件下，晶体的生长主要是通过晶核的螺旋位错，而不是只靠二维扩散的方式来进行的。

11.3.2　螺旋位错模型

在晶体生长的位错理论模式中，所指的位错是螺旋位错。螺旋位错的形成如图 11-2 所示。图中 $ABCD$(D 在 A 之下方)的右方比左方相对错动了一个行列间距，AD 为位错线或称为轴线。由于晶核中螺旋位错

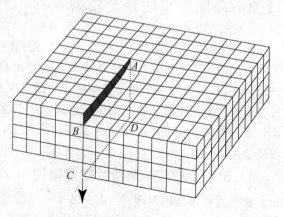

图 11-2　螺旋位错形成示意图

的出现,从而在晶核表面便呈现出一个永不消失的阶梯,在邻近位错线处,永远存在三面凹角。晶体生长时,质点首先将在位错线附近的三面凹角处填补(图11-3),从而使新的质点面网一层接一层地作螺旋式地生长。

在电子显微镜下实际观察到了碳化硅(SiC)晶体的晶面生长螺纹(图11-4)现象,对这一理论模型给予了充分支持。

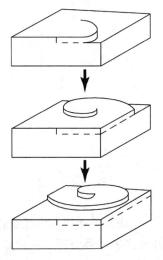

图11-3 晶体螺纹生长示意图

图11-4 SiC晶体表面的生长螺纹

11.3.3 布拉维法则

布拉维从空间格子的特性出发,得出一个关于晶体生长和晶体外表面形态的很实用的结论,即晶体的最终形态由那些具有面网密度最大的面网所决定。换言之,实际晶体常常为面网密度最大的一些面网所包围。此即为布拉维法则。这一法则的实质,可由图11-5来说明。

设图11-5A表示一个正在生长中的某晶体的任意切面,与此切面垂直的三个面网和该切面相交的迹线为AB、CD和BC,其相应的面网密度(D)关系是:$D_{AB}>D_{CD}>D_{BC}$。相应的面网间距(d)是:$d_{AB}>d_{CD}>d_{BC}$。按引力与距离的平方成反比关系,由图可以看出:位置1处所受的引力最大,位置2处次之,位置3处最小。因此,当面网AB、CD和BC各自在它们的法线方向上再生长一层新面网时,质点将优先进入位置1,其次是位置2,最后才是位置3。即BC面网最易于生长,CD次之,AB则落在最后。这个结论就意味着:面网密度小的面网(即晶面)生长速度大(即单位时间内晶面沿其法线方向向外推移的距离大),面网密度大的晶面生长速度小。如果将图11-5A中各晶面生长的全过程按它们各自的生长速度作图,即构成如图11-5B所示的图形。

从图11-5B中可以看出:面网密度小的BC晶面,随着生长的继续,它的面积越来越小,最后被面网密度大、生长速度小的相邻晶面AB和CD所遮没,即面网密度小的晶面在生长过程中被淘汰,而面网密度大的晶面却保留了下来。这样,便导致晶体的最终形态将为那些面网密度大的晶面所构成。

运用布拉维法则来解释同一物质的各种晶体,为什么大晶体上的晶面种类少而且简单,小

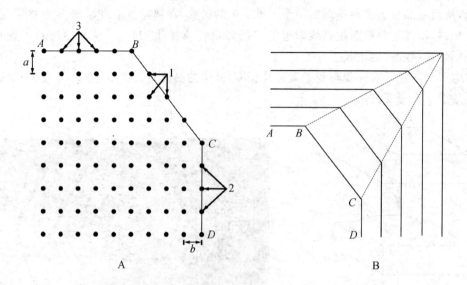

图 11-5 布拉维法则示意图

晶体上的晶面种类多而且复杂,是令人信服的。但也必须指出,这一法则不能解释为什么在不同的环境下,晶体结构相同的同一种物质的晶体常出现不同结晶形态的实际情况。纵然如此,就总的定性趋向而论,布拉维法则仍然是十分有意义的。

11.3.4 居里-乌尔夫原理

1885 年,居里提出一条原理:在平衡条件下,发生液相与固相之间的转变时,晶体调整其形态使总的表面能为最小。亦即晶体生长的平衡形态应具有最小表面能。其后,乌尔夫在研究不同晶面的生长速度时,推引出各晶面的垂直生长速度与各晶面的表面张力之间的关系,发展了居里原理,从而构成了对晶体生长时应有形态的居里-乌尔夫原理。当外界温度和晶体体积不变时,此原理可用下式表示:

$$\sum_{i=1}^{n} \sigma_i S_i = 最小 \tag{11-1}$$

其中 σ_i 为任一晶面 i 的比表面能,S_i 为任一晶面 i 的表面积,n 为晶体上的晶面数。

居里从晶体表面能的角度出发,认为晶体的表面能与晶体的最终形态有着十分密切的关系。他分析了毛细管现象和原理后,认为毛细管现象做功的实质有两个方面:一为体积上的变化,另一为表面的变化。在结晶作用中,晶体不像液体那样,可以发生体积变化,惟一可变化的只能是它的表面。据此,居里认为在平衡条件下,液相与固相之间发生变化时,为使整个体系的能量状态保持最小,在体积不发生变化的情况下,晶体只能由一种形态逐渐调整为另一种形态,最终的形态必具有最小的表面能。这就是著名的居里原理。

据式(11-1),乌尔夫指出,当晶体的体积一定时,要达到表面能最小,只有当晶体的各个晶面到晶体中心的距离(m)与各晶面的表面张力(比表面能 δ)成正比时才有可能。即

$$m_1 : m_2 : m_3 : \cdots = \sigma_1 : \sigma_2 : \sigma_3 : \cdots \tag{11-2}$$

显然,晶面至晶体中心的距离与其生长速度成比例。因此,根据这一原理人们可以做出一

个非常重要的结论,即晶面的生长速度与其比表面能成正比关系。

由于居里-乌尔夫原理把晶体的形态与其生长时所处的环境联系了起来,所以用它很容易说明同一物质的个体在不同的介质里生长时,为什么会出现不同结晶形态的问题,这是因为介质的性质改变了,晶体上各个晶面的比表面能也一定相应有所变化,故而必然体现为晶体在形态上出现变化。

参考图 11-5 可以看出,面网上结点密度大的晶面比表能小。因此,居里-乌尔夫原理与布拉维法则是基本一致的。而这一原理的优点是从表面能出发,考虑了晶体和介质两个方面。但是由于实际晶体常都未能达到平衡形态,并且各晶面表面能的数据的测定也颇为困难且极难精确,从而使这一原理的实际应用受到限制。

11.3.5 周期键链(PBC)理论

该理论从晶体结构的几何特点和质点能量两方面来探讨晶面的生长发育。哈特曼(Hartman)和珀多克(Perdok)等认为,在晶体结构中存在一系列周期性重复的强键链,其重复特征与晶体中质点的周期性重复相一致,这样的强键链称为周期键链(periodic bond chain,简写为PBC)。晶体均平行键链生长,键力最强的方向生长最快。基于这种考虑,可将晶体生长过程中所能出现的晶面划分为三种类型,分别为 F,S 和 K。这三种晶面与 PBC 的关系如图 11-6 所示。图中箭头指强键方向 A,B,C 表示 PBC 方向,其中:F 面为(100),(010)和(001);S 面为(110),(101)和(011);K 面为(111)。

(1) F 面,或称平坦面,有两个以上的 PBC 与之平行,网面密度最大。质点结合到 F 面上去时,只形成一个强键,晶面生长速度慢,易形成晶体的主要晶面。

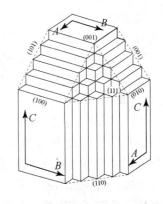

(2) S 面,或称阶梯面,只有一个 PBC 与之平行,网面密度中等。质点结合到 S 面上去时,形成的强键至少比 F 面多一个,晶面生长速度属于中等。

图 11-6 PBC 理论中的三种晶面:F,S 和 K

(3) K 面,或称扭折面,不平行任何 PBC,网面密度小,扭折处的法线方向与 PBC 一致,质点极容易从扭折处进入晶格,晶面生长速度快,是易消失的晶面。因此,晶体上 F 面为最常见且发育较大的面,K 面经常缺失或罕见。

尽管 PBC 理论从晶体结构、质点能量出发,对晶面的生长发育作出了许多解释,也解释了一些实际现象,但在其他晶体中晶面发育仍存在一些与上述结论不尽一致的实例。这表明晶体生长的过程是很复杂的。

11.4 影响晶体生长的外部因素

决定晶体生长的形态,内因是基本的,而生成时所处的外界环境对晶体形态的影响也很大。同一种晶体在不同的条件下生长时,晶体形态是可能有所差别的。现就影响晶体生长的几种主要的外部因素分述如下。

1. 涡流

在生长着的晶体周围，溶液中的溶质向晶体粘附，其本身浓度降低以及晶体生长放出热量，使溶液密度减小。由于重力作用，轻溶液上升，远处的重溶液补充进来，从而形成了涡流。涡流使溶液物质供给不均匀，有方向性，同时晶体所处的位置也可能有所不同，如悬浮在溶液中的晶体下部易得溶质的供应，而贴着基底的晶体底部得不到溶质等等，因而生长形态特征不同。为了消除因重力而产生的涡流，现已在太空失重环境中试验晶体的生长。

2. 温度

在不同的温度下，同种物质的晶体，其不同晶面的相对生长速度有所改变，影响晶体形态。如方解石（$CaCO_3$）在较高温度下生成的晶体呈扁平状，而在地表水溶液中形成的晶体则往往是细长的。石英晶体亦有类似的情况。

3. 杂质

溶液中杂质的存在可以改变晶体上不同面网的表面能，所以其相对生长速度也随之变化而影响晶体形态。例如，在纯净水中结晶的石盐是立方体，而当溶液中有少量硼酸存在时则出现立方体与八面体的聚形。

4. 粘度

溶液的粘度也影响晶体的生长。粘度的加大，将妨碍涡流的产生，溶质的供给只有以扩散的方式来进行，晶体在物质供给十分困难的条件下生成。由于晶体的棱角部分比较容易接受溶质，生长得较快，晶面的中心生长得慢，甚至完全不长，从而形成骸晶。骸晶亦可在快速生长的情况下生成，如雪花便是由于水的凝华而生成的。

5. 结晶速度

结晶速度大，则结晶中心增多，晶体长得细小，且往往长成针状、树枝状。反之，结晶速度小，则晶体长得很大。如岩浆在地下缓慢结晶，则生长成粗颗粒晶体组成的深层岩，如花岗岩；但在地表快速结晶则生成由细粒晶体甚至于隐晶质组成的喷出岩，如流纹岩。结晶速度还影响晶体的纯净度。快速结晶的晶体往往不纯，可以包裹很多的其他杂质。

影响晶体生长的外部因素还有很多。如晶体析出的先后次序也影响晶体形态，先析出者有较多自由空间，晶形完整，成自形晶；较后生长的则形成半自形晶或他形晶。同一种矿物的天然晶体于不同的地质条件下形成时，在形态上、物理性质上都可能显示不同的特征，这些特征往往标志着晶体的生长环境，称为标型特征。

11.5 晶体的缺陷

晶格缺陷是指在晶体结构中的局部范围内，质点的排列偏离了格子构造规律的现象。

晶体的缺陷几乎和所有的结构敏感性质有关，并且决定着实际晶体的自身特性。实验已经证实，晶体的塑性形变是晶格畸变和晶格移动的结果；晶体的热膨胀不仅与原子的非谐振动有关，而且主要是晶格缺陷增加的一种宏观表现；离子晶体中的电流主要是荷电的晶格缺陷的移动；此外，晶体中缺陷的合并还和晶体的相变等现象密切相关。晶体的缺陷不仅对晶体的物理、化学等性质具有重要的影响，而且对晶体材料的开发与应用亦具有非常重要的意义。晶格缺陷的研究是现代晶体学的重要内容。本节着重讨论晶体缺陷的几何形态和结构特征。

在实际晶体中，由于内部质点的热振动以及受到辐射、应力作用等原因，而普遍存在着晶格缺陷。晶格缺陷按其在晶体结构中分布的几何特点可分为四类：零维的点缺陷（主要指空位、间隙质点和杂质质点）、一维的线缺陷（包括位错和点缺陷链等）、二维的面缺陷（包括堆垛层错、晶界等）和三维的体缺陷（如包裹体等）四种类型。因体缺陷主要是指晶体的细微包裹体而可在其他有关章节中讨论，故一般情况下晶格缺陷主要指前三种类型，现分述如下。

11.5.1 点缺陷

点缺陷是发生在一个或若干个质点范围内所形成的晶格缺陷。最常见的点缺陷表现形式有下列几种。

(1) 空位。晶格中应有质点占据的位置因缺失质点而造成空位。如图 11-7 所示的 A 和 A_1 位置，表示的是单个质点和双质点的缺失形成的空位。

(2) 间隙质点，也称填隙。在晶体结构中正常排列的质点之间，存在多余的质点填充晶格空隙的现象（图 11-7 中的 B 位置）。这种填隙质点既可以是晶体自身固有成分中的质点，也可为其他杂质成分的质点（图中之黑点）。当填隙质点为晶体本身固有成分中的质点时，它可具有与其正常的晶格位置不相符的配位数。如在 NaCl 晶体中，填隙离子 Na^+ 的配位数不为正常的 6 而只是 4。

(3) 杂质质点，也叫替位。指杂质成分的质点代替了晶体本身固有成分的质点，并占据了被替代质点的晶格位置（图 11-7 中的 C 位置）的现象。由于替位与被替位质点间的半径、电价等方面存在差异，因而可造成形式不同、程度不等的晶格畸变，但由于这类缺陷只是质点大小的量级，所以不会影响结构的改变，如图 11-8 所示。

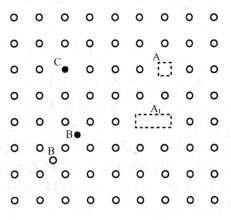

图 11-7 点缺陷的几种类型

A, A_1—空位；B—间隙质点；C—杂质质点

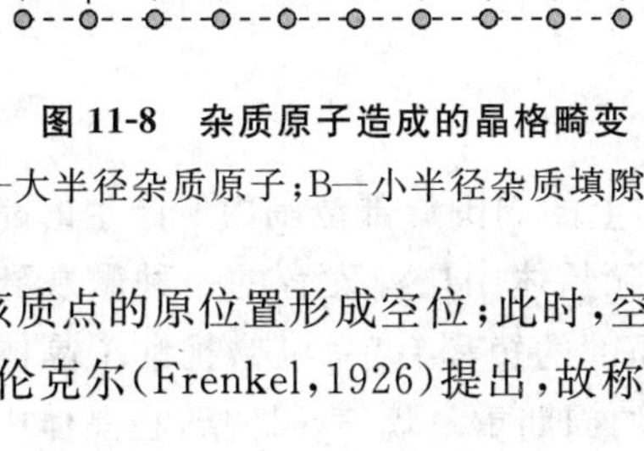

图 11-8 杂质原子造成的晶格畸变

A—大半径杂质原子；B—小半径杂质填隙原子

晶体结构中若产生其本身固有成分质点的空位或填隙原子可造成晶体结构的总电价失衡。如 NaCl 晶体中 Cl^- 的空位可造成正电荷过剩，Na^+ 的空位则造成负电荷过剩；同样 Cl^- 或 Na^+ 的填隙可分别造成负、正电荷的过剩。为保持晶体结构总的电价平衡，当晶体结构中产生一个（些）点缺陷时，往往会同时伴随另外一个（些）点缺陷的产生。

在一定温度条件下，当晶格中某质点脱离原结构位置而成为间隙质点时，为保持总电价平衡，该质点的原位置形成空位；此时，空位和杂质点同时产生且数目相等，这种类型的缺陷首先由弗伦克尔(Frenkel,1926)提出，故称为弗伦克尔缺陷（如图 11-9 中 A 所示）。弗伦克尔缺陷的空位和间隙质点是成对产生、成对运动的,如果间隙质点跳入空位,则它们就会复合而湮灭。

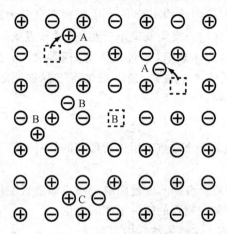

图 11-9　离子晶格点缺陷示意图
A—弗伦克尔缺陷；B—肖特基缺陷；C—肖特基缺陷的反型体

若空位-间隙质点不是成对地产生,而是只产生空位或只产生间隙质点,那么这种缺陷叫肖特基(Schottky)缺陷。肖特基缺陷的产生可分为两个过程：首先是晶体表面质点因为热运动而离开自己的点位置,形成一个空位,随后晶体内部相同质点运动到晶体表面接替这个空位,于是在晶体内部形成空位。这一过程不产生间隙质点,可视为晶体表面的空位运动到了晶体内部。对离子晶体而言,晶体为保持总电价平衡,其本身固有成分中阳、阴离子的空位将同时成对出现。同理,如果晶体固有成分中的阳、阴离子作为间隙离子同时成对出现,这种现象则称为肖特基缺陷的反型体。

热运动和能量的起伏使晶体中点缺陷不断产生、运动,也不断消失。在一定的温度条件下,单位时间内产生、消失的空位或间隙质点的数量具有一定的平衡关系。弗伦克尔缺陷和肖特基缺陷及其反型体的最大特点之一是它们的产生主要与热力学条件有关,它们可以在热力学平衡的晶体中存在,是热力学稳定的缺陷,故又可称之为热缺陷。

弗伦克尔缺陷和肖特基缺陷不会使晶体的化学成分发生变化。其阴、阳离子数服从严格的化学计量比例关系。但在另外一些晶体中,点缺陷的产生则与晶体在成分上不符合化学计量比例有关。这类点缺陷称为非化学计量缺陷。如磁黄铁矿($Fe_{1-x}S$),由于其中的 Fe 既可呈 Fe^{2+},也可呈 Fe^{3+},为保持电荷平衡,晶格产生空位而形成晶格缺陷。

在离子晶格中,点缺陷还可俘获电子或空穴。当光波入射晶体时,可使电子发生迁移并与缺陷发生作用,吸收某些波长光波的能量而显色。这种能吸收某些光波能量而使晶体显色的点缺陷又称为色心。

11.5.2　线缺陷

线缺陷是指在晶体内部结构中沿某条线(行列)方向上的周围局部范围内所产生的晶格缺陷。它的表现形式主要是位错(dislocation)。位错是实际晶体中广泛发育的一种微观到亚微观的线状晶体缺陷,与点缺陷不同,点缺陷扰乱了晶体局部的短程有序,位错扰乱了晶体面网的规则平行排列,位错周围的质点排列偏离了长程有序的周期重复规律。即指,在晶体中的某些区域内,一列或数列质点发生有规律的错乱排列现象。它可视为在应力作用下晶格中的一部分沿一定的面网相对于另一部分的局部滑移而造成的结果。滑移面的终止线,即滑动部分和未滑动部分的分界线称位错线。位错存在着多种形式,最常见的是所谓的刃位错和螺旋位错(其特点下面将具体解释),如图 11-10 所示。

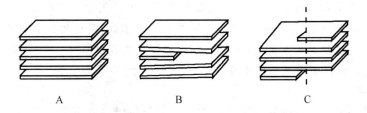

图 11-10　完整晶体(A)及其刃位错(B)和螺旋位错(C)

由于位错可视为晶格的局部滑移造成的,因此可借用晶格滑动的矢量来表征位错。1939 年伯格斯(Burgers)提出用晶格滑动的矢量来表示位错的特征,此矢量称伯氏矢量,以符号 b 表示。确定伯氏矢量的方法是:围绕位错线,避开位错畸变区,按顺时针方向作一适当大小的封闭回路,即伯氏回路。以结点间距为量步单位,按顺序记录每一方向上的步数。然后在同种无位错的晶格中作同样的回路,使得回路运行的方向和量步单位及同一方向上所量的步数与前述回路完全相同,则后一回路不能闭合。此时,自终点向起点所引的矢量即为位错的伯氏矢量。下面以图示的方式来说明如何确定伯氏矢量。

如图 11-11 中,A 具有刃位错的晶格,B 具有无位错晶格。在具有刃位错的晶格中(图 11-11A),以 M 为起点,围绕位错线按顺时针方向顺序(箭头方向),经过 19 步后,最后到 Q(终点),此时终点 Q 与起点 M 重合,即构成一封闭的伯氏回路。然后再取其理想晶体,同步地作一对应的参考回路,即沿相同的方向走相同的步数,结果经过 19 步后,回路并不能闭合(图 11-11B)。此时,其闭合差——自终点 Q 至起点 M 所引的矢量 b 即为位错的伯氏矢量。同理,具有螺旋位错的伯氏矢量也可根据相同的方法确定。

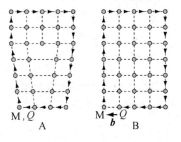

图 11-11　确定刃位错伯氏矢量的示意图
A—刃位错晶格;B—完整晶格

伯氏矢量是位错与其他晶格缺陷区分的标志(其他缺陷无伯氏矢量)。刃位错、螺旋位错及混合位错等类型的划分就是根据伯氏矢量与位错线的关系来进行的。

1. 刃位错

是指位错线与伯氏矢量(b)垂直的位错。图 11-12 为一具刃位错的几何模型。受应力影响,图中的该晶体的上半部分相对于下半部分产生局部滑动,结果在晶格的上半部分多挤出了半层面网(ABCD 面),它犹如一片刀刃插入晶格中直至滑移面(ABEF 面)为止。在"刀刃"周围局部范围内,质点排列偏离格子构造规律,而在稍远处,质点仍按格子构造规律排列。这个"多余"的半层面网(ABCD 面)与滑移面(ABEF 面)的交线(AB 线段)即为位错线。可见伯氏矢量(b)与位错线垂直。

2. 螺旋位错

指位错线平行于伯氏矢量的位错。图 11-13 为一具螺旋位错的晶格的几何模型。晶格前半部分的上、下部分相对有滑移。滑移面即为图中的 $ABCD$ 平面,其滑移面的终止线 AB 即为位错线。在 AB 线段与 CD 线段之间的区域内,质点的排列偏离格子构造规律,而在其他区域仍规则排列。与刃位错(图 11-12)不同,螺旋位错的伯氏矢量 b 与位错线 AB 平行,且没有挤进一层面网。从此图的右表面看,若以位错线 AB 为轴线,绕此轴绕行一周,那么面网将增高一结点间距。这也正是螺旋面的特点,螺旋位错一名即由此而来。碳化硅表面上观察到的螺旋生长纹(图 11-4),实际上就是螺旋位错在晶体表面上出露的迹线。

3. 混合位错

如果位错线不是直线,而是曲线,那么伯氏矢量与位错线既不平行也不垂直,这类的位错即是混合型的位错。于是,可以将任一段位错线分解为平行于 b 和垂直于 b 的两个分量。因此,位错线为曲线的位错是既有刃位错成分又有螺旋位错成分。混合型位错是晶体中很常见的位错。

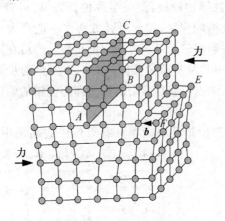

图 11-12 刃位错的几何模型
AB—位错线;b—伯氏矢量

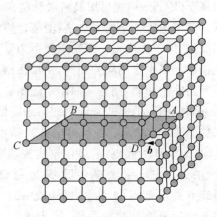

图 11-13 螺旋位错的几何模型
AB—位错线;b—伯氏矢量

11.5.3 面缺陷

面缺陷是指沿晶格内或晶粒间某些面的两侧局部范围内所出现的晶格缺陷。面缺陷主要是同种晶体内的晶界、小角晶界、层错以及异种晶体间的相界等。下面简单描述一下这几种面缺陷的特征。

1. 平移界面

晶格中的一部分沿某一面网相对于另一部分滑动(平移)。以滑移面为界,晶体的格子构造规律被破坏(图 11-14)。

2. 堆垛层错

晶体结构中周期性的互相平行的堆垛层有其固有的顺序。如果堆垛层偏离了原来固有的顺序,周期性改变,则视

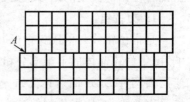

图 11-14 平移界面示意图
A—滑移面

为产生了堆垛层错。堆垛层错有两种基本的形式,抽出型层错和插入型层错。其特点由图 11-15 说明。若结构中正常层堆垛序列为 ABCABCABC……(图 11-15A);抽出一层(C 层)后堆垛层序变为 ABCABABC……(图 11-15B),而插入一层(A 层)则为 ABCABACABC……(图 11-15C)。由此可以看出,层错只破坏质点的次近邻关系,并未改变最近邻关系。

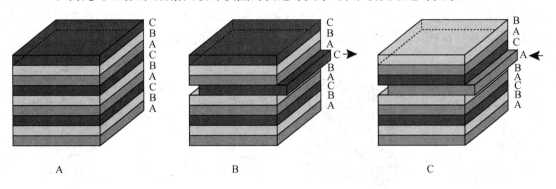

图 11-15　堆垛层错产生示意图

A—完整晶体;B—抽出型层错;C—插入型层错

3. 晶界

指同种晶体内部结晶方位不同的两晶格间的界面,或说是不同晶粒之间的界面。在强调单晶体是很小的颗粒时,也称为亚晶以及亚晶界。按结晶方位差异的大小,可将晶界分为小角晶界和大角晶界等。小角晶界指的是两晶格间结晶方位之差小于 10° 的晶界。最常见到的小角晶界是倾斜晶界和扭转晶界。前者为两部分晶格间相对倾斜而造成的界面,如果这种倾斜相对于晶界是呈对称取向,可视为一系列刃位错平行排列而成(图 11-16A);如果两者呈非对称取向,则它可视为由一系列相隔一定距离的刃位错互相垂直排列而成(图 11-16B)。后者扭

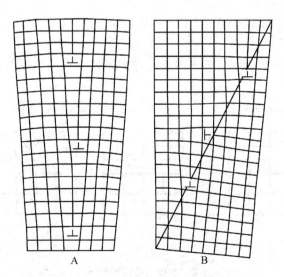

图 11-16　两种倾斜的小角晶界

A—对称的;B—不对称的;⊥—表示刃位错

转晶界,则可视为晶体沿某一面网方向切开,分成两块晶格,然后绕垂直切面的一中心轴相对旋转一个很小的角度,此时两块晶格之间形成的界面即为扭转晶界。它可视为由两组互相垂直的螺旋位错所组成的网络构成,其形成的过程如图 11-17 所示(假设为方形格子,旋转角为7°)。大角晶界是指晶格间结晶方位之差大于 10°的晶界。大角晶界的界面附近处晶格中的质点排列通常具过渡性特点,晶界两侧部分可以局部表现出质点排布的连续性(图 11-18A),也可以呈共晶格结构(图 11-18B),即晶界界面上的质点恰好为两边晶格所共用。

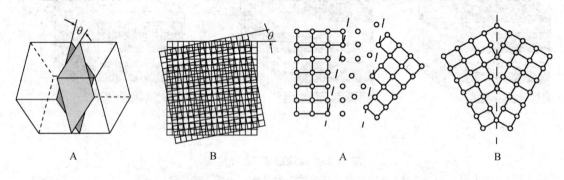

图 11-17　扭转小角晶界的形成过程
A—扭转过程;B—晶界结构

图 11-18　大角晶界结构示意图

4. 相界

结构或者化学成分不同的晶粒之间的界面称为相界。据相界两边晶粒结构的差异和配合程度,可以分出三种相界。

(1) 共格相界(图 11-19A),相界两边晶粒的晶体参数接近相同,相界两边晶格结构完全调和。

(2) 部分共格相界(图 11-19B),此相界两边晶粒的晶体参数有一定差别,两边晶格部分调和。

(3) 非共格相界(图 11-19C),相界两边晶粒的晶体参数差异较大,且晶格没有共同的部分。

相界和晶界的区别是前者属于不同种晶粒之间的界面,而后者是同种晶粒的界面。

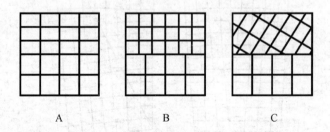

图 11-19　晶体的相界
A—共格;B—部分共格;C—非共格

思 考 题

11-1 一个晶体有着自己的发生、成长和变化的历史。从这个意义上说,晶体可以视为一种有生命的物体。但是同样一种晶体,在自然界条件和实验室条件下,其生长的时间尺度却差异甚大。如何理解这个问题?

11-2 温度对熔体或液体中晶体的成核速率影响比较明显。图 11-20 是两者之间的关系图,其中,成核速率(J)在温度达到 T_m 时最大,T_0 是晶体的熔(溶)点。试问:晶体成核速率的不同,会对晶体的后续生长产生什么样的影响?

11-3 在理想生长情况下,晶面各自都以自身固定的生长速度逐层地平行向外生长。试问:
(1) 一个晶面在生长过程中移动的轨迹应表现为什么?
(2) 此轨迹在通过晶体生长中心且垂直该晶面的切面上又表现为什么?

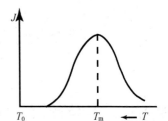

图 11-20 成核速率 J 与温度的关系

11-4 在晶体生长的界面理论中,科塞尔-斯特兰斯基模型和螺旋位错模型是两种重要的理论。两者之间存在一些共同的地方,请指出它们的理论依据和相同点。

11-5 PBC 理论是从晶体结构的几何特点和质点能量两方面来探讨晶体生长发育的。除了能解释晶体的生长外,还可以解释一些生长现象。如黄铁矿晶体,其晶面上常发育有纵向晶面条纹,试根据 PBC 理论加以解释。

11-6 离子晶体一般不是电的导体,但在一些离子晶体中因为有点缺陷的存在,就成为了电的导体。请解释这种现象。

11-7 利用伯氏矢量(b)可以用来区分刃位错和螺旋位错。请以图示的方式表达这两类位错的伯氏矢量。

11-8 小角晶界是一类面缺陷,图 11-17 给出了一个例子。如果旋转角发生改变(如改变旋转角 $\theta = 3°, 5°, 9°$ 等),图形将变为什么样的?请自己作图进行观察。

11-9 晶体的缺陷几乎和所有的结构敏感的性质有关,请列举一些由于晶格缺陷而导致的"结构敏感"性质改变的实际晶体。

附录 1

实习指导

实习一 晶体的测量和投影

1. 掌握要点

（1）面角守恒定律（斯丹诺定律）。即同种晶体之间对应晶面夹角恒等。面角是指晶面法线间的夹角，其数值等于相应晶面夹角的补角。晶面夹角守恒，面角也守恒。实际上常用面角来表示晶面间的夹角关系。

（2）球面坐标和球面投影。晶体的球面投影是各晶面法线在球面上的投影。设想以晶体的中心为球心，任意长为半径，作一球面，然后从球心出发，引每一晶面的法线，延长后各自交球面于一点，这些点便是相应晶面的球面投影点。球面坐标值由极距角 ρ 和方位角 φ 构成，其坐标网线分别与地球上的经纬线相当。

（3）极射赤平投影。若将投影球与地球比拟，以赤道平面为投影平面，以南极为视点，将球面上的各个点、线进行投影，即将球面上的每一点分别都与南极连线，每一连线都将与投影面交于一点，这些交点就是球面投影点的极射赤平投影，也就是相应晶面的极射赤平投影点。

（4）乌尔夫网及其应用。乌尔夫网可以作为球面坐标的量角规，其网面相当于极射赤平投影面。使用时以一张透明纸覆盖于网上，描出基圆，并用符号标出网的中心。选择横半径为零度子午面，在它和基圆交点处注明。这样就可以利用乌尔夫网在半透明纸上进行投影了。

2. 要求

（1）认识天然晶体的形态特征，加深理解面角守恒定律。
（2）掌握球面坐标及其度量方法，学会表达晶面的空间位置和分布。
（3）掌握乌尔夫网，并进行简单的投影和计算。

3. 内容

（1）观察并比较一些晶体的实际形态与理想形态的异同（教员提供实际晶体，理想晶体可以使用模型或者绘制立体图形）。

（2）用乌尔夫网作其中部分晶体晶面的极射赤平投影（教员可以提供实际晶体或理想晶体的测量数据）。

（3）用球面坐标表示晶面投影点的位置，并投影到乌尔夫网上求出其中给定晶面之间的夹角。

4. 需要注意的问题

(1) 实际晶体大都是歪晶,视晶面相对发育情况,可以与理想形态的差别很大。

(2) 可利用乌尔夫网求极射赤平投影图上任两投影点间的角距,即对应两晶面间的面角值。在投影图上两投影点间的角距应在同时包含此两点的投影大圆上度量。将描于透明纸上的投影图蒙于乌尔夫网上,并使两者的基圆及其中心均相互重合,然后绕中心旋转透明纸,使欲测的两投影点正好同时落在网的同一大圆上,沿此大圆读出两点间的角距即为所求。

(3) 运用乌尔夫网还可解决其他一系列的图解测算工作,例如确定投影点的极坐标值,测量任两大圆的角距,作距已知点一定角距的点的轨迹,转换投影平面等等。所以在各种有关极射赤平投影的图解测算中,乌尔夫网作为一种有效的工具被广泛应用。

(4) 在给定球面坐标数据的情况下,乌尔夫网的投影操作可以利用有关的计算机矢量化作图软件来进行(如 Adobe Illustrator 等),这类软件提供了网格、旋转、缩放、图层等功能,完全可以满足需求而替代传统的绘图方式,且精确度也比手工绘制要高,图 2-8 和图 2-10 便是利用计算机软件绘制的。如何进行投影、度量以及旋转乌尔夫网等,请读者自行研究。

实习二 晶体外形的对称

1. 掌握要点

(1) 对称的概念。晶体的相同部分有规律的重复称为对称。使得晶体相同部分重复的操作叫对称操作。在对称操作中借用的几何要素(点、线、面)称为对称元素。

(2) 对称元素及其特点。对称元素包括对称心、对称面和对称轴。对称心为一假想的点,通过此点作直线,在直线上两端存在距离相等方向相反的对应形体。晶体最多可以有一个对称心。对称面为一假想的平面,它将晶体分成互成镜像的两部分。晶体中可以包含最多 9 个对称面。对称轴包括旋转轴和旋转反伸轴两种。旋转轴为一假想的直线,晶体绕其旋转一定角度后晶体相同的部分可以重复。国际符号中对称轴用阿拉伯数字 1,2,3,4 和 6 表示,由于格子构造规律的限制,晶体中没有五次和高于六次的旋转轴。旋转反伸轴也是一条假想的直线,晶体绕其旋转一定角度并在此直线上对一个点进行反伸,可使相同部分重复,其国际符号为 $\bar{1},\bar{2},\bar{3},\bar{4},\bar{6}$。同样,也没有五次和高于六次的旋转反伸轴。上述对称元素符号中,对称心与 $\bar{1}$ 等效,并用之表示;对称面用 m 表示,且与 $\bar{2}$ 等效;$\bar{3}$ 相当于 3 和 $\bar{1}$ 之组合,$\bar{6}$ 相当于 3 和 m 之组合。

(3) 对称元素的组合。晶体上的全部对称元素称为对称元素组合,但不可以是任意的组合。两个对称元素的组合一定会产生第三个对称元素,第三个对称元素的单独作用相当于前两个对称元素综合作用的结果,每个对称元素周围的对称元素一定要符合晶体的宏观对称特点。对称元素组合时的规律称为对称组合定律。根据晶体多面体可能存在的对称元素和对称元素组合规律推导,晶体可能存在的对称类型共 32 种组合,每种组合形成一个晶类,也即 32 个晶类。由于所有对称元素都相交于晶体中的一点(晶体的中心),故也叫 32 种点群。

(4) 晶体的分类。根据 32 种点群的特点,将晶体分为 3 个晶族(低级、中级和高级晶族)、7 个晶系(三斜、单斜、斜方或正交、三方、四方、六方和等轴晶系)。

2. 目的和要求

(1) 通过模型观察,加深理解对称的概念。

(2) 掌握对称操作,并学会如何在理想晶体形态(模型)上分析对称元素。

(3) 能根据对称组合规律,分析判断找出的对称元素的组合是否合理。

(4) 熟悉各种点群在各个晶族中存在的种类及其对称元素组合的特点。

3. 内容

(1) 依据条件,准备 5~10 块重要点群的晶体模型,并找出模型中存在的全部对称元素。

(2) 对其中部分模型的全部对称元素进行极射赤平投影。

(3) 提交实习报告。

实习报告格式

模型编号	对称元素数目									点群	晶系
	2	3	4	6	$\bar{3}$	$\bar{4}$	$\bar{6}$	m	$\bar{1}$		
1											
2											
3											
…											

4. 需要注意的问题

(1) 将模型置放在桌面上不动,从不同方向进行观察。

(2) 确定是否具有对称心。具有对称心的晶体,其晶面都是成对相互平行出现,且晶体形状和大小相等,方向相反。因此,改变模型的置放方式,只要没有出现水平的晶面,那么就一定没有对称心;如果皆有水平晶面出现,还要核实它的大小和形状是否和桌面接触的晶面相同、方位是否相反。

(3) 确定是否有对称面。对称面不仅将晶体分成相等的两部分,而且这两部分要互成镜像反映。对称面可能平分或垂直于晶面和晶棱,或者包含晶棱或角顶。所以,观察对称面是否存在,要注意晶面、晶棱和角顶的位置。

(4) 确定是否有对称轴及其轴次。对称轴出露的可能位置是晶面、晶棱的中心以及角顶。寻找对称轴(L^n)时,可使晶体绕上述可能的位置旋转一周,观察模型是否复原以及复原的次数以确定轴次。旋转反伸轴(L_i^n)的确定相对困难一些,但具有独立意义的 L_i^n 只有 L_i^4 和 L_i^6,两者皆只出现在没有对称心的晶体中。对于 L_i^4,其形式上与 L^2 相似,所以特别要注意检查 L^2 是否是 L_i^4;对于 L_i^6,其等效于 $L^3+P_\perp$,所以观察到 L^3 以及与其垂直的对称面,就可确定 L_i^6 的存在。

(5) 找出全部对称元素之后,分析是否符合对称元素的组合规律。用下列公式进行检查: $L^n \cdot L_\perp^2 \rightarrow L^n n L_\perp^2$,$L^{n(偶)} \cdot P_\perp \rightarrow L^n P C$,$L^n \cdot P_{//} \rightarrow L^n n P$,$L_i^{n(奇)} \cdot L_\perp^2 \rightarrow L_i^n n L^2 n P$ 和 $L_i^{n(偶)} \cdot L_\perp^2 \rightarrow L_i^n n/2 L^2 n/2 P$。

(6) 将找出的全部对称元素组合与 32 种点群的列表(表 3-3)对照,看是否正确;也可将其进行乌尔夫网投影,与图 3-15 进行对比,看是否正确。

实习三　晶体定向和晶面符号

1. 掌握要点

(1) 晶体定向和晶体常数。晶体定向就是在晶体中选择一个三维坐标系,这些坐标轴(x, y, z 轴,或 a, b, c 轴)也称为晶轴。选择晶轴要符合晶体的格子规律和晶体的对称性。在晶体学中,晶轴的轴单位 a_0, b_0, c_0 或其连比 $a_0 : b_0 : c_0$ 数加上轴角 α, β, γ(分别为晶轴 $y \wedge z$, $z \wedge x$, $x \wedge y$ 的夹角)称为晶体常数。在三、六方晶系中,习惯上选择四个晶轴(x, y, u, z 轴)来定向,但 u 轴不是独立的,可由其他晶轴导出,其正方向在 x, y 正方向后面。各晶系晶体定向原则和晶体常数参见第 4 章相关小节。

(2) 点群的国际符号。点群国际符号的书写顺序有严格的规定,既指示了相应对称元素的空间取向,又反映了对称元素的组合关系。在国际符号中,有的点群只需要表示一个方向的对称元素就可以表达其对称特点,而有些则需要表示 2 个或 3 个方向才能区分。32 种点群的符号参见表 3-3。对不同晶系的点群,不同的方向分别用其国际符号的 3 个位(按顺序)来表示(如下表,或参见表 7-5)。

晶系	3 个位所表示的方向(依次列出)					
	单胞中 3 个矢量表示			晶棱符号表示		
等轴	c	$a+b+c$	$a+b$	[001]	[111]	[110]
四方	c	a	$a+b$	[001]	[100]	[110]
斜方	a	b	c	[100]	[010]	[001]
单斜	b			[010]		
三斜	任意方向			任意方向		
三方和六方	c	a	$2a+b$	[001]	[100]	[210]

(3) 晶面符号是根据晶面与晶轴的空间关系,用简单的数字符号形式来表达晶面在晶体上方位的一种结晶学符号。通常采用的是米勒符号,定义为晶面在晶轴上截距系数的倒数比,用 (hkl) 表示,其中的 h, k, l 为晶面指数。如附图 1-1 所示,晶面 ABC 与 x, y, z 轴分别交于 A、B、C 点,则其截距分别为 OA、OB 和 OC;由于 $OA = 2a_0$、$OB = 3b_0$、$OC = 4c_0$,则在三个晶轴上的截距系数分别为 2, 3, 4,其倒数比即为 $1/2 : 1/3 : 1/4 = 6 : 4 : 3$。去掉冒号并加上小括号,得到 (643),即该晶面的米勒符号。视晶面与晶轴正或负方向相交,晶面指数有正负之分。由于晶面符号的指数之间是比例关系,因此它只具有空间方位的意义而不能确定具体的空间位置。晶面符号是用小括号形式表示的,中括号"[ ]"和大括号"{ }"分别表示晶带符号和单形符号。晶面在晶轴上的截距系数之比为简单的整数比,晶面指数一般很少超过 6(参见 4.5 节之整数定律);相互平行面网的符号是相同的;如果晶面与某一晶轴平行,则其在该晶轴上的截距和截距系数视为无穷大;h, k, l 三个数是互质的,不能有公约数,其满足通过坐标原点的平面方程

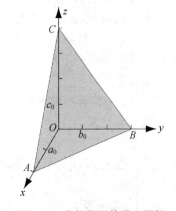

附图 1-1　求解晶面符号之图解

$hx+ky+lz=0$。对于三方和六方晶系的晶体,需要用四轴定向,其晶面符号确定方法与三轴定向相同,但要用$(hkil)$的形式表达,其中的指数i相对于u轴,且存在$h+k+i=0$之关系,知道其中两者,那么第三者便能很快求出。

2. 要求

(1) 掌握各晶系的晶体常数和定向原则,学会三轴定向和三六方晶系的四轴定向。

(2) 掌握点群国际符号的书写以及符号中每个位的含义。

(3) 理解米勒符号的概念,掌握晶面符号的估算方法。

3. 内容

(1) 依据条件,准备 5~10 块常见点群的晶体模型,找出模型中存在的全部对称元素。

(2) 将上述模型进行晶体定向(要求画出定向草图)。

(3) 估算晶面符号。

(4) 将上述模型的对称元素和晶面进行乌尔夫网投影。

(5) 提交实习报告。

实习报告格式

模型编号	1	2	3	4	5	...
点群						
晶系						
定向及草图						
晶面符号						

4. 需要注意的问题

(1) 找出全部对称元素,确定其所属的晶系和点群(参见实习二)。

(2) 根据定向原则选择晶轴,并将晶体按规定的方位进行安置。注意,对三、六方晶系的晶体采用四轴定向的方法。

(3) 判断晶面与三个晶轴相交的截距及其截距系数之倒数比,从而确定其晶面符号。对不能确定具体数字的指数,用(hkl)或者$(hkil)$来表示。尤其注意,晶面指数之间是比值关系且不能有公约数,所以不能出现数字(除 0 外)和字母混写的方式。如$(0k0)$或$(1k0)$等皆是不正确的写法,前者可简化为(010),后者没有体现晶面指数间的比例关系。

(4) 有的结晶轴的选择方案不止一种(皆符合晶轴选择原则),一旦确定某种选法,那么在后续的步骤中则不允许变动。对实际晶体而言,在有多种晶轴选择方案的时候,往往只有一种习惯选法。

(5) 写出模型的点群符号,根据符号中的每一个位代表的方向来检查该方向上是否有相应的对称元素。

实习四 单形和单形符号

1. 掌握要点

(1) 单形符号的概念。指由对称元素联系起来的一组晶面的组合。同一单形的晶面大小相等,性质相同,对称环境一样。单形符号用$\{hkl\}$来表示,一般在中、低级晶族按"上、前、右",

高级晶族按"前、右、上"的法则选择代表晶面(即晶面指数皆为正)作为单形符号的标志。

(2) 单形的分布。几何形态上相同的单形共有47种,考虑对称因素在内,则共有146种,称为结晶学单形。在不同的晶系中单形的种类是不同的,其特征可通过晶面数目、横截面形态以及晶面与晶轴的关系等方面来区分。

(3) 单形的分类。如特殊形和一般形、左形和右形、开形和闭形等。

2. 要求

(1) 通过实习明确单形的概念及其表达方式。

(2) 掌握47种几何单形的形态特征,了解单形的不同类型。

(3) 对每一种单形的晶面能进行正确的投影,并能从投影图中判断单形名称。

3. 内容

(1) 根据教材提示,将47种单形进行分类,区别出各个晶族和晶系的单形及其单形符号。

(2) 熟记47种单形的形态、晶面数目和截面形态,注意其晶面与晶轴的关系。

(3) 认识一般形和特殊形、开形和闭形、定形和变形以及左形和右形。

(4) 对47种几何单形进行乌尔夫网投影。

4. 需要注意的问题

(1) 注意区分容易混淆的单形,如

斜方四面体—四方四面体—四面体

复三方柱—六方柱

三方双锥—菱面体—三方偏方面体

斜方双锥—四方双锥—八面体

(2) 注意区分一般形和特殊形、定形和变形、开形和闭形以及左形和右形等。对于前面两种,可以从单形符号是否含有非数字的指数来区别。对于开形和闭形而言,开形不是封闭的几何多面体,在模型中实际上还含有其他单形,如四方柱单形,实际上是沿柱方向无限延伸的,而在模型中包含了一个平行双面,才使得其为有限的立体图形的"四方柱";对左、右形而言,"偏方面体"类的左、右形区分可通过查看同位置晶面的不相等边的分布来判断;对五角三四面体和五角三八面体类,常根据晶棱折线的走向来区分。

(3) 认识单形几何特征的时候可参阅表5-8～表5-10以及图5-10和图5-11,也可按照其他方式来编排记忆。例如,对中低级晶族单形,可按照柱类、锥类、双锥类和偏方面体类以及相应的斜方、(复)三方、(复)四方、(复)六方交叉对比记忆;对高级晶族单形可分为八面体类和四面体类以及相应的三角、四角、五角和"六角"来交叉对比记忆。

实习五 聚形分析

1. 掌握要点

(1) 聚形的概念。指两个或两个以上单形的聚合。在任何情况下,只有属于同一点群的单形才能相聚,不同点群的单形是不能聚合在一起的。此外,在一种点群里面,其可能出现的单形数目是有限的,最多不超过7种。

(2) 点群可能单形的推导。根据点群对称元素的乌尔夫网投影,选择晶面可能出现的位置(最多有 7 种),通过对称元素的对称操作,投影出所有的晶面,再根据晶面的数目以及它们和晶轴的关系来判断单形。

2. 要求

(1) 深入理解聚形的概念。

(2) 熟记各个晶族所出现的单形类型。

(3) 掌握从聚形中分析单形的方法。

3. 内容

(1) 分析 5~10 块模型所含的单形种类,并确定其单形符号。

(2) 将上述模型的单形进行乌尔夫网投影。

(3) 推导给定点群所可能出现的单形。

(4) 提交实习报告。

实习报告格式

模型编号	1	2	3	4	5	…
点群						
晶系						
定向及草图						
单形及其符号						

4. 需要注意的问题

(1) 对于所给模型,首先找出其对称元素并确定其点群和晶系。

(2) 观察晶体上有几种不同的晶面(即单形数目)和各单形晶面的数目。

(3) 确定各个单形的名称。由于是聚形,有些单形的形态在相聚时并不容易识别,这需要根据点群、单形晶面的数目,以及晶面与晶轴的相对位置来综合判断。尤其注意,只有同一点群中的单形才能相聚。

(4) 对于判断出来的单形,其正确与否也可以通过投影来进行核实,因为单形晶面之间以及与晶轴的相对位置是不变的。

(5) 同一个单形在一个聚形中可以多次出现,但其单形符号的指数不会一样。

(6) 点群可能单形推导的时候,首先进行点群对称元素的投影(画出图),然后确定初始晶面可能的 7 个位置,再逐一进行推演,最终确定各个单形。

实习六　晶体的规则连生

1. 掌握要点

(1) 平行连晶的概念。指若干同种的单晶体,按所对应的结晶学方向皆为相互平行的关系而组成的连生体。从表面上看,连生体的各个单晶体对应的晶面是相互平行的;从结构上看,其内部的格子构造是平行连续的。

(2) 衍生的概念。指异种晶体之间的规则连生(或者是同种晶体以不同晶面结合而构成的规则连生)。

(3) 双晶的概念。是同种晶体之间的规则连生,其中一个单体可通过平面反映或绕一直线旋转180°和另外一单体重合或平行。双晶和平行连晶是有区别的,前者在内部格子构造上是不连续的。衡量双晶单个个体之间的关系,可采用一些几何要素(双晶要素):双晶面——假想的平面,通过它的反映,可使得双晶的个体重合或平行,用晶面符号(hkl)表示;双晶轴——假想的直线,一个单体绕其旋转180°,可以与另一单体重合或平行,可用晶棱符号$[rst]$表示;接合面——是双晶单体之间实际结合的面。它可以是平面,也可以是复杂的曲折面。在双晶晶体的表面,一般有凹角出现。

(4) 双晶律的概念。构成双晶的具体的规律,有若干种命名的原则。

(5) 双晶的类型。

2. 要求

(1) 了解晶体的规则连生和衍生的概念。

(2) 掌握双晶特征和双晶类型,学会识别双晶类型和掌握分析双晶要素的方法,熟识一些常见的双晶律。

3. 内容

(1) 确定5~10块模型的双晶类型,并分析它们的双晶要素。

(2) 提交实习报告。

实习报告格式

模型编号	晶体点群	双晶要素			双晶类型	双晶律
		双晶面	双晶轴	接合面		
1						
2						
3						
…						

4. 需要注意的问题

(1) 双晶和单晶体的主要区别在于:

- 双晶具有两个以上的单体;
- 双晶具有凹角,或缝合线,或接合面;
- 双晶各个单体之间的结晶方向不同,可反映在光泽和其他物理性质上;
- 双晶可以具有特征的双晶纹。

(2) 双晶面和接合面有时可以是同一个面,但其概念和含义是完全不同的。

(3) 一些常见的矿物晶体具有特征的双晶律,如:

    磁铁矿—尖晶石律   石膏—燕尾双晶

    锡石—膝状双晶   正长石—卡斯巴双晶

    方解石—聚片双晶,接触双晶 斜长石—聚片双晶

    石英—道芬双晶,巴西双晶

实习七　晶体结构和晶体内部的对称元素

1. 掌握要点

(1) 空间格子、平行六面体和晶胞的概念。在三维空间成周期性重复分布的几何点,称为空间格子(或格子构造,空间点阵);空间格子重复的最小单位,称为平行六面体。选择平行六面体的对称性应符合空间点阵的对称性,在此前提下,按优先顺序,应选择棱与棱之间直角关系最多、平行六面体体积最小、结点间距小的平行六面体。晶胞是指晶体结构中的平行六面体。晶胞与平行六面体的区别是前者是由具体的质点组成,而后者则由抽象的几何点构成。

(2) 晶体的宏观对称、微观对称及其区别。晶体结构中出现的对称元素包括两部分:一是在宏观晶体中出现的对称元素,即对称心、对称面和旋转轴(包括旋转反伸轴);另一是作为无限图形的晶体结构中才能出现的对称元素,它以对称操作中包含平移操作为特点。显然,平移操作在有限图形中是不能成立的,所以,微观对称元素不可能直接在宏观晶体中出现。

(3) 晶体内部对称元素:平移轴、滑移面、螺旋轴。平移轴为一直线方向,相应的对称操作为沿此直线方向平移一定的距离。滑移面是一种复合的对称元素,其辅助几何要素有两个,一个假想的平面和平行此平面的某一直线方向;相应的对称操作为对于此平面的反映和沿此直线方向平移的联合,其平移的距离等于该方向行列结点间距的一半。滑移面按其平移的方向与距离的不同,分为 a,b,c,n,d 五种。螺旋轴的辅助几何要素为,一根假想的直线及与之平行的直线方向;相应的对称操作为,围绕此直线转一定的角度和沿此直线方向平移的联合。螺旋轴根据其轴次和平移距离大小的不同,共分为 $2_1,3_1,3_2,4_1,4_2,4_3,6_1,6_2,6_3,6_4,6_5$ 轴,共 11 种。

(4) 空间群和等效点系的概念。空间群是指一个晶体结构中一切对称元素(包括宏观和微观)的集合,晶体总共有 230 种空间群。晶体结构中的空间群相当于宏观晶体中的点群,晶体结构中的所有质点在空间的分布,都必定属于该晶体的空间群。等效点系是指晶体结构中由一原始点经空间群中所有对称元素的作用所推导出来的规则点系。等效点系与空间群的关系可与宏观晶体中单形与点群的关系相类比。

2. 要求

用晶体结构模型(金红石的结构格架,空间群为 $P4_2/mnm$),并对照相应结构图,初步学习分析晶体内部结构的对称元素,熟悉空间群的国际符号。

3. 内容

在金红石的晶体结构模型中找出所有对称元素并确定空间群符号。

4. 需要注意的问题

(1) 确定等同点。从金红石晶体结构模型中,先任意选择一个质点(或几何点),然后寻找其等同点及其位置。此时仔细观察等同点周围的环境,包括等同点周围质点的种类、数目、距离以及质点排列特征,以确认环境找出的是完全相同的质点或几何点。

(2) 选择单位晶胞。将等同点按照单位晶胞选择的原则连接起来,从而构成一个平行六面体,此平行六面体便是单位晶胞。单胞参数 $a,b,c,\alpha,\beta,\gamma$ 的相对大小可以观察和估算出来。

(3) 确定格子类型。金红石是原始 P 格子,也即其等同点分布在单位晶胞的 8 个角顶上。

根据上面等同点和单胞选择的结果,看是否符合。

(4) 对照结构图,用结构模型分析对称元素的分布,着重找出空间群的国际符号中 3 个位上的对称元素。沿 z 轴方向有 4_2 轴且垂直 z 轴有对称面;在 x,y 轴方向存在 n 滑移面;在 [110] 方向有对称面,这些信息均包含在空间群符号中。

(5) 金红石的晶体结构。空间群 $P4_2/mnm$,点群 $4/mmm$,晶胞参数为 $a=0.459$ nm,$c=0.296$ nm,单胞分子数(Z)为 2。结构中,Ti^{4+} 应该占据重复点数为 2 的等效点的位置,而 O^{2-} 占据重复点数为 4 的等效点的位置,其晶体结构和空间群见附图 1-2。

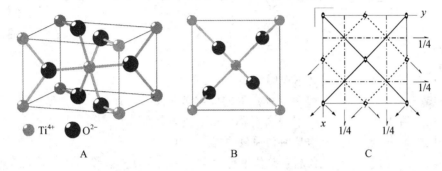

附图 1-2 金红石晶体结构立体图(A)及其沿 z 轴晶体结构的投影(B)和空间群 $P4_2/mnm$ 的投影(C)

结构研究证实,Ti^{4+} 的坐标位置为 $0,0,0;\frac{1}{2},\frac{1}{2},\frac{1}{2}$;$O^{2-}$ 的坐标为:$x,x,0;\bar{x},\bar{x},0;\bar{x}+\frac{1}{2},x+\frac{1}{2},\frac{1}{2}$;$x+\frac{1}{2},\bar{x}+\frac{1}{2},\frac{1}{2}$(实验值 $x=0.33$)。

附录 2

重要的图、表和公式索引

图 2-7	乌尔夫网	15
图 3-15	32 种晶体点群的极射赤平投影	31
图 3-16～图 3-22	32 种点群对称元素的空间分布	35～36
图 4-1	结晶轴和轴角的规定	40
图 4-10	各晶系单位平行六面体形状及点阵参数	45
图 5-10	17 种开形的立体形态及其极射赤平投影	67
图 5-11	30 种闭形的立体形态及其极射赤平投影	68～69
图 7-7	二维点群的对称元素及其极射赤平投影	86
图 9-1	元素周期表	114
图 9-2	元素的原子半径和共价半径	115
表 3-1	宏观晶体的对称元素	27
表 3-3	点群的国际符号和圣佛利斯符号	32～33
表 3-4	晶体的对称分类表	34
表 3-5	准晶体的对称分类表	37
表 4-1	各晶系晶体定向表	42
表 4-2	14 种布拉维空间格子	47
表 5-1～表 5-7	各个晶系之单形	60～62
表 5-8～表 5-10	三个晶族单形的几何特征	63～65
表 6-1	一些常见矿物晶体的双晶及其特征	76～78
表 7-1	晶体中可能存在的对称元素及其符号	84
表 7-2	二维点群、晶系和布拉维格子	86
表 7-3	二维点群和二维空间群	87
表 7-4	32 种点群及其对应的 230 种空间群的简略国际符号	89～90
表 7-5	点群国际符号中的方向性规定	91
表 9-1	质子、中子和电子的基本物理常数	109
表 9-2	量子数 (n, l, m) 所表征的原子轨道	111
表 9-4	元素的离子半径	116～119

式(1-11)	空间点阵和倒易点阵转换矩阵 7
式(3-4)	对称心的对称变换矩阵 21
式(3-6)～式(3-8)	对称面的对称变换矩阵 22
式(3-13)	对称轴的对称变换矩阵 23
式(3-14)	倒转轴的对称变换矩阵 24
式(3-15)～式(3-17)	对称元素组合规律 27
式(4-1)～式(4-2)	三方原始格子和三方菱面体格子转换矩阵 48
式(4-3)	晶带方程 52
式(4-10)	利用晶带方程求解晶带或晶面符号的通俗公式 53
式(9-5)	等大球密堆积的空间利用率求解公式 123

附录 3

主题词索引

(以汉语拼音字母顺序排列)

A

α-石英　1,2,12,13,76,101
　～103
2H 多型　106
3R 多型　106
A1 型密堆积　124,126
A2 型密堆积　124
A3 型密堆积　121,124,132
A4 型密堆积　124,132
A 心格子　46

B

B 心格子　46
八面体空隙　122,123,125,
　127,129,132
巴温诺律　74,77
伯氏回路　155
伯氏矢量　155,156,159
泡利不相容原理　112
鲍林法则　128,129
闭形　66,68,69,71
变形　66,71,125,127
标量　134,135,139,141,
　144
标型特征　152
标准状态　101
玻璃化作用　2

不均匀成核作用　146
不完全固溶体　97～99
不完全类质同像　97～99
布拉维定向　41
布拉维法则　50,149～151
布拉维格子　46～48,86,
　88,90
部分共格相界　158
部分有序　105

C

C_{60}　10
CIF 文件　95
C 心格子　46
层错　156,157
长程有序　1,10,105
超结构　103
成核速度　146
成核作用　146
穿插双晶　76
磁导率　143,144
磁化率　143,144
磁化强度　143,144
磁量子数　110,111

D

大角晶界　157,158
大圆　14～18,22,52

单胞分子数　92,94
单键　115,131,133
单面　60～63,65,66,70
单位晶胞　45,48,54,94,
　106
单位平行六面体　45
单位平行四边形　4
单位周期　3
单斜晶系　33,35,43,45,
　47,53～55,60,79,86,
　105,106,139
单斜原始　86
单形　49,56～66,69～71,
　91
单形的推导　57
单形符号　57,60～62,66,
　70,71
弹性　135,136,140～142
弹性常数　142
弹性限度　142
氢键　131
倒空间　7
倒易点阵　6
倒转轴　24～30,33,84～
　86,90
等大球密堆积　121～123,
　130,132
等价类质同像　98

等效点系 88,91~93

等效位置 91~93,97,104,105

等轴晶系 33,35,36,41,45~47,54,60,62,66,70,71,73,79,100,102,106,108,136

低级晶族 33,57,59,63

底心格子 46,47

点对称操作 86

点缺陷 153,154,159

点群 10,27,29~36,38~45,53,54,56~62,66,69~71,74,79,80,85~95,125,136,137,139,140,145

点阵 2~11,23,45,48,52,82,85~88

点阵参数 5,6,45,48,86,88

电极化 134,135,137~141

电极化率 135,137,138,141

电极化率张量 138

电学性质 20,130,137,145

电致伸缩效应 138

电滞回路 140

电子构型 98,111~114,129

电子跃迁 110

定形 57,66

端元组分 97,108

短程有序 1,10,105,154

对称 10,12,13,17,19~30,32~47,49,50,56~60,62,66,69~74,76~78,80~82,84~94,101~106,125,134,136~142,144,145,157

对称变换矩阵 21~25,38,136

对称面 12,21,22,25~30,32,33,39,41,58,66,73,74,80,84~88,90,91,136,139

对称心 21,22,24~27,29,30,32,35,36,38,66,74,80,84~86,88,136,137,139,145

对称型 27,29

对称元素 17,20,21,25~27,29,30,32~35,37,38,41,43,56~59,66,69~72,80~82,84~94,136,137,142

对称元素组合规律 27,29

对称轴 10,12,21~25,27~29,32,33,38,40,50,66,74,80,82,85,86,88,90,145

对角线滑移 83

多体 106,107

多体系列 107

多型 79,106~108

惰性气体型离子 98,114

E

二级相变 101,103

二维空间群 85

F

F面 151

反复双晶 75

反伸操作 21,24,25

反铁磁性晶体 144

反演轴 24

反映操作 21,25

范德华半径 115

范性 9,11,56,140~142,145

方解石 28,34,54,74,77,92,101,127,132,134,143

方位角 14~16

非共格相界 158

非化学计量缺陷 154

非晶质化 2

非晶质体 1,2,147

费德洛夫群 88

分数坐标 6,91

分子键 130

分子晶体 130

缝合线 76

弗伦克尔缺陷 154

浮生 78~80

负形 66

复合双晶 76

复六方双锥 63

复六方柱 61~63

复六方锥 62,63

复三方偏三角面体 64

复三方双锥 63

复三方柱 61~63

复三方锥 61,63

复四方双锥 58,63

复四方柱 58,61,63

复四方锥 61,63

G

钙钛矿 95,100,102,103,108

高次轴 29,33,34,38,42,44

高级晶族 33,35,57~59,64,70

高压相变 103,108
格子构造 1,2,141,152,155,156
共格相界 158
共价半径 115,120
共价晶体 126,129
共晶格取向连生 79
共面网取向连生 79
共行列取向连生 79
固溶体 97
贯穿双晶 73,75~78
规则连生 72,78
国际符号 21~24,27,30~34,36~39,42,82,87~91
国际晶体学协会 95
过渡型离子 115

H

焓 100,101
行列 2,3,5,6,9,11,40,50,53,54,79,81,93,148,154
行列符号 6
红锌矿 28,34
洪德定则 112
胡克定律 142
蝴蝶双晶 74,77
滑移面 82,87~90,93,142,155
滑移矢量 83,85
滑移线 87,88,93
化学键 115,126,128,130,131,133
环状双晶 75
黄金中值 10
黄铜矿 28,34,104,108
混合键 131
混合位错 155,156

混晶 97,98
火山玻璃 2,147

J

机械双晶 76,142,143,145
基圆 14~17,22,57
基转角 22,24,27,82
极化强度 134,135,137~140
极距角 14~16
极射赤平投影 14~18,24~26,30,31,38,39,52,66~70,86
间隙质点 153,154
简单双晶 75
交生 78,80
角量子数 110~112
接触双晶 73,75~77
结点 2,38,40,44~47,50,81,91,93,142,151,155,156
结点间距 5,11,40,50,81,93
结构单位层 106
结晶速度 152
结晶学模块 107
结晶轴 40,42~44,63~65,74
截角立方体 127
介电常数 131,138,145
介电性质 137,138
金刚石型滑移 83
金属半径 115,120
金属键 120,128,130,131,133
金属晶体 130
晶胞 45,48,54,91,93~95,97,106

晶胞参数 7,48,91,94,95,97
晶变 96,100
晶带 17,48~55,74
晶带定律 52~54
晶带方程 52,53
晶带符号 49,51,53,54
晶带轴 50~53,74
晶格类型 109,128,132
晶格缺陷 152~156,159
晶核 146~149
晶化作用 2
晶界 153,156~159
晶类 33,37,39,66,76~78,143
晶棱符号 50
晶棱指数 51
晶面符号 6,11,17,49,50,53~55,57
晶面指数 49
晶体 1,2,4~14,16~31,33,34,36~57,59,60,62,66,69~74,76~82,84,85,115,120,122,123,126~159
晶体测量 12,16
晶体的投影 12
晶体的相变 100,152
晶体定向 40~45,49,53,70
晶体化学 107,109,114,120,128
晶体几何常数 41,43,47
晶体结构 2,4~6,10,11,44~48,81,82,85,89~109,115,120,123,126~129,131,132,140,150~153,156,159

晶体物理学 134
晶体学符号 40,48,49,57
晶体学国际表 91,92
晶体学坐标系 40,48,145
晶系 33～37,39～47,49～51,53～55,57,59～62,60,70,71,73,76～79,85～88,90,91,93～95,100～106,108
晶族 33～37,39,42,57～59
静电键强度 129
静电力 130
居里温度 131,140,143,145
居里-乌尔夫原理 150,151
聚片双晶 75,76
聚形 56,66,69～71,79,127,152
绝对温度 100
均一性 8,11

K

K 面 151
卡斯巴双晶 74,80
开形 66,67,69,71
科塞尔-斯特兰斯基模型 147,148
空间格子 2,4,5,38,44～48,54,81,90,91,121,147,149
空间利用率 122,123,125,129,132
空间群 88～92,100～104,106,125
空位 97,98,103,153,154
空隙 37,120～123,125,127～130,132,153

L

蓝晶石 9,103
类质同像 96～100,108
类质同像替代 97～100
离溶 98,99
离子半径 98,100,114～116,120
离子键 98,99,120,128～133
离子类型 98,99,109
理论半径 114
力学性质 140
立方体 38,39,43,47,56,59,60,62,65,66,70,79,122,124,126,127,132,141,152
立方最紧密堆积 121,122,125,127
磷灰石 17,34,99
菱面体 45～48,61,64,70,71,106
菱面体格子 45～48,54,106
菱形十二面体 56,57,59,65,66
六方偏方面体 63,66
六方双锥 61～63,65
六方柱 12,61～63,66
六方锥 61～63
六方最紧密堆积 121,122,127
六四面体 62,65
绿柱石 11,34,98,144
轮式双晶 75
螺距 82
螺旋位错 148,155,156,158,159

螺旋位错模型 148,159
螺旋轴 81,82,84,88～90

M

曼尼巴律 74,77
镁川石 107
米勒定向 41,43
米勒符号 49,54
面角 12,13
面角守恒定律 12,13
面缺陷 153,156,159
面网 3,5,6,11,38,50,54,56,73,74,79,142,143,148,149,151,152,154～157
面网符号 6,11,54
面网间距 5,6,8,149
面网密度 5,50,142,149
面心格子 45～47,54,94,121
面衍生 79

N

内应力 140～142
能量最低原理 112
奈耳温度 144
粘度 131,146,152
诺依曼原则 136,137

O

欧拉定律 9,56

P

PBC 理论 151,159
配位多面体 10,96,126～129,133
配位数 101,103,115,126～131

配位形式　109
偏方复十二面体　65
平面方程　49,52
平面群　85,88,93
平行连晶　72,74
平行连生　72,73
平行六面体　5,44~48
平行双面　58,60~63
平移操作　81,88
平移界面　156
平移群　3,4,90
平移矢量　3,82
平移轴　81,87~90

Q

氢键　128,130,131
球面投影　12~14,16,22
球面坐标　12~18
球面坐标系　14

R

R因子　96
热膨胀系数　130,144
热膨胀性　130,144
热释电系数　136,137,139
热释电效应　136,139,145
热释电性质　139
热振动　95,96
刃位错　155~157,159

S

SiC　106,149
S面　151
三方偏方面体　63,66
三方双锥　61~63
三方柱　61~63
三方锥　61,63~65
三角三四面体　65

三轴定向　41
色散力　130
色心　154
熵　100,101
生长双晶　76
圣佛利斯符号　32
圣佛利斯群　88
十字双晶　74
石膏　28,34,73~75,77
双晶　72~78
双晶接合面　74
双晶律　74~78,80
双晶面　73
双晶要素　73
双晶中心　74
双晶轴　74
双面　32,58,60~66,70
斯丹诺定律　12
四方偏方面体　63,66
四方偏三角面体　64,70
四方双锥　61,63
四方四面体　61,64,65
四方原始　46,86
四方柱　61,63
四方锥　61,63,65
四角三四面体　65
四六面体　59,62,65
四轴定向　43

T

特殊形　57,66,71,91
体心格子　46
体衍生　79
替位　153
填隙　97,98,153
条纹长石　79,99
铁电相变　140
铁电性质　139

同质多像　101~103
同质多像变体　101~103
同质多像转变　101
铜型结构　114
铜型离子　98,114,115
拓扑衍生　78,79

W

歪晶　12,13,56
完全无序　105
完全有序　105
位错　148,153~159
位错线　148,149,155,156
位移型相变　101,102,140
魏科夫符号　92
温度因子　96
涡流　151,152
无序结构　103,104
乌尔夫网　12,14~17
五角十二面体　65,70,71

X

锡石　18,74
线缺陷　153,154
线衍生　79
相变　100~103
相变临界温度　103
相界　156,158
像移面　82
小圆　14,15
肖特基缺陷　154
斜方双锥　61,63,70
斜方柱　60,61,63,65,70
斜方锥　61,63
形变　138,140~142
型变　96,100,106
许可轨道　110,112
旋转操作　21

旋转反伸轴　24,25,66

Y

压电模量　135,137,139
压电效应　137,138,145
压电性质　138,140
衍生　72,78～80
杨氏模量　142
一般形　57,66
移距　81～83,93,143
异向性　2,8,9,11
应变张量　141,144,145
应力　135,137,139～143
应力张量　140,141,145
映转轴　21,25,26,29
有理指数定律　50
有效半径　115～120,132
有序结构　103,104
有序-无序　103,105

右手系　82
右形　66
诱导力　130
原始格子　45～48
原子半径　114,115
原子结构　109,110,113
原子结构模型　109,110
原子坐标参数　48,94
云辉闪石　107

Z

杂质　146,152,153
杂质质点　153
张量　134～142,144,145
阵点　2～7,11,23,44,52
阵点指数　4,11
整数定律　50
正交底心　86
正交原始　86

正空间　7,8
正形　66
直闪石　107
质点　1～3,5,6,9～11,56,81
质子　109,132
中子　109
重复点数　91,92
轴次　22
轴单位　40
轴角　40
轴向滑移　83
主量子数　110～113
自限性　9,11
自旋量子数　110,111
自由能　100,101,147
左手系　82
左形　66

附录 4

思考题答案

这里仅给出了思考题的简略答案。对于计算量大、需要作图及论述性的思考题,或只给出最终结果,或给予简单提示,或省略。部分思考题取自《基础结晶学和矿物学》(罗谷风,1993)。

1-1 根本区别是是否具有格子构造。晶体如石英、氯化钠,非晶体如玻璃等。

1-2 不是,准晶体也可以。

1-3 均一性是考虑了整个晶体,而异向性只是考虑晶体的不同方向。

1-4 晶体内质点的周期性排列才能对入射X射线产生衍射,否则只能产生散射。

1-5 不可以。因为这种相互转化的条件并不完全等同。

1-6 略。

1-7 不是。也可以互相垂直,如等轴晶系的3个结晶轴。

1-8 略。

1-9 略。

1-10 晶面符号只表示晶体外形晶面的空间方位,而面网符号代表一组面网间距相等的面网。

1-11 略。

1-12 晶体具有格子构造,准晶体中的准周期无法使晶体毫无空隙的布满平面。

2-1 略。

2-2 便于测量和计算。

2-3 一对角距为180°的点。

2-4 平行时投影点位于基圆圆心;斜交时位于基圆内;垂直时位于基圆上。

2-5 依据 $r \times \tan(\rho/2)$ 计算。

2-6 略。

2-7 一个平面及其法线;略。

2-8 略。

2-9 略。

3-1 对称性分别为 $L^3 3P$,$L^4 4P$,$L^5 5P$,$L^6 6P$,$L^8 8P$;正五边形和正八边形无法完全填满整个二维平面。

3-2 没有对称心。因为成对平行的晶面不等大。

3-3 (1,2,3) 经过二次轴(平行于 z 轴)的作用后为 (−1,−2,3),其他略。

3-4 写出 L_i^6 的对称变换矩阵即可。

3-5 略。

3-6 成立。

3-7 $\omega = 90°$,$\gamma' = \gamma'' = 90°$;相当于式(3-18)。

3-8 二次;可能是六次、三次或二次对称轴。

3-9 不能。因为那样高次轴就不止一个了。

3-10 C 或 L_i^3;P 或 L_i^6;$L^2 PC$ 或 $L^3 3L^2 3PC$。

3-11 与 L^6 重合而被包含的还有 L^2,L^3。

3-12 略。

3-13 A—$4mm$;B—$mm2$;C—$\bar{1}$;D—$m3$;E—$2/m$;F—$\bar{2}$;G—$\bar{4}2m$;H—$\bar{4}3m$。

3-14 $\bar{4}2m$ 是以二次轴的方向为 x,y 轴;$\bar{6}m2$ 则以对称面的法线为 x,y 轴。

3-15 A—$4mm$;B—$\bar{4}2m$;C—$4/mmm$。

3-16 略。

4-1 不可以。

4-2 能。

4-3 三轴定向时晶胞参数为：$a=b=c, \alpha=\beta=\gamma \neq 60° \neq 90° \neq 109°28'16''$；四轴定向时晶胞参数为 $a=b\neq c, \alpha=\beta=90°, \gamma=120°$。

4-4 B 不是最小重复单位。

4-5 转化为四方体心格子；$a^* = a/\sqrt{2}$，$V^* = V/2$。

4-6 违背了平行六面体体积力求最小的原则。

4-7 略。

4-8 否；分别为 (hkl)，(hhl)，(111)。

4-9 分别为 (212)，(332)，(210)。

4-10 略。

4-11 三轴定向时为 (100)；四轴定向时为 $(10\bar{1}1)$。

4-12 均为 $a+b$ 方向，在后两者中为 x 轴与 y 轴角平分线方向。

4-13 $[\bar{1}\bar{1}1]$；$[\bar{3}12]$；$[\bar{5}53]$；$[1\bar{1}0]$。

4-14 $[uvw]$ 为 $[0\bar{1}1]$，它与 $[100]$ 交汇处的晶面为 (011)。

4-15 等轴、四方和斜方晶系：垂直、垂直、垂直，45°；单斜晶系：斜交、斜交、斜交、垂直；三、六方晶系：垂直、垂直、斜交。

4-16 略。

5-1 至少由 4 个晶面组成；四面体。

5-2 不能。因为它们是同一单形的晶面。

5-3 因为存在四次轴。

5-4 略。

5-5 略。

5-6 锰斧石晶体由 6 个单形组成；刚玉晶体由 5 个单形组成。

5-7 略。

5-8 几何上的正五角十二面体有五次轴。

5-9 因为有 $L_i^6 = L^3 + P$。

5-10 因为等轴晶系存在 4 个 L^3。

5-11 因为 $\{hkl\}$ 或 $\{hkil\}$ 晶面与晶轴截于一般位置。

5-12 可以。

5-13 不能；能；不能；能。

5-14 见表 5-4 及表 5-7。

5-15 不能，因为对称性不同。

6-1 平行连生。因为小晶体和大晶体的所有对应的结晶学方向相互平行。

6-2 双晶要素与对称元素的作用相同，但前者针对不同单晶体之间而言，后者则针对一个晶体的不同部分。

6-3 略。

6-4 因为正长石中不可能存在 (010) 双晶面。

6-5 略。

7-1 略。

7-2 滑移线反映是相对于直线，滑移面反映则是相对于平面。

7-3 略。

7-4 $p4gm$。

7-5 略。

7-6 不矛盾。P 格子中不存在 d 滑移面。

7-7 提示：解释内容应包括格子类型、对称元素及其空间分布等。

7-8 在不同平面按给定的坐标投影原子，判断对称元素及其空间分布。

8-1 空间群、晶胞参数、原子坐标等。

8-2 略。

8-3 类质同像是固溶体的一种。

8-4 $CaTiO_3$-$SrTiO_3$ 固溶体发生了型变。

8-5 略。

8-6 依据提示思考。

8-7 如石英 (SiO_2) 在高压下相变为柯石英。

8-8 温度高，体系能量也高，则质点趋向无序分布。

8-9 略。

9-1 依据 $mv = h/\lambda$ 来计算。

9-2 对于 P 原子 ($Z=15$)：$1s(\uparrow\downarrow) 2s(\uparrow\downarrow)$

2p(↑↓,↑↓,↑↓)3s(↑↓)3p(↑↓,↑)。其他略。

9-3 可能。

9-4 图略。两层等大球密堆积本身为三维结构，但抽象出来的点阵则是二维的平面结构。

9-5 每个球周围平均有 2 个弧形三角形空隙。

9-6 金刚石为共价键，其键力很强。

9-7 略。

9-8 分别为 $2\sqrt{3}r/3, \sqrt{6}r/2, \sqrt{3}r$。

9-9 $1, 1/\sqrt{2}, 1/\sqrt{3}$。

9-10 配位数为 4,6,8 和 12 时，配位多面体也可能分别为正方形、三方柱、六方双锥、二十面体等。

9-11 略。

9-12 略。

9-13 略。

10-1 按提示作答。

10-2 此类问题实质是讨论经过点群对称元素作用后在新坐标系中的矢量表示。所以，只要写出对称轴 2 和 6 的对称操作矩阵与矢量的积即可。

10-3 为点群 $\bar{4}2m$ 围绕 z 轴旋转 $45°$ 的坐标转换矩阵与介电常数张量的乘积。

10-4 略。

10-5 居里温度只是指铁电-顺电相变的温度。

10-6 略。

10-7 椭圆形。

10-8 不对，机械双晶也可在生长过程中形成。

11-1 实验室条件可以是理想化的。

11-2 成核速率越大，则单位时间内形成的晶核越多，这样生长的晶体是多晶、细粒，且自形程度往往也低。

11-3 以生长中心为顶点，该晶面为底的棱锥体（称为生长锥）；以生长中心为顶点，该晶面的迹线为对边的三角形（称为扇形构造）。

11-4 两者都具有质点优先进入的三面凹角位置。

11-5 略。

11-6 见 11-9 题答案。

11-7 略。

11-8 略。

11-9 如在单晶硅中掺杂微量的 B^{3+} 或 P^{5+}，它们取代 Si^{4+} 后可产生空穴或额外的电子，可制备 p 型或 n 型半导体。

主要参考书目

[1] Cornelis Klein. Manual of Mineral Science (22nd edition). John Wiley & Sons, Inc., 2002

[2] Dieter Schwarzenbach. Crystallography. John Wiley & Sons, Inc., 1996

[3] Theo Hahn and Hans Wondratschek. Symmetry of Crystals: Introduction to International Tables for Grystallography, Vol. A. Heron Press Ltd., 1994

[4] Andrew Putnis. Introduction to Mineral Sciences. Cambridge University Press, 1992

[5] Maurice Hugh Battey. Mineralogy for Students (2nd Edition). Longman, 1981

[6] Keith Frye ed. The Encyclopedia of Mineralogy. Hutchinson Ross Publishing Company, 1981

[7] 王文魁,王继扬,赵珊茸. 晶体形貌学. 武汉:中国地质大学出版社,2001

[8] 陈敬中. 现代晶体化学——理论和方法. 北京:高等教育出版社,2001

[9] 廖立兵. 晶体化学及晶体物理学. 北京:地质出版社,2000

[10] 钱逸泰. 结晶化学导论(第二版). 合肥:中国科学技术大学出版社,1999

[11] 周公度,郭可信. 晶体和准晶体的衍射. 北京:北京大学出版社,1995

[12] 周公度,段连运. 结构化学基础(第二版). 北京:北京大学出版社,1995

[13] 潘兆橹等. 结晶学及矿物学(上、下). 北京:地质出版社,1993

[14] 肖序刚. 晶体结构几何理论(第二版). 北京:高等教育出版社,1993

[15] 罗谷风. 基础结晶学与矿物学. 南京:南京大学出版社,1993

[16] 周公度. 晶体结构的周期性和对称性. 北京:人民教育出版社,1992

[17] 陈纲,廖理几. 晶体物理学基础. 北京:科学出版社,1992

[18] 王文魁,彭志忠. 晶体测量学简明教程. 北京:地质出版社,1992

[19] 〔美〕T. 佐尔泰,J. H. 斯托特著;施倪承,马喆生等译. 矿物学原理. 北京:地质出版社,1992

[20] 俞文海. 晶体结构的对称性. 合肥:中国科学技术大学出版社,1991

[21] 王仁卉,郭可信. 晶体学中的对称群. 北京:科学出版社,1990

[22] 〔苏〕Б. К. 伐因斯坦著,吴自勤译. 现代晶体学(第一卷). 合肥:中国科学技术大学出版社,1990

[23] 张克从. 近代晶体学基础(下). 北京:科学出版社,1987

[24] 王永华,刘文荣. 矿物学. 北京:地质出版社,1985

[25] 罗谷风. 结晶学导论. 北京:地质出版社,1985

[26] 王濮,潘兆橹,翁玲宝. 系统矿物学(上). 北京:地质出版社,1982
[27] 〔美〕G. 本斯,A. M. 格莱泽著;俞文海,周贵恩译,固体科学中的空间群. 北京:高等教育出版社,1981